AF636170

CARMEN SCHELL

Wie wir Katzen glücklich machen

Erkennen, was Ihre Katze braucht und wie man mit ihr spricht

CARMEN SCHELL

Wie wir Katzen glücklich machen

Erkennen, was Ihre Katze braucht und wie man mit ihr spricht

INHALT

VORWORT

Jede Katze ist eine große Persönlichkeit auf vier Pfoten!

Zu Beginn möchte ich Ihnen ein Geständnis machen: Dieses Buch ist nicht nur für Sie, liebe Leserin und lieber Leser, entstanden. Es ist ebenso in Gedenken an Polly entstanden, die mich im Zusammenleben und Arbeiten mit Katzen so geprägt hat, wie keine Aus- oder Fortbildung es konnte.

Ich möchte dieses Geschenk mit Ihnen teilen und würde mich freuen, wenn ich dazu beitragen kann, dass Sie Ihre Katze/n besser verstehen und das Zusammenleben (noch) mehr genießen können. Es sind faszinierende, eigenständige und gleichzeitig gesellige Tiere, die uns weit mehr verzeihen, als ihr Ruf gemeinhin vermuten lässt. Sie werden in vielerlei Hinsicht unterschätzt und fristen nicht selten ihr Dasein als überaus gelangweilte oder aber völlig überforderte Haustiere, denen alles Mögliche unterstellt wird – aus Unwissenheit oder fehlender Empathie von uns Menschen. Nicht selten beginnen wir erst dann über ihre Bedürfnisse nachzudenken, wenn sie mit einem Problemverhalten vehement darauf aufmerksam machen.

Wäre es nicht viel schöner, wenn wir ihre Bedürfnisse nicht nur verstehen, sondern mit oft nur kleinen Veränderungen in unseren Alltag integrieren könnten? Verstehen wir, wie eine Katze tickt und nehmen Rücksicht darauf, vermeiden wir nicht nur, dass unser Zuhause zum felinen Schlachtfeld mit Urinpfützen, zerkratzten Tapeten und sonstigen unschönen Auswüchsen ihres Temperaments wird. Wir ermöglichen uns eine tiefe Beziehung zu einem Wesen, das sich seine Sozialpartner freiwillig aussucht, und dürfen uns über sein größtes Geschenk freuen: sein Vertrauen. Anders als beispielsweise Hunde sind Katzen in ihrem Wesen zunächst Solokämpfer. Gibt es ein Problem, lösen sie es auf ihre Weise – manchmal eher in einer Art, die wir im Zusammenleben als unangenehm erleben. Haben wir das Vertrauen einer Katze gewonnen, fragt sie uns in schwierigen Situationen nach Unterstützung und Orientierung. Am Ende wird sie sich immer für ihren persönlichen Weg entscheiden – gleichzeitig dürfen wir ihr einen Impuls geben, den sie in einer harmonischen Beziehung mit uns Menschen annehmen kann und erfreulich oft wird. Ein schöner Gedanke, nicht wahr?

Jede Katze ist eine große Persönlichkeit auf vier Pfoten. Ihr Wille lässt sich nicht mit Gewalt brechen – umso mehr ihr Herz mit Verständnis auf Augenhöhe gewinnen. Jede von ihnen ist individuell und möchte auf ihre Weise von uns verstanden und wahrgenommen werden – jede von ihnen hat nichts weniger als das von uns verdient.

Und noch ein Hinweis: Für eine bessere Lesbarkeit verzichte ich bewusst und ohne Wertung auf den Gebrauch geschlechtergerechter Formulierungen und werde vielmehr möglichst ausgewogen zwischen der weiblichen und männlichen Form wechseln. Ebenso schreibe ich von »der Katze« in der Einzahl – es sei denn, der Kontext bedingt die Formulierung in der Mehrzahl. Keinesfalls ist damit gemeint, dass Katzen grundsätzlich allein mit uns leben sollten. Das ist ebenso wenig richtig wie der Anspruch, sie müssten immer mindestens zu zweit gehalten werden. Mit wie vielen Katzen wir das Zuhause teilen sollten, ergibt sich vielmehr aus mehreren Faktoren, die wir auch in diesem Buch betrachten werden.

Für Polly, meinen süßen Pummeluff, dessen Seele ich sehen und lieben durfte. Danke für alles, mein kleiner Schatz.

Herzlichst,
Carmen Schell

Sind Sie bereit für das Abenteuer Katze?

Katzen verzaubern uns. Sie sind mystisch, rätselhaft und unabhängig. Sie biedern sich uns nicht an, sind uns aber dennoch zugetan, wenn sie uns vertrauen und wir ihnen ein gutes Leben bieten. Und sie haben einen fantastischen Humor, wenn wir ihn zu verstehen wissen.

GEDANKEN VOR DEM EINZUG EINER KATZE

In meiner Beratungspraxis bin ich immer wieder überrascht, wie widersprüchlich die Erwartungen an das Zusammenleben mit einer Katze sind. Vom anspruchslosen Sofatiger, der geduldig den Tag verschläft, um abends ein paar Stunden mit seinem Menschen zu kuscheln, bis hin zum tagesfüllenden Actionhelden mit Freigehege, Designer-Catwalks und zahlreichen Kunststücken im Clickerrepertoire scheint eine Katze alles und nichts erfüllen zu müssen.

DIE KATZE – EIN ANSPRUCHSLOSES WESEN?

Es gibt Katzen, die in Großfamilien mit Kindern, Oma, Hund und Kaninchen den ganzen Tag mitten im Geschehen sind, und andere, die manchmal tagelang ganze Ortschaften auf ihren Streifzügen abklappern und eine Art Zweit- oder Dritt-Wohnsitz zu haben scheinen. Eine meiner Kundinnen teilt sich ihr ganzes Wohnquartier mit ihrem Kater. Der Süße hat eine Social-Media-Gruppe, über die sein Mensch erfährt, wo sich der Frechdachs wieder herumtreibt, sich das Bäuchlein vollschlägt oder sich ganz dreist in eine Wohnung einlädt, um neben dem Haushund ein Mittagsschläfchen zu genießen. Katzen scheinen überaus anpassungsfähig zu sein, und doch häufen sich die Beratungsanfragen, weil es offenbar immer mehr Katzen gibt, die nicht mit dem für sie vorgesehenen Lebensstil zurechtkommen. Unsauberkeit, Harnmarkieren und Aggressionsverhalten gegenüber Artgenossen und Menschen sind nur einige der möglichen Probleme, mit denen das Tier auf sein Unbehagen aufmerksam macht. Woran liegt das?

Katzen sind anpassungsfähig

Die Gründe, warum es immer mehr »Problemkatzen« zu geben scheint, sind sicherlich vielfältig. Zum einen steigt die Anzahl der Katzen in deutschen Haushalten von Jahr zu Jahr. Inzwischen ist längst nicht mehr der Hund das »liebste Haustier der Deutschen«, sondern die Katze. Laut einer haushaltsrepräsentativen Erhebung des Zentralverbands Zoologischer Fachbetriebe Deutschlands e. V. aus dem Jahr 2021 lebten in deutschen Haushalten 16,7 Millionen Katzen (26 Prozent der

Schmusekatze. Mieze genießt es, unter dem Kinn gekrault zu werden.

Haushalte), gefolgt von 10,3 Millionen Hunden (21 Prozent der Haushalte) und 4,6 Millionen Kleintieren (5 Prozent der Haushalte). 2017 waren es noch 13,7 Millionen Katzen – ein Anstieg von über 20 Prozent in vier Jahren. Die Katze wird immer beliebter.

Ein selbstbestimmtes Leben in Freiheit

Gleichzeitig hat sich das Leben der Minitiger drastisch verändert. Noch in meiner Kindheit in den 1980er Jahren durften die meisten von ihnen ein weitgehend selbstbestimmtes Leben als Freigänger genießen. Sie schlossen sich ihren Menschen an, wo sie es wollten, und drehten ansonsten ihr Katzending in umliegenden Gärten, bei Nachbarn und in angrenzenden Feldern, wo es zahlreiche Mäuse zu erbeuten gab. Ihr Lebensstil war sicherlich in vielen Punkten dem ihrer Vorfahren im alten Ägypten ähnlich. Dort domestizierten sie sich als einziges Haustier vor etwa 9000 Jahren selbst. Sie waren es, die sich den Menschen anschlossen, weil es dort Beutetiere zu erjagen gab und sie einen hervorragenden Ruf als Kammerjäger der Getreidespeicher genossen. Die kleinen Jäger wurden im alten Ägypten regelrecht verehrt. Eine Katze schlecht zu behandeln oder gar zu töten, bestrafte man hart, es konnte sogar das Leben kosten – ein Aspekt, der sich ganz sicher zum Nachteil der Katze verändert hat.

Es gibt immer mehr Wohnungskatzen

Betrachtet man heute das Lebensumfeld vieler Katzen, leben sie in immer kleineren Stadtwohnungen, in denen sie ohne Sozialkontakte zu Artgenossen ihr Dasein fristen oder aber in teilweise eher fragwürdig zusammengewürfelten Gruppen kaum Möglichkeiten zum Ausweichen haben.

Dürfen sie im Freigang frische Luft schnuppern, müssen sie wiederum mit einer steigenden Katzenpopulation und einer insgesamt dichteren Besiedelung durch den Menschen in der Nachbarschaft klarkommen.

Obgleich sie über Kratz- und Duftmarkierungen ihre Reviere im Timesharing zu teilen wissen, steigt dennoch das Konfliktpotenzial, wenn eine zu große Anzahl Tiere auf zu engem Raum um die beliebtesten Streifgebiete konkurrieren muss (→ Seite 119).

EINE KATZE IST EINE KATZE – KEIN TEILZEITHUND

Als gäbe dies nicht schon genug Sprengstoff, ist der Ruf der »anspruchslosen Katze« nach wie vor verbreitet. Eigentlich wollte man einen Familienhund, der sich so problemlos dem Menschen anschließt und stets bemüht ist, zu gefallen. Man hat aber keine Zeit oder Lust, mehrfach täglich bei Wind und Wetter mit ihm spazieren zu gehen, oder der Vermieter erlaubt keine Hunde als Haustiere.

Überhaupt ist ein Hund in der Pflege und den damit verbundenen Kosten für Tierarzt, Futter und vielleicht sogar für eine Hundeschule einfach zu viel des Guten. Wie wäre es stattdessen mit einer Katze? Sie scheint damit zufrieden, stundenlang anmutig aus dem Fenster zu schauen, bis ihr Mensch heimkommt, und sich dann gemütlich kuschelnd auf die Couch zu legen, um ihm oder ihr beim Streicheln schnurrend die Sorgen des Tages abzunehmen. Sicherlich ein überspitztes Szenario, aber auch ich rechnete bei der Aufnahme meiner ersten Katzen nicht damit, wie oft ich ganz unbewusst falsche Erwartungen an unser Zusammenleben hatte.

Wie Katzen uns fordern

Ich bin mit Hunden aufgewachsen und überlegte tatsächlich, ob ich einen Hund in meinen damaligen Alltag als Berufsanfängerin in Frankfurt am Main integrieren könnte. Mich schreckte unter anderem die Vorstellung täglicher Spaziergänge nicht wenig ab – zum Glück, wie ich heute rückblickend erkennen darf. Damals wohnte ich in einem Mischgebiet in der Großstadt, sodass Freigang für Cleo und Polly, so die Namen der beiden Katzendamen, nicht in Frage kam.

Umso größer war meine Herausforderung, ihnen in der Wohnung ausreichende Beschäftigungsmöglichkeiten und Abwechslung zu bieten – erst recht, als sie sich mit etwa einem Jahr so heftig ins Fell bekamen, dass ich sie zumindest zeitweise räumlich voneinander trennen musste.

Der Zahn, mit Katzen einfache und anspruchslose Wegbegleiter zu haben, wurde mir schnell gezogen. Bis zum Schuss begleitete mich ein latent schlechtes Gewissen, ob ich ihnen wirklich gerecht werde, wenn ich ihnen schon nicht die »richtige Freiheit« zugestehen konnte beziehungsweise wollte.

Auf die Bedürfnisse der Katze achten

Sicherlich sind meine eigenen Ansprüche durch meine Ausbildung und Erfahrungen als Verhaltensberaterin für Katzenhaltung besonders hoch, und mein Hang zu Perfektionismus macht es nicht leichter.

Dennoch muss ich mir eingestehen, dass ich die Entscheidung für Katzen damals aus den »falschen« Gründen getroffen habe und vieles dazulernen musste.

Noch heute danke ich meinen beiden Fellnasen, dass sie mich auf so liebenswerte Art gelehrt haben, auf ihre Bedürfnisse zu achten, und mir damit gezeigt haben, wie wunderbar sich die Beziehung zu ihnen vertiefen konnte.

Anpassungsfähig und doch überfordert

Nun scheint zunächst die Verwirrung perfekt. Die Katze als anpassungsfähiges Wesen und doch mit unserer modernen Lebensweise überfordert. Was stimmt nun? Die Antwort ist klar: beides! So unterschiedlich unsere Lebensstile sind, so unterschiedlich ist das Wesen der Katzen, und genau das macht sie für die meisten von uns zu perfekten Wegbegleitern. Dabei ist es nicht nur essenziell, sondern vor allem lohnend, ein großes Augenmerk auf

MEIN **PERSÖNLICHER TIPP**

Unterschiede zwischen Katze und Hund

Sollten Sie – ähnlich wie ich zu Beginn meiner »Katzenlaufbahn« – bisher mit Hunden zusammengelebt haben oder durch Ihre bisherigen Erfahrungen mehr über deren Haltung wissen, lösen Sie sich unbedingt vor Anschaffung einer Katze von diesem Wissen und geraten damit nicht in die Versuchung, eine Katze zum »kleinen, selbstständigen Hund« zu degradieren.

Katzen dürfen nicht hungern

Das Wesen und die Biologie einer Katze sind dem des Hundes in keiner Weise gleich – außer ihrem Bedürfnis, auf ihre Weise gefördert und gefordert zu werden, und damit mindestens ebenso anspruchsvoll zu sein wie Hunde.

Ein besonders wichtiger Unterschied ist die Ernährung und damit im Zusammenleben mit uns verbunden die nötige Beschäftigung von Hund und Katze: Die Katze jagt solitär deutlich kleinere Beutetiere als sie selbst. So kommt sie pro Tag auf neun bis zwölf erjagte Mäuse oder stolze 15 bis 30 Beutetiere insgesamt – inklusive Falter, Spinnen etc. Muss eine Katze längere Zeit hungern, droht ihr - anders als einem Hund – schnell eine lebensgefährliche Stoffwechselerkrankung, die hepatische Lipidose.

Katzen sind absolute Fleischfresser

Der gesamte Organismus der Katze ist auf die Verwertung ganzer Beutetiere spezialisiert. Die Katze gilt als absoluter Fleischfresser (sogenannter Karnivore).

Ihr fehlen Enzyme zur Verwertung pflanzlicher Rohkost entweder vollständig oder sie sind in nur geringer Menge vorhanden.

Der in der Beute enthaltene Kohlenhydratanteil (beispielsweise im Magen der Maus) ist vorverdaut und kann nur so im Verdauungssystem der Katze verwertet

die Auswahl der »passenden« Katze zu legen. Nur wenn sich unsere Art zu leben mit der unserer Katze gut vereinen lässt, gibt es keine Verlierer in dieser Lebensgemeinschaft, sondern zwei Partner auf Augenhöhe, die sich bereichern und ihren Weg gemeinsam gehen. Sie sind »glücklich« miteinander.

Dem Gedanken folgend, dass Katze und Mensch zueinander passen müssen, betrachten Sie zunächst Ihr persönliches Lebensmodell, wenn Sie mit dem Gedanken spielen, einer Samtpfote ein Zuhause zu schenken. Sind Sie frisch aus Ihrem Elternhaus ausgezogen und stehen noch am Beginn Ihres

werden. Die gesunde Katze benötigt – wenn überhaupt – nur einen sehr geringen Anteil an Kohlenhydraten.

Lediglich einige wenige Erkrankungen können eine Erhöhung des Kohlenhydratanteils in der Fütterung sinnvoll machen. Das entscheidet die Tierärztin oder der Tierarzt. Generell gilt jedoch für die gesunde Katzenernährung: ein möglichst hoher Fleischanteil.

Der Hund ist zwar ebenfalls als Raubtier (Carnivora) klassifiziert, jedoch ist sein Körper in der Lage, zudem andere Nahrungsbestandteile zu verdauen. Auch sein Futter sollte überwiegend aus Fleisch bestehen. Gemüse und Co. kann er jedoch dank der hierfür benötigten Enzyme ebenso verstoffwechseln. Das macht ihn zum Fleisch-Allesfresser (Carni-Omnivore).

Verschiedene Jagdstrategien

Überträgt man die unterschiedlichen Ernährungsansprüche auf das Verhalten der Tiere, jagt der Hund seltener und dafür größere Beute pro Tag – woraus sich die eher großzügigen Ausflüge mit verhältnismäßig wenigen, aber längeren Jagd- beziehungsweise Spielsequenzen ergeben.

Die Katze trainiert wiederum in vielen kurzen Spieleinheiten ihr Jagdkönnen. Sie lauert ihrer Beute auf, spitzt die Öhrchen in Richtung des Zielobjekts und schießt im für sie passenden Moment los.

War sie erfolgreich, folgt das Erlegen und Fressen des Opfers und schließlich ein erholsames Ruhepäuschen.

Kaum hat die Katze ihre Akkus wieder aufgeladen, ist sie für die nächste Jagd (-simulation) bereit und das Spiel geht von vorne los.

Nicht selten dauert eine Spieleinheit mit der Samtpfote nur wenige Minuten, bis sie scheinbar keine Lust mehr hat, nur um eine halbe Stunde später erneut mit uns nach der widerspenstigen Spielangel zu pfoteln. Es liegt in der Natur der kleinen Jäger, mehrfach am Tag in kurzen Sequenzen zu jagen oder zu spielen – was letzten Endes die Übung für eine erfolgreiche Jagd darstellt.

Katzensenioren lassen alles etwas ruhiger angehen. Von dieser Gelassenheit können auch wir profitieren.

persönlichen Lebenswegs, lassen sich einige Fragen nur bedingt beantworten. Verschaffen Sie sich umso mehr eine Orientierung, um bei der Auswahl der Katze zumindest schon eine Richtung Ihres gemeinsamen Wegs absehen zu können. Je mehr Fragezeichen bestehen bleiben, desto offener sollte die Katze mit Veränderungen umgehen können. Eine gute Sozialisierung und ein katzengerechtes Umfeld sind für diese Tiere ganz besonders wichtig, um den einen oder anderen Umweg oder Richtungswechsel in Ihrem gemeinsamen Leben gut meistern zu können.

Liebenswerte Katzensenioren

Wissen Sie noch gar nicht, wohin Ihre Reise in den nächsten zehn bis 15 Jahren gehen soll, ist die Aufnahme einer Seniorkatze vielleicht eine gute Option für Sie beide. Ein Katzensenior kann sich vielleicht nicht mehr so gut auf einen trubeligen Alltag einstellen. Gleichzeitig sind gerade Oldies häufig sehr dankbar für Ihre Zuwendung. Sie haben ein hohes Schlafbedürfnis und sehen es Ihnen eher nach, wenn das abendliche Spiel einmal nicht allzu umfassend und enthusiastisch ausfällt. Anders als ein Kitten, das voller Energie und Tatendrang – abgesehen von einer großen Portion Schabernack – durch Ihre Wohnung stürmt und im Zweifel sehr kreativ wird, wenn es von Ihnen nicht ausreichend beschäftigt wird.

Ich persönlich schätze zudem die überaus liebenswerten und ganz besonderen Charaktere von Katzensenioren, von denen wir so vieles für unser oft hektisches Leben mitnehmen können.

Nicht verschweigen möchte ich an dieser Stelle, dass ein Katzensenior auch aus dem Grund vielleicht eine Überlegung für Sie wert sein kann, weil Sie sich mit ihm meist für einen etwas überschaubareren Zeitraum binden, denn die Aufnahme eines Tieres ist stets mit Verantwortung für dieses Wesen und seine Bedürfnisse verbunden.

Im Alter kommt meist das eine oder andere »Zipperlein«

Eine Hauskatze wird im Durchschnitt 15 bis 18 Jahre alt. Wollen Sie sich nicht für so viele Jahre festlegen, könnte Sie ein Katzensenior für einen etwas besser planbaren Zeitraum begleiten. Bedenken Sie jedoch, dass Haustiere an ihrem Lebensende häufig nicht nur unsere Liebe, sondern medizinische Versorgung und Pflege benötigen (→ Seite 30).

Katzen werden zwar erfreulicherweise immer älter. Ebenso häufig leiden sie dabei jedoch an Alterskrankheiten wie Arthrose, Nierenschwäche, Diabetes, Gelenk- und Zahnerkrankungen etc. Frühzeitig erkannt, können die Tiere jedoch in der Regel gut und lange damit leben – die entsprechende Versorgung durch Sie vorausgesetzt.

Dennoch bedeutet diese Lebensphase zugegeben eine finanzielle, emotionale und manchmal zeitliche Belastung, der Sie sich als Katzenneuling vielleicht nicht direkt stellen möchten. Wägen Sie daher gut ab, was für Sie und das kleine Wesen auf vier Pfoten am besten passt.

Mit Katzen umziehen

In den ersten Jahren meiner beruflichen Laufbahn bin ich fast jährlich umgezogen, meist in eine andere Stadt. Für Katzen als revierbezogene Tiere kann das eine große, vielleicht sogar unüberwindbare Herausforderung sein.

Hier braucht es unter anderem eine stabile Katzenpersönlichkeit mit engem Menschenbezug, die sich leicht auf eine neue Umgebung einstellen kann. Das Sicherheitsgefühl einer scheuen Streunerkatze kann dagegen bereits durch einen einzigen Umzug in ihrem Leben nachhaltig gestört werden.

Ein Umzug mit einer Wohnungskatze ist zumindest unter einem organisatorischen Aspekt einfacher als der einer Freigängerin. Letztere muss mit jedem Wohnungswechsel zunächst so lange im »Hausarrest« bleiben, bis sie das Umfeld als ihr neues Zuhause angenommen hat und so im Freigang zuverlässig nach Hause findet. Das können ein paar Tage, meist jedoch eher Wochen oder sogar Monate sein. Setzt das Tier zu schnell die Pfötchen ins neue Umland, wandert es womöglich zurück in das alte Revier oder verliert gänzlich die Orientierung. Vielleicht zieht es kurzerhand woanders ein, wo es ihm ebenfalls gemütlich erscheint. Der feline Wunsch nach draußen pausiert nach einem Umzug leider nicht, und so wird die gemeinsame Zeit im neuen Domizil oft zum Nervenkrieg, weil Mieze allzu vehement versucht, ins ersehnte Draußen zu kommen. Stress für alle Beteiligten ist vorprogrammiert.

Wenn Sie viel unterwegs sind

Sind Sie beruflich stark eingebunden, genießen ein abwechslungsreiches Privatleben mit vielen Ausflügen oder aber es treiben Sie familiäre Verpflichtungen häufig außer Haus, leidet ein menschenbezogenes Tier schnell unter Ihrer Abwesenheit. In diesem Fall sollten Sie Ihr Herz eher an eine unabhängige Katze verschenken, die sich zwar über Ihre Anwesenheit freut, aber nicht unbedingt darauf angewiesen ist, dass Sie ständig in ihrer Nähe sind.

Ein begeisterter Freigänger mit dauerhaft zugänglicher Katzenklappe oder einem wettergeschützten, warmen Plätzchen in Hauseingangsnähe könnten eine gute Lösung sein. Vielleicht gibt es in der Nachbarschaft jemanden, bei dem die Katze unterschlüpfen kann (und möchte), wenn Sie mal wieder im Büro aufgehalten werden oder über ein Wochenende auf Städtetrip sind.

Es kommt auf den Charakter an

Die Familie des auf Seite 13 erwähnten felinen Freigeistes mit Zugang in nahezu alle Wohnungen seiner Umgebung kann ohne schlechtes Gewissen in den Urlaub fahren. Ihr Katerchen schnurrt sich in dieser Zeit durch die Nachbarschaft und ist rundum zufrieden, wenn in seinem »Stamm-Zuhause« täglich das Katzenklo gereinigt und der Napf mehrfach gefüllt wird. Seine Sozialkontakte holt er sich in dieser Zeit ausreichend von seiner Fangemeinde in der Umgebung. Seine Familie wiederum würde sich gelegentlich ein wenig mehr Exklusivität ihres Katers wünschen, denn sie sehen ihn manchmal tagelang nicht und würden ihn nur allzu gern auf der heimischen Couch begrüßen. Eine menschenbezogene Wohnungskatze über Nacht oder sogar länger allein zu lassen und nur für Futter, Wasser und eine gereinigte Toilette zu sorgen, ist ein überaus egoistischer Gedanke. Genießen Sie die Anwesenheit Ihrer Kuschelkatze, gestehen Sie dieses Bedürfnis bitte auch ihr zu – selbst oder gerade wenn Sie eine längere Abwesenheit planen.

Das Tier ist auf Ihre, auch emotionale, Versorgung angewiesen und sollte umso mehr Zuwendung erhalten, wenn ihr Bezugsmensch nicht vor Ort ist. Die Bedürfnisse Ihrer Katze pausieren nicht, wenn sie für Sie ungelegen kommen. Gleichzeitig werden Sie erstaunt sein, wie entgegenkommend das Tier sein kann, wenn es sich bei Ihnen zu Hause und geborgen fühlt.

Wenn ein Baby geplant ist

Als junges Paar übernehmen Sie mit der Aufnahme einer Fellnase zum ersten Mal die gemeinsame Verantwortung für ein kleines Lebewesen – durchaus ein großer Schritt in der Partnerschaft.

Das Tier wird verwöhnt, umsorgt und geliebt. Die Samtpfote genießt Ihre volle Aufmerksamkeit und ist zumindest im heimischen Umfeld zunächst der zentrale Punkt Ihrer Familie. Wächst Ihre Liebe zu Ihrem Partner, kündigt sich möglicherweise über kurz oder lang menschlicher Nachwuchs an und verlagert den Fokus zwangsläufig zumindest ein wenig weg von dem felinen Schutzbefohlenen. Auf jeden Fall bringt ein Baby Ihr gemeinsames Leben ordentlich durcheinander. Behalten Sie diesen Aspekt bei der Aufnahme einer Katze im Hinterkopf, wenn zumindest die Möglichkeit des menschlichen Nachwuchses besteht. Katzen und Kinder können in einem perfekten Team harmonieren und sich gegenseitig bereichern, sofern die Katze die dafür nötige Toleranz mitbringt und von Ihnen darauf vorbereitet beziehungsweise darin unterstützt wird.

Die kinderfreundliche Katze

Sie ist in der Regel von klein auf gut auf Menschen inklusive Kinder sozialisiert. Sie kennt das manchmal unbeholfene und laute Auftreten von Kleinkindern und wertet das Wesen, das mit großen, neugierigen Kulleraugen und mit unkoordinierten Bewegungen auf sie zupurzelt, nicht als Bedrohung.

Im Zweifel flüchtet sich die Katze mit einem beherzten Sprung auf das Bücherregal vor den eher grabschenden als streichelnden Händchen und nutzt den Mittagsschlaf des Nachwuchses, um sich entweder dazuzukuscheln oder im eigenen Körbchen ausgiebig Siesta zu halten.

Katzen aus dem Tierheim

Eine Katze aus dem Tierheim zu übernehmen, ist erfreulicherweise für viele von uns mittlerweile selbstverständlich. Aber man sollte diese Entscheidung auch ganz bewusst treffen.

Möchten Sie als junger Mensch zum Beispiel einer sehr scheuen Katze aus dem Tierheim eine Chance geben, machen Sie sich bewusst, dass sich dieses Tier wahrscheinlich nur mit einer großen Portion Geduld und Einfühlungsvermögen Ihrerseits auf Sie als Sozialpartner einlassen kann.

Solche Katzen können natürlich auch zu wahren Schmusemonstern werden und sich besonders stark auf Sie fokussieren. Vielleicht öffnet sich das Tier auch Ihrem (künftigen) Partner gegenüber.

Eine innige Beziehung. Vertrauensvoll legt Mieze ihre Pfote auf die Hand des Menschen.

MEIN **PERSÖNLICHER TIPP**

Besser als ihr Ruf

Leider ist der Ruf von Tierheimkatzen oft negativ behaftet.

Die einen adoptieren Katzen von dort aus Mitleid – ungeachtet der persönlichen Vorlieben und Bedürfnisse der Tiere. Andere wiederum unterstellen Tierheimkatzen einen Makel, ein Problemverhalten oder vielleicht auch einen besonders eigenwilligen Charakter. Beides wird den Plüschpopos nicht gerecht, denn im Wesentlichen sind es ebenso individuelle Persönlichkeiten wie Tiere aus der Zucht oder einer Privatvermittlung.

Die überwiegende Anzahl der Tierheimkatzen haben ein mehr oder weniger »normales« Leben genießen dürfen und verloren ihr Zuhause aus den unterschiedlichsten Gründen, die häufig nicht mit einem Problemverhalten verbunden sind. Doch selbst wenn eine Katze in ihrer Vergangenheit unsauber, aggressiv war oder ein anderes Problem zeigte, bedeutet dies in erster Linie lediglich, dass sie sich in ihrer vorigen Unterbringung nicht wohlgefühlt hat. Ob und in welchem Maß sie diesen Umstand bei Ihnen erneut durchleben muss, liegt nicht zuletzt an Ihnen.

Wie bei jeder anderen Katze hinterfragen Sie, ob das Tier mit seinen individuellen Eigenschaften und Bedürfnissen gut bei Ihnen aufgehoben ist.

Fragen Sie sich, ob Sie ihr das geben können, was in ihrem bisherigen Zuhause womöglich nicht ausreichend erfüllt wurde. Sie sind weder gut darin beraten, eine Katze aufzunehmen, nur um sie aus dem Tierheim zu »retten« und sie schließlich erneut in einer für das Tier stressigen Umgebung unterzubringen. Noch hilft es Ihnen oder der Katze, sie bei einem eventuellen Problem aus Überforderung unmittelbar zurückzubringen.

Fragen Sie bei der Vermittlung genau nach, was über die Geschichte der Katze bekannt ist und welche Beobachtungen im Tierheimalltag vom Personal gemacht wurden. Suchen Sie den Kontakt zu den Personen, die sich näher mit Ihrer Wunschkatze beschäftigt haben.

In den meisten Tierschutzeinrichtungen sind es Ehrenamtliche, die in ihrer Freizeit die Katzen bespaßen und mit ihnen kuscheln. Sie können Ihnen häufig mehr über die individuellen Charaktereigenschaften verraten als festangestellte Mitarbeiter, die in ihrem Alltag meist verhältnismäßig wenig entspannte Zeit mit den Katzen verbringen können.

Nicht zuletzt machen Sie sich bei mehreren Besuchen am besten ein eigenes Bild von der Katze, die Sie in Ihr Herz geschlossen haben.

Kater Kalle kann nach seiner Tierheimvermittlung im »Für-immer-Zuhause« entspannen.

Sehr wahrscheinlich jedoch bleiben größere Veränderungen wie Umzüge, Babys oder häufig wechselnde Einrichtungsgegenstände eine Herausforderung, die mindestens zu großem Stress für den kleinen Tiger führen und sich vielleicht sogar in einem Problemverhalten manifestieren.

Seit ich meine ständigen Umzüge hinter mir gelassen habe, ist als kleiner Rest dieser Zeit ein immer wieder aufkommendes Bedürfnis geblieben, unser Haus umzugestalten. Mal steht die Couch hier, mal dort, mal ist das Zimmer grün gestrichen und mal grau. Alle paar Monate benötige ich das Gefühl, dass etwas anders ist. Cleo und Polly kannten diese Eigenschaft von Anfang an und wurden immer bei den Aktionen einbezogen. Die beiden zogen als junge, aufgeschlossene Kitten bei mir ein. Dadurch konnten sie sich nicht nur gut darauf einlassen, sondern wir integrierten meinen Wunsch nach räumlichen Veränderungen sogar als Teil ihres Beschäftigungprogramms. Sie durften immer wieder etwas Neues erkunden und blieben flexibel.

Eine aktuell bei mir wohnende Pflegekatze aus dem Tierheim brauchte jedoch mehr als drei Monate, um sich überhaupt zu Hause zu fühlen. Damit sie sich eingewöhnen konnte, war es wichtig, ihr vor allem Stabilität in ihrem Umfeld zu geben.

Erst jetzt kann ich so langsam kleinere Veränderungen in ihren Alltag integrieren, in erster Linie als Übung für sie und weniger wegen meines Wunschs nach Umgestaltung.

CATDATING – WELCHE KATZE PASST ZU MIR?

Hand aufs Herz: als Katzenfan fällt es Ihnen bestimmt – ähnlich wie mir – schwer, sich überhaupt auf einen »Katzentyp« festzulegen. Irgendwie sind alle Katzen bezaubernd, und man findet höchstens die Differenzierung zwischen »toll« und »besonders toll«. Polly war meine Seelenkatze, und trotzdem nannte ich sie stets nur »die tollste Polly in diesem Haus», weil ich ihre Schwester nicht degradieren wollte und natürlich auch keine andere Polly dieser Welt. Kennen Sie dieses Gefühl?

KITTEN – SÜSSES ÜBERRASCHUNGSPAKET MIT TURBOANTRIEB

In meinen Beratungen und der Arbeit im Tierheim lerne ich innerhalb eines Jahres Hunderte verschiedene Katzen kennen und jede von ihnen ist liebenswert und drollig süß. Dennoch gibt es unter ihnen einzelne, die mich ganz besonders berühren. Die mir direkt in die Seele zu blicken scheinen, mit denen vom ersten Moment an eine tief berührende Verbindung besteht.

Sollten Sie mit einer Begegnung dieser Art beschenkt werden, kann ich Ihnen vermutlich mit allem verhaltenstherapeutischen Wissen wenig bis gar nichts gegen die Aufnahme dieser Katzenseele entgegensetzen – und das ist auch gut so. Lassen Sie uns vielmehr versuchen, Ihr Herz schon vorab in eine Richtung blicken zu lassen, sodass Sie »die« eine Katze von den vielen anderen niedlichen Geschöpfen erkennen können.

Wenn eine Katze die Seele berührt

Katzenanfänger und junge Familien entscheiden sich oft für die Aufnahme von Kitten. Sie haben einen unübertroffenen Niedlichkeitsfaktor, sind verspielt, lebenslustig und formbar. Ihr ganzes Leben liegt noch vor ihnen, und der Gedanke ihrer Endlichkeit spielt bei der Aufnahme scheinbar keinerlei Rolle.

Auch ich startete meine Katzenlaufbahn mit zwei Kitten, wobei ich mit meinem heutigen Wissen meinem damaligen Ich davon abraten würde. Ich wusste viel zu wenig über Katzen und musste parallel mit ihrer Entwicklung die wichtigsten Kernaspekte ihres Lebens und ihrer Erziehung erlernen. Dabei stieß ich

Meine Seelenkatze Polly entwickelte sich vom ängstlichen Kätzchen zur gütigen Katzenomi.

mitunter an meine Grenzen. Mit der Aufnahme eines Katzenkindes übernehmen Sie neben großer Freude die Verantwortung für ein ganzes Leben. Die kleinen Wesen benötigen viel Aufmerksamkeit, noch mehr Beschäftigung, gleichzeitig ein stabiles und Halt gebendes Umfeld sowie eine extra Portion Geduld und Erziehung von Ihnen.

Sie setzen von Anfang an den Grundstein, zu welcher erwachsenen Persönlichkeit sich das Kitten entwickeln wird, und formen dabei Charakter und die gesundheitliche Basis des Tiers entscheidend.

Bei der Aufnahme eines Kittens haben Sie die einmalige Chance, das Potenzial der Katze voll auszuschöpfen. Ein Kitten von Anfang an geistig und körperlich auszulasten, kann anstrengend sein, ist aber gleichzeitig eine einzigartige Erfahrung. Sie können das junge Wesen auf ein eigenbestimmtes und dennoch an Ihnen orientiertes Leben vorbereiten.

Nichts für schwache Nerven

Ein Katzenkind probiert sich jeden Tag aufs Neue aus – das sollten Ihre Nerven und Ihr Mobiliar aushalten können. Bieten Sie dem Frechdachs keine ausreichenden legalen Kletter- und Kratzmöglichkeiten, die er spannend findet, werden Sie schon bald mit einem kreativen Designer auf vier Pfoten zusammenleben, der Ihre Vorhänge in Fadenoptik dekoriert und der Raufasertapete im Flur eine ganz persönliche Note verpasst.

Laufen Sie im Sommer barfuß durch die Wohnung, sprintet ihr gelangweilter, junger Jäger mit vollem Körpergewicht auf Sie los und freut sich umso mehr, je lauter Sie vor Schmerz quieken.

Eine Katze zu erziehen, erfordert eine gute Portion Konsequenz und attraktive Alternativen, denn mit reinen Verboten kommen Sie bei den Fellnasen nicht weit – weder bei Kitten noch bei erwachsenen Tieren.

Regel Nummer 1: Eine Katze macht nie etwas »einfach so«. Sie hat immer einen Grund für die Dinge, die sie »anstellt«, und es liegt an uns, diese Bedürfnisse in für beide Seiten angenehme Bahnen zu lenken. Der Mythos, eine Katze sei nicht erziehbar, basiert unter anderem auf der Fehlannahme, man könne ihr etwas »aberziehen« oder »abgewöhnen«, dabei benötigt es vielmehr attraktive Angebote, welche die Katze stattdessen annehmen kann. Angebote kann man bekanntlich ablehnen, und so sollte Ihres mindestens so spannend sein wie der sanft wehende Vorhang, den die Mieze nur allzu gern aus Langeweile anspringt und nach Lust und Laune umgestaltet.

Die Entwicklung des Katzenkindes

Ein Kitten benötigt Erziehung und durchläuft dabei verschiedene Phasen der Entwicklung. In den ersten Lebenswochen wird es idealerweise im felinen Familienverbund mit den wichtigsten Grundeigenschaften des Lebens vertraut gemacht. Was es in dieser Zeit verpasst, ist später nur schwer und manchmal gar nicht mehr aufzuholen.

Leider halten sich nach wie vor die verschiedensten Ansichten hartnäckig, wie früh ein Katzenkind von seiner Mutter getrennt werden kann. Taub, stumm und weitgehend hilflos geboren, scheint es nach wenigen Wochen auf der Welt selbstständig zu sein.

Ab der vierten Woche beginnt es, neben der Muttermilch zusätzlich feste Nahrung zu sich zu nehmen, schaut sich den Gang zur Katzentoilette ab und wird insgesamt immer mobiler.

Mit etwa acht Wochen scheint es weitgehend »fertig« ausgestattet zu sein. Aber eben nur scheinbar, denn nur im Familienverbund lernt es weiterhin die ebenso wichtigen sozialen Kompetenzen, die es später in verschiedenen Alltagssituationen benötigt.

MEIN **PERSÖNLICHER TIPP**

Kitten suchen Nähe

Springt Ihr Kitten unermüdlich auf der Anrichte herum, während Sie das Essen dort zubereiten, werden Sie mit einem noch so konsequenten »Nein« nicht allzu weit kommen – oder ein überaus frustriertes Kätzchen von dannen ziehen sehen. Es lernt, dass Sie es bei den wirklich spannenden Dingen des Alltags nicht dabeihaben wollen und es sich nicht auf Sie verlassen kann. Aber genau das ist es, was unsere Bindung stärkt. Selbst wenn das Kitten nach dem Hundertsten »Nein« für einen kurzen Moment auf dem Boden sitzen bleibt, wird es seinen Erkundungsdrang und den Wunsch, bei Ihnen zu sein, bei nächster Gelegenheit erneut zum Ausdruck bringen. Integrieren Sie es am besten direkt in Ihre Tätigkeit. Bieten Sie ihm zum Beispiel einen Stuhl neben der Anrichte an, von dem aus es Sie auf Augenhöhe beobachten kann. Haben Sie etwas für das Kitten Ungefährliches in der Hand, lassen Sie es daran schnuppern und erkennen, dass es gar nicht so spannend ist, wie es dachte. Kochen Sie miteinander statt mit beidseitigem Nervfaktor und freuen Sie sich über Ihre feline Küchenhilfe.

Ab etwa der sechsten Woche wird verstärkt der Beutefang trainiert, auch im geschwisterlichen Spiel wird grober gerauft und Elemente der Beutejagd an der Geschwister- und Mutterkatze geübt. Die soziale Kompetenz wird mehr und mehr ausgebildet und in der zehnten bis zwölften Woche schließlich besonders intensiv geübt und gefestigt.

Die jungen Katzen lernen die kätzische Netiquette. Ab wann hört mein Gegenüber auf zu spielen oder tut mir sogar weh im Versuch, sich zu wehren? Die Tiere lernen, freundlich miteinander zu kommunizieren, mit Konflikten und ebenso Abfuhren umzugehen. Sie bilden eine gesunde Frustrationstoleranz und Selbstkontrolle aus – zwei sehr wichtige Kompetenzen im gesamten Leben der Katze. Wird sie vor Abschluss dieser Lebensphase aus dem Familienverbund genommen, sind oft soziale Defizite die Folge.

Katzenkinder nicht zu früh von Mutter und Geschwistern trennen

Die Herangehensweise, Kitten nur zu zweit oder in Haushalte mit bereits vorhandenen Katzen zu vermitteln, ist bei einem zu früh ausgezogenen Tier nur ein Kompromiss für die unersetzlichen Erfahrungen mit verschiedenen Geschwistern und einer gut sozialisierten Mutterkatze.

Lebt das Kitten mit einer einzigen anderen Katze zusammen, lernt es in dieser frühen Lebensphase nur den Umgang mit den Verhaltensweisen dieser einen Partnerkatze kennen und überträgt diese auf alle späteren Begegnungen mit Artgenossen.

Sein Erfahrungshorizont ist deutlich begrenzt, was später zu Problemen mit anderen, aber auch zu Konfliktsituationen im Alltag führen kann. Stellen Sie sich vor, Ihr Wunschkitten wuchs mit einem einzigen Artgenossen

1. Dieser Knirps hat gerade seine Äuglein geöffnet und erkundet langsam die Welt.

2. Nur scheinbar »fertig« – dieses Kitten sollte noch in seiner Katzenfamilie bleiben.

auf, der es ständig drangsalierte, beim Spiel immer zu grob war und es in seinen Bewegungen stark einschränkte. Dieses Kitten kann kaum positive Erfahrungen mit Katzen sammeln und keine Selbstsicherheit aufbauen. Es lernt, dass sich freundliches Miteinander nicht lohnt und man lieber für sich allein bleibt und Begegnungen aus dem Weg geht. Oder aber es entscheidet sich nach dem Motto »Angriff ist die beste Verteidigung« als Mittel der Wahl im tierischen Miteinander.

Umgekehrt lernt die forschere Partnerkatze keine Grenzen kennen. Das Tier kann stets seinen Willen durchsetzen, muss selten zurückstecken und verliert damit die Erfahrung, auch einmal mit einer Niederlage umzugehen – abgesehen von der freundlichen Kommunikation gegenüber anderen Lebewesen. Sein Maß an Frustrationstoleranz und Selbstkontrolle wird nur geringfügig ausgebildet. Noch deutlicher ausgeprägt sind diese Defizite der Entwicklung bei mutterlosen Kitten, die von einem Menschen mit der Flasche aufgezogen wurden. Entscheiden Sie sich für die Aufnahme einer solchen Katze (ungeachtet ihres Alters bei Übernahme), könnte es sein, dass Sie zwar eine sehr menschenbezogene Katze zu sich nehmen, aber gleichermaßen einen kleinen Grobian, der nicht gelernt hat, seine Bedürfnisse ohne Krallen zu äußern und das Wort »Geduld« nahezu gänzlich im Wortschatz vermissen lässt.

Je versierter der Mensch in der Aufzucht des Kittens ist und je mehr Sozialkontakte das Tier außerhalb des fehlenden Familienverbunds machen darf, desto geringer ist die Gefahr des »verzogenen Kätzchens«. Haken Sie daher möglichst genau nach, wie das Flaschenkind aufgezogen wurde. Welche Erfahrungen durfte es denn in welchem Alter mit

3. Diese Frechdachse sind mit ihren etwa neun Monaten in der Pubertät.

4. Ole galt in seiner Pflegestelle als »Sozialarbeiter«. Er half anderen Katzen, Vertrauen zu fassen.

1. Kätzisches Meet and Greet: Clickern hiflt beim Kennenlernen, Positives miteinander zu erleben.

2. Eine der beiden Katzen sitzt etwas erhöht in einem Kartondeckel. So fühlt sie sich sicherer.

3. »Wenn du da bist, passiert für mich etwas Tolles» - so das Motto.

anderen Katzen machen? Durfte es mit mehreren gleichaltrigen Kitten aufwachsen? Lebten dort vielleicht sogar erwachsene Tiere, die bei der Erziehung mitgeholfen haben und dem Kätzchen manchmal auf kätzisch-liebevolle Art Grenzen gesetzt haben?

Die Mutterkatze dosiert ihre Erziehung, ja, sogar den Schweregrad des Milchzugangs, je nach Entwicklung der Nachkommen. Dieses Feingefühl ist für einen Menschen nur schwer umsetzbar. Rechnen Sie daher lieber mit einer größeren Portion Toleranz und Erziehungsarbeit für ein solches Kätzchen.

Selbstverständlich kann auch ein Kitten mit nicht optimaler Aufzucht zu einer wunderbaren Wegbegleiterin heranwachsen – gar keine Frage! Sollten Sie vorher allerdings noch keine Katze gehabt haben, möchte ich Ihnen die Aufnahme eines im felinen Familienverbund gut sozialisierten Kätzchens oder einer erwachsenen, sozialen Katze ans Herz legen. So können Sie sich ganz auf die positiven Aspekte konzentrieren und Schritt für Schritt zu einem erfahrenen Katzenmenschen werden.

DER KATZENSENIOR – ALTERSMILDE TRIFFT AUF STARRSINN

Steht ein Kitten noch am Anfang aller kleinen und großen Abenteuer seines Lebensweges, zieht ein Katzensenior bereits mit einem ganzen Köfferchen an Erfahrungen bei Ihnen ein. Es ist eine oft tief berührende Erfahrung, einer Katze jenseits der zehn oder gar 15 Jahre ein

Zuhause zu schenken. Alles ist etwas ruhiger und bedächtiger als bei den jungen Hüpfern, man darf sich insgesamt mehr über die bei Katzen so berühmte Anmut freuen.

Der feline Haudegen von einst rollt sich meist lieber gemütlich an einem warmen Plätzchen ein, hält lieber ein entspanntes Nickerchen, als die fünfte Maus am Tag ins Wohnzimmer zu schleppen oder dem frechen Nachbarskater lautstark klarzumachen, dass er gefälligst das Weite zu suchen hat. Es ist alles etwas gediegener und dem Anschein nach überlegter.

Ich kann mich noch gut an den Moment erinnern, als mir Pollys Alter schließlich in ihrem veränderten Jagdverhalten bewusst wurde. In jungen Jahren schoss die leidenschaftliche, wenn auch überwiegend erfolglose Jägerin wie ein geölter Blitz aus der Katzenklappe, wenn sie einen Vogel im Garten entdeckte. Mit etwa 14 oder 15 Jahren beließ es mein Puschelblitz schließlich überwiegend bei vehementem Keckern und Schnattern aus dem Küchenfenster, bis die waghalsige Beute weiterflog. Sie wägte immer genauer ab, ob sich die ganze Aufregung mit körperlicher Anstrengung denn wirklich lohnen könnte – und entschied immer häufiger, dass es sich durchaus mit warmem Popo vom Fenster aus ganz gut jagen ließ, zumindest in ihrer Vorstellung.

Die alternde Katze hat ein größeres Schlaf- und Ruhebedürfnis als ihre noch mitten im Leben stehenden Artgenossen. Ein Umstand, der besonders umtriebigen Menschen, die vielleicht nicht ganz so viel Zeit oder Muse für die aktive Beschäftigung ihrer Katze in petto haben, entgegenkommt. Wer jedoch glaubt, eine Seniorkatze würde nebenbei laufen, irrt dennoch. Katzen jagen und spielen bis ins hohe Alter – genau genommen bis kurz vor ihrem Lebensende, vorausgesetzt es geht ihnen gesundheitlich gut und wir Menschen bieten ihnen ein altersgerechtes Spiel (→ Kampf gegen die Langeweile, Seite 140). Bei der Abwägung, welcher Katzentyp gut mit Ihrem aktuellen Lebensabschnitt harmoniert, könnte dieser Punkt jedoch für die Entscheidung für eine Seniorkatze sprechen.

Begrenztes Zusammensein

Der Katzenopi ist meist mit kürzeren Spiel- und Beschäftigungseinheiten zufrieden als der quirlige Youngster, keine Frage. Dafür genießen betagtere Tiere häufig die Nähe zu ihrem Menschen auf eine besondere und liebenswerte Weise. Dabei müssen sie nicht zwangsläufig zur absoluten Kuschelkatze mutieren. Manche von ihnen sind gern bei uns, bevorzugen dabei jedoch weiterhin ihre Individualdistanz. Ältere Katzen haben nur noch selten größeren Blödsinn im Köpfchen, sind aber durchaus für den einen oder anderen Schabernack zu haben. Dabei blitzt immer wieder ein Fünkchen Jugend in ihren weisen Augen auf, um kurz danach entspannt den nächsten Powernap zu halten. Die gemeinsame Zeit mit einer Seniorkatze ist sicherlich naturgemäß begrenzt – auch wenn es selbst bei den jüngsten Katzen keine Garantie für ein langes, gesundes Leben gibt. Das kann aus Ihrem Blickwinkel sowohl für als auch gegen die Aufnahme einer betagten Katze sprechen. Sie binden sich nicht für vielleicht 15 Jahre an das Tier. Andererseits können Sie sich schon jetzt gewiss sein, dass Ihr Herz bei ihrem Abschied ebenso schwer sein wird, als hätten Sie Ihr ganzes Leben mit diesem wunderbaren Geschöpf verbracht.

Nach meiner persönlichen Erfahrung ist es (fast) egal, ob ein tierisches Familienmitglied nur eine Woche oder mehrere Jahrzehnte bei uns wohnen durfte: der Abschied ist immer schmerzhaft und kostet viele Tränen, bis wir wieder lächelnd an unseren Wegbegleiter zurückdenken können.

Medizinische Betreuung im Alter

Während Sie also bei einem Kitten dessen Erziehung im positiven Sinn als eine der Herausforderungen im Zusammenleben zu meistern haben, sollten Sie sich bei der Aufnahme eines Katzenseniors darüber im Klaren sein, dass Sie nicht nur in absehbarer Zeit wieder Abschied nehmen müssen, sondern dass dieser möglicherweise eine intensivere, medizinische Betreuung benötigen könnte.

Katzen werden erfreulicherweise immer älter. 20 Jahre und mehr sind nicht mehr selten, obgleich die durchschnittliche Lebensdauer bei etwa 15 Jahren liegt. Freigänger sind durch Verkehr und andere Einflüsse größeren Risiken ausgesetzt, wodurch sich ihre durchschnittliche Lebenserwartung etwas mindert. Doch mit dem steigenden Lebensalter und besseren diagnostischen Möglichkeiten gehen auch chronische Krankheiten einher, die bei Katzen häufig schon mit etwa sieben oder acht Jahren beginnen. Früh erkannt, sind viele von ihnen gut und überwiegend kostengünstig, beispielsweise über Futterumstellungen und ein angepasstes Umfeld, in Schach zu halten.

Nimmt man wiederum ein älteres Tier unbekannter Vorgeschichte auf, stößt man mitunter bei der Erstuntersuchung auf die eine oder andere Überraschung und sieht sich mit einer intensiveren Behandlung konfrontiert, die nicht nur einen höheren Pflegeaufwand, sondern zudem zusätzliche Tierarztkosten mit sich bringt.

Sicherlich ist das meiste handhabbar, aber man sollte sich dieser Tatsache bewusst sein, wenn man sich für die Aufnahme einer älteren Katze entscheidet. Nicht selten haben Tierkrankenversicherungen ein maximales Aufnahmealter der zu versichernden Tiere, weshalb man sicherheitshalber einen größeren Notgroschen oder aber einen Plan B in der Tasche haben sollte.

Die Gelassenheit des Alters

Das aus meiner Erfahrung größte Argument für die Aufnahme einer Seniorkatze ist ihr durch und durch entzückendes Wesen. Gibt man dem grummelnden Griesgram das Verständnis, das er mit seinen alten, schmerzenden Knochen benötigt, und blickt man in das irgendwie weise wirkende, freundliche Gesicht

Kateropi Merlin beobachtet viel lieber, als im Trubel mitzumischen.

eines Katzenömchens, wird man mit ihrer Lebenserfahrung, ihrer Ruhe und einfach einzigartigen Art beschenkt – jeden Tag aufs Neue.

Die meisten von ihnen sind selbst für kleine Zuwendungen besonders dankbar und strahlen in unserer oft so hektischen Zeit eine Gelassenheit aus, auf die ich nicht selten neidisch bin.

Katzensenioren leben absolut im Hier und Jetzt. Sie genießen jeden Sonnenstrahl und zeigen uns, wie man das Leben in vollen Zügen genießen kann.

KATZEN MIT BESONDEREN TALENTEN – VOM HANDWERKER BIS ZUM PROFESSOR

Ungeachtet ihres Alters gibt es Katzen, die mit herausragenden Talenten ausgestattet sind. Sie versetzen mich in meinen Beratungen immer wieder ins Staunen und kosten ihren Menschen so manche Nerven.

Gemeint sind Katzen, die mit einer oder mehreren Fähigkeiten ausgestattet sind, die man so erst einmal von einer Katze vielleicht nicht erwarten würde. Da gibt es die cleveren Professoren, denen man zum ersten Mal einen Trick zeigt und die diesen sofort nahezu fehlerfrei ausführen. Begeisterung pur aus Sicht des noch unerfahrenen Menschen. Wenn sich diese Intelligenz wiederum im Alltag bemerkbar macht, hat man eine Katze, vor der kaum noch etwas sicher ist und die sich sehr schnell langweilt und dieser Langeweile kreativ entgegenwirkt.

In einem eher harmlosen Fall wenden sich die Streber auf vier Pfoten gelangweilt von uns ab, wenn wir zum wiederholten Mal den gleichen Trick beim Clickern abfragen. Man bildet sich vielleicht sogar ein leichtes Augenrollen seines Gegenübers ein, kurz bevor es sich mit einem leichten Seufzen abwendet und sich einer anderen Tätigkeit widmet – vielleicht dem Öffnen des Kühlschranks, der Bedienung des Druckers oder einem anderen Zeitvertreib, der bei uns Menschen auf wenig

Bis man alle Trockenfutterstückchen aus dem Activity Board herausgeangelt hat, vergeht die Zeit wie im Flug.

Gegenliebe stößt. Im besten Fall wird ihnen »nur« schnell langweilig, was bei einer Wohnungskatze für alle Beteiligten (inklusive dem Professor auf vier Pfoten) dennoch sehr schnell anstrengend werden kann.

Eine unterforderte Katze ist nicht nur unzufrieden, sondern dadurch anfällig für Problemverhalten, Krankheiten und manchmal sogar Aggressionen. Lernen Sie einen Professor kennen, fragen Sie sich, ob Sie sich dieser Herausforderung nicht nur stellen möchten, sondern Spaß daran haben, sich immer wieder neue Dinge für und mit ihm auszudenken. Es kann unheimlich bereichernd sein, mit seiner Fellnase kleine und große Abenteuer zu erleben. Sie können sich an verschiedensten Activity Boards versuchen, diese selbst (gemeinsam mit Ihrer Fellnase) basteln oder Ihre Wohnung stets mit spannenden Spielmöglichkeiten verändern.

Ist die Katze nicht nur intelligent, sondern charakterfest und souverän, könnten Sie mit ihr ein Geschirr- und Leinentraining absolvieren und sie als Travelling-Cat mit in die Natur oder sogar auf Reisen nehmen. Dieser Katzentyp ist nichts für gemütliche Couch-Potatos, die am liebsten abends eine Serie schauen, ein Buch lesen oder einfach insgesamt ein eher ruhiges Leben genießen möchten. Diese Katzen brauchen Abwechslung, Beschäftigung und immer wieder neuen Input, um zufrieden und ausgelastet zu sein. Besonders häufig findet man diese Actionhelden beispielsweise bei Bengalkatzen, einer Rasse, die in den letzten Jahren immer beliebter und gleichermaßen missverstanden wird.

RASSEKATZEN – NICHT NUR HÜBSCH, SONDERN SPEZIELL

Zu Beginn der Zucht von Haus- und Nutztieren lag ein wesentliches Augenmerk auf der Ausprägung und Fokussierung bestimmter Wesenszüge der Tiere, damit diese ihre vorgesehene Aufgabe möglichst optimal ausfüllen konnten.

So gibt es Hunderassen, die speziell für die Jagd gezüchtet wurden, oder solche, die insbesondere auf Haus, Hof oder Tierherden aufpassen sollten. Bei Kühen etwa wird und wurde der Fokus auf die Fleisch- oder Milchproduktion gelegt – in vielen Fällen sicherlich in fraglichem Ausmaß in Hinblick auf das Wohlergehen der betroffenen Tiere.

Allen gemein war die Selektion von Eigenschaften, die dem Menschen einen bestimmten Nutzen brachten oder diese stärker ausprägten. Erst später kamen dann auch optische Aspekte hinzu, die in der Zuchtauswahl Berücksichtigung fanden.

AUS DER **PRAXIS**

Clevere Kerlchen

Meine erste Katze Cleo schockierte uns nicht wenig, als sie die Toilettenspülung für sich entdeckte. Mein damaliger Mann und ich lagen noch im Bett, als es plötzlich spülte. Da wir allein in der Wohnung waren, staunten wir nicht schlecht – wer bitte betätigt die Toilettenspülung, wenn wir beide nicht im Bad waren? Und dann entdeckten wir Cleo, die mit ihren Pfötchen immer wieder den Spülknopf tretelte, bis sich der Spülkasten mit einem »Wusch« entleerte und Cleo nebst Schwester das plätschernde Wasser zwischen Schüssel und Toilettensitz beobachteten. Das clevere Katzenmädchen machte für sich ein Hobby daraus – bis wir den Knopf mit einem Stück Pappe so verklebten, dass sie ihn nicht mehr mit ihren Pfoten herunterdrücken konnte. Auch von Cleverchen, die den Einhebelwasserhahn bedienen können, die auf Türklinken springen, um die geschlossene Tür zu öffnen oder aber einen Weg gefunden haben, an die leckere Putenbrust im Kühlschrank zu kommen, hat man schon gehört. Wie schlau die Minitiger sind, können wir täglich selbst im Zusammenleben mit ihnen feststellen.

Anders wiederum war die Zucht von Anfang an bei Katzen: Als perfekte Mäusejäger gab es nichts an ihrer Hauptaufgabe zu verbessern. Sie gingen ihrem »Zweck« – wenn man es so nennen möchte – von Anfang an wunderbar nach. Erfreulicherweise durften Katzen zudem lange einfach sein, wie die Natur es für sie bestimmte – ihre Zucht ist noch relativ jung.

So fand erst im Sommer 1871 die erste Katzenausstellung überhaupt in London statt, unter anderem mit den noch heute beliebten Britisch Kurzhaarkatzen. Zehn Jahre später gründete sich der erste Katzenzuchtverband, der sogenannte National Cat Club. Heute, etwa 150 Jahre später, gibt es noch keine 100 Katzenrassen. Im Vergleich dazu sind es bei Hunden weit über 300 anerkannte Rassen.

Anders als bei Hunden, zielen die meisten Katzenrassen auf Aspekte ihres Aussehens und eher allegemeine Charaktereigenschaften ab. So gibt es die schon beschriebenen schlanken und überaus aktiven Bengalkatzen mit ihrem seidig-weichen, kurzen Fell, oder beispielsweise die Langhaarrasse der Maine Coon. Als eine der größten Katzenrassen besticht sie optisch durch ihr langes Fell und einen kräftigen Körperbau mit breiter Brust und langem Rücken. So groß die Maine Coon auch ist, gilt sie als »Teddybär« unter den Katzenrassen. Sie ist anhänglich und hat ein ruhiges Temperament, ohne »verschlafen« zu wirken. Abessinier zählen zu den ältesten Rassen. Sie gelten als sehr intelligent, aktiv und ähneln ein wenig der Minivariante eines Pumas.

1. Die Abessinier gehört zu den ältesten Katzenrassen. Sie ist verspielt und sehr gelehrig.

2. Die imposante Norwegische Waldkatze hat ein freundliches, verschmustes Wesen.

3. Die Britisch Kurzhaar ist eine eher ruhige und gemütliche Vertreterin unter den Katzenrassen.

Informieren Sie sich umfangreich

Bei der Katze waren charakterliche Aspekte in der Vererbung lange Zeit, wenn nicht sogar noch heute, nicht oder nur wenig im Fokus der Züchtung. Allerdings besteht ein Lebewesen eben nicht nur aus Aussehen oder Charakter, sondern immer aus einer Kombination daraus sowie vieler anderer Komponenten wie beispielsweise der gesundheitlichen Konstitution. Alles wird zu einem gewissen Anteil vererbt. Dessen sollten Sie sich bewusst sein, wenn Sie mit dem Gedanken spielen, ein Rassetier aufzunehmen und dabei Ihr Augenmerk vielleicht zunächst auf ein besonders seidiges Fell, einen eleganten Körperbau oder ein anderes optisches Kennzeichen legen.

Gefällt Ihnen eine Rasse besonders gut, empfehle ich Ihnen, sich intensiv zu informieren. Neben dem Aussehen sind insbesondere Charakter, aber ebenso gesundheitliche Probleme für die Haltung relevant. Bengalkatzen beispielsweise gelten als besonders aktiv und abenteuerlustig. Sie lieben es zu klettern, sind intelligent und willensstark. Sie sind mehr als nur »ein wenig lebhaft«, sondern müssen unbedingt ausreichend körperlich und geistig ausgelastet werden, um nicht gelangweilt eigene Beschäftigungsideen zu suchen, ein Problemverhalten zu entwickeln oder schlicht ein unglückliches Dasein zu fristen. Sie sind grundsätzlich ebenso sozial wie andere Rassen, jedoch empfinde ich die Vergesellschaftung erwachsener Vertreter ihrer Art als mitunter eigen. Sind sie mit unserer Wahl des neuen Artgenossen nicht einverstanden, gestaltet sich die Überzeugungsarbeit oft schwer – bis unmöglich. Gleichzeitig sind gerade diese aktiven Tiere in der Einzelhaltung schwer artgerecht zu beschäftigen und auszulasten – wenn überhaupt.

Das vermutlich andere Extrem, bei welchem eine Rasse für eine ausgeprägte Charakterausrichtung steht, sind die Perserkatzen. Sie gelten als sehr ruhig, entspannt und genügsam. Trubel, Hektik oder lautes Drumherum sind meist nicht ihres und von allzu wilden Jagdspielen scheinen die meisten von ihnen nichts zu halten. Bei dieser Rasse sticht ein optisches Merkmal besonders hervor, das gesundheitliche Probleme mit sich ziehen kann und im Laufe ihrer Geschichte mal mehr und mal weniger als Zuchtideal hervorgehoben wurde: die eingedrückte, winzige Nase, die es ihnen schwer macht, unbeschwert zu atmen.

Wer weiß, wieviel ihrer scheinbaren Gemütlichkeit dem Umstand geschuldet ist, dass sie durch die verkümmerten Näschen beim Atmen zu wenig Sauerstoff bekommen. Der gesamte Schädel wird bewusst kürzer gezüchtet (»Brachycephalie« – griechisch für »brachy« = »verkürzt«, »cephalic« = »Schädel«) und zieht neben der teilweise stark verkürzten Nase zudem oft Kiefer- bzw. Zahnfehlstellungen, tränende Augen und Bindehautentzündungen sowie in extremen Fällen einen *Hydrocephalus internus* (umgangssprachlich »Wasserkopf«) nach sich. Ihr Fell ist lang und sehr flauschig, benötigt jedoch tägliches Kämmen,

1. Die Heilige Birma ist eine freundliche, menschenbezogene Rassekatze.

2. Die sanftmütige Maine Coon wird bis zu zehn Kilogramm schwer und braucht viel Platz.

3. Die Kartäuser oder Chartreux besticht durch ihr blaugraues Fell mit bernsteinfarbenen Augen.

da es sehr schnell verfilzt. Während Bengalkatzen Ihre Zeit für Beschäftigung und Auslastung in Anspruch nehmen, ist es bei Persern oder anderen Langhaarkatzen häufig die Fellpflege, die Ihrer täglichen zusätzlichen Aufmerksamkeit bedarf. Planen Sie diese »Musthaves« unbedingt vor der Anschaffung ein und fragen Sie sich kritisch, ob Sie die Anforderungen der jeweiligen Rasse dauerhaft in Ihren Alltag integrieren können und möchten.

Sicherlich gibt es in allen Rassen unterschiedliche Ausprägungen der zuchttypischen Merkmale, sowohl im positiven wie auch negativen Sinn. Neben Rasseeigenschaften ist zudem der individuelle Stammbaum der Tiere zu betrachten. So weiß man, dass Wesenszüge auch von den jeweiligen Elterntieren und deren Ahnen vererbt und geprägt werden. Außerdem gibt es immer Ausreißer einer Rasse – also durchaus sehr gemütliche Bengalkatzen oder aufgeweckte Perser, um bei unseren Beispielen zu bleiben. Es lohnt sich immer, die Tiere als einzelne Individuen zu betrachten und für sich zu entscheiden, was in die eigene Lebensart, zu unseren Vorlieben und Abneigungen passen könnte.

Die Liste möglicher Rassen und deren Eigenschaften könnte ein eigenes Buch füllen und soll hier nicht im Fokus stehen. Wichtig an dieser Stelle ist vor allem das Wissen, dass jedes Tier eine Kombination seiner Rasse, Familiengeschichte, der jeweiligen Aufzucht und aller weiteren Erfahrungen im Leben ist. Alles in der Summe macht die Katze zu dem Geschöpf, das schließlich bei Ihnen einziehen und sich dort weiterentwickeln wird.

Finger weg von Qualzüchtungen!

In keinem Fall sollten Sie jedoch die Zucht von Tieren unterstützen, die offensichtlich gesundheitliche Probleme zum Zuchtziel erklären oder zumindest billigend in Kauf nehmen. Als Negativbeispiel möchte ich an dieser Stelle die Nacktkatzen (zum Beispiel Devon Rex oder Kanadische Sphinx) nennen. Nicht allein aufgrund ihres fehlenden oder nur rudimentär vorhandenen Fells, das mit einem erhöhten Energieverbrauch, der Gefahr des Sonnenbrands und anderen Einschränkungen einhergeht, sondern vielmehr auch solche Zuchtlinien, die Tiere akzeptieren, deren Vibrissen, also die Schnurrhaare, fehlen.

Die Vibrissen sind nicht nur ein optisches Merkmal, sondern dienen der Orientierung, unterstützen die Katze bei der Jagd und zeigen ihre Stimmung an. Sie sind damit wichtiges Orientierungs- und Kommunikationssignal. Eine Katze ohne Schnurrhaare ist in ihrer Wahrnehmung und im Austausch mit Artgenossen eingeschränkt. Sicherlich kann eine junge, gesunde Katze dieses Defizit ausgleichen. Doch Katzen können beispielsweise im Alter taub und blind werden. Fehlen ihnen dann die Tasthaare, sind sie nahezu hilflos, wohingegen sich Vertreter mit »Vollausstattung« weiterhin wunderbar in ihrem gewohnten Umfeld orientieren können. Sollten Sie sich dennoch für solch eine Rasse begeistern, möchte ich Ihnen ans Herz legen, ein Tier im Tierschutz zu suchen, nicht beim Züchter. Kaufen Sie nämlich eine Katze ohne Schnurrhaare oder ein Tier, dessen genetische Veränderungen mit Schmerzen und Einschränkungen verbunden sind, beim Züchter, unterstützen Sie dessen fragwürdige Zuchtlinie und billigen, dass er weitere Tiere mit lebenseinschränkenden Eigenschaften »produziert«. Ein im Tierschutz gestrandetes Tier jedoch findet bei Ihnen ein liebevolles Zuhause, nachdem es zuvor seinen Menschen verloren hat.

Die Bengal ist verspielt und energiegeladen mit einer guten Portion Unabhängigkeit.

GUT ZU **WISSEN**

Rassebeispiele und ihre Kernmerkmale

In der folgenden Aufstellung finden Sie Hinweise zu der jeweiligen Rasse. Es handelt sich lediglich um einen Überblick, der im Einzelfall geprüft und ergänzt werden muss.

RASSE	CHARAKTERMERKMALE & BESONDERHEITEN	KÖRPERBAU	RISIKEN (GESUNDHEIT & VERHALTEN)	FÜR ANFÄNGER GEEIGNET
Perser	* ruhig, ausgeglichen * Wohnungshaltung empfohlen	* klein bis mittelgroß * langes Fell * verkürzter Kopf	* erschwerte Atmung * Augenausfluss * Bindehautentzündung * Rolllider der Augen * Kiefer- und Zahnfehlstellungen	bedingt
Faltohrkatzen (Scottish Fold)	* ruhig, intelligent und freundlich * meist kinderfreundlich * bedingt verträglich mit anderen Katzen	* mittelgroß * kurzes, weiches Fell * abgeknickte Ohren	* schmerzhafte Gelenk- und Knorpeldegeneration * Kommunikationseinschränkung gegenüber Artgenossen	nein (aufgrund der gesundheitlichen Probleme)
Nacktkatzen (Devon Rex, Kanadische Sphinx etc.)	* intelligent, anhänglich, verspielt * meist gut verträglich mit Artgenossen * nur für die Wohnungshaltung geeignet	* wenig bis gar keine Haare; ACHTUNG! Fehlende Tasthaare gelten als Qualzucht * mittelgroß * auffällig »dreieckige« Gesichtsform	* erhöhter Energieverbrauch * eingeschränkte Kälte- und Wärmeregulation * Gefahr von Sonnenbrand * Es gibt Hinweise auf eine genetisch bedingte Herzerkrankung (Hypertrophe Kardiomyopathie).	bedingt
Heilige Birma	* sehr sensibel * sanftmütig * meist mit Kindern und Artgenossen verträglich * eher nur für die Wohnungshaltung geeignet	* mittelgroß * halblanges Fell mit Point-Farbeinschlägen, weißen Pfoten und blauen Augen	* erhöhtes Risiko einer Hypomyelination (Störung der Zellkommunikation, Symptome sind starkes Zittern und spastische Anfälle)	ja

RASSE	CHARAKTERMERKMALE & BESONDERHEITEN	KÖRPERBAU	RISIKEN (GESUNDHEIT & VERHALTEN)	FÜR ANFÄNGER GEEIGNET
Britisch Kurzhaar	* ruhig, ausgeglichen und gemütlich * meist mit Kindern und Artgenossen verträglich	* mittelgroß * kurzes und dichtes Fell * häufig blaue Fellfarbe, mittlerweile jedoch in fast allen Farbschlägen anzutreffen * kurzer, runder Kopf mit runden Augen	* Herzerkrankungen wie die Hypertrophe Kardiomyopathie (HCM) * Hämophilie B (Störung der Blutgerinnung) * Polycystic Kidney Disease (Nierenerkrankung)	ja
Orientalisch Kurzhaar	* gesprächig, aktiv und neugierig * anhänglich und familientauglich * benötigt Platz zum Toben und Erkunden * bedingt für die reine Wohnungshaltung geeignet	* mittelgroß * kurzes Fell mit wenig Unterwolle * große Ohren und Augen * in verschiedenen Farbschlägen	* kälteempfindlich * möchte gern beschäftigt und gefördert werden * neigt zum Vokalisieren	bedingt
Ragdoll	* sanft, ruhig * menschenbezogen * Kindern sowie Artgenossen zugewandt	* groß * langes Fell mit feiner Unterwolle	* Herzerkrankung (Hypertrophe Kardiomyopathie) * polyzystische Nierenerkrankung	ja
Bengalkatze	* aktiv, neugierig * sehr großer Entdeckerdrang * verspielt * nur bedingt für die reine Wohnungshaltung geeignet (mindestens gesicherter Freigang) * bedingt mit kleinen Kindern verträglich * charakterstarke Rasse	* mittelgroß * kurzes Fell mit wenig Unterwolle * Spotted-Farbschläge (die Fellzeichnung erinnert an Leoparden)	* Progressive Retinaatrophie * Pyruvaktinase Defizienz * Hypertrophe Kardiomyopathie (Herzerkrankung)	nein

RASSE	CHARAKTERMERKMALE & BESONDERHEITEN	KÖRPERBAU	RISIKEN (GESUNDHEIT & VERHALTEN)	FÜR ANFÄNGER GEEIGNET
Abessinier	* anpassungsfähig und gleichzeitig eigensinnig * verspielt * sehr aktiv und neugierig, * Kindern sowie Artgenossen zugewandt	* eher klein * kurzes Fell, Fellfarbe und Zeichnung Ticking, Wildfarben, Blau, Fawn und Sorrel	* Feline Neonatale Isoerythrolyse (FNI) * Netzhautschwund (Progressive Retinaatrophie) * Pyruvatkinase-Mangel	bedingt
Kartäuser	* ruhig * anpassungsfähig * verschmust * gilt als unkompliziert	* mittelgroß * mit kurzem Fell * Fellfarbe blau mit »gelben« Augen (dunkles Gelb bis Kupfer) * breiter Körperbau	* Feline Neonatale Isoerythrolyse (FNI)	ja
Maine Coon	* sanftmütig * menschenbezogen * verschmust * pfoteln in der Regel sehr gern und gelten als wasseraffin * aufgrund ihres Fells bedingt tauglich für den ungeschützten Freigang * familien- und artgenossenfreundlich * Fellpflege mitunter sehr wichtig, um Verfilzungen vorzubeugen	* sehr groß * halblanges Fell mit verschiedenen Farbschlägen * Genvariationen der Polydaktylie (zusätzliche Zehen) – mit bis zu sechs oder gar sieben Zehen	* Hypertrophe Kardiomyopathie (HCM) * Erkrankungen des Bewegungsapparates wie Hüftgelenkdysplasie, Ellenbogendysplasie und Patellaluxation * Spinale Muskelatropie * Polyzystische Nierenerkrankung * Polydaktylie	ja

RASSE	CHARAKTERMERKMALE & BESONDERHEITEN	KÖRPERBAU	RISIKEN (GESUNDHEIT & VERHALTEN)	FÜR ANFÄNGER GEEIGNET
Manx-Katzen	* freundlich * ruhig und gutmütig * aufgrund massiver Schmerzen bedingt verträglich mit Kindern und Artgenossen * kein ungeschützter Freigang empfohlen; ACHTUNG! Aufgrund der Anomalien der Wirbelsäule, des Rückenmarks und weiterer Veränderungen im Körperbau ist diese Rasse höchst umstritten.	* mittelgroß * kurzes Fell * Besonderes Kennzeichen ist ein fehlender oder nur rudimentär vorhandener Schwanz sowie kürzere Vorder- als Hinterbeine.	* Anomalien an der Wirbelsäule und im Rückenmark * Fehlbildungen an der Blase, am Darm sowie an den Hinterbeinen * Megakolon * Hornhautdystrophie	nein
Norwegische Waldkatzen	* verschmust, ruhig * menschenbezogen und freundlich * aufgrund der Fellstruktur nur bedingt für den ungeschützten Freigang geeignet	* groß * mit halblangem Fell in verschiedenen Farbschlägen * typisch sind ihre »Pinselohren«	* Hypertrophe Kardiomyopathie (HCM) * Glykogenspeicherkrankheit IV (GSD4) * Pyruvatkinase Defizienz (PK)	ja
Europäisch Kurzhaar	* menschenbezogen * verspielt, freundlich * meist ein Überraschungspaket mit Charakterzügen aller typischen »Rassekatzen« * für Wohnungshaltung und Freigang geeignet * Kindern und Artgenossen gegenüber verträglich	* mittelgroß * mit kurzem Haar in verschiedenen Farbschlägen	* keine besonderen Risiken	ja

FREIGÄNGER ODER WOHNUNGSKATZE?

Die Art, wie Katzen leben, ist einer der vielen Aspekte, die sich im Laufe der Zeit stark verändert haben. Als Freigeister auf vier Pfoten drehten die meisten von ihnen noch in meiner Kindheit in den Gärten meiner Nachbarschaft ihr eigenes Ding.

Es war selbstverständlich, dass eine Katze nach draußen durfte. Die kleinen Jäger brachten hin und wieder eine Maus mit nach Hause, kamen und gingen, wie es ihnen beliebte. In unserer Sackgasse kann ich mich an zwei Katzen erinnern, die unterschiedlicher kaum sein konnten. Beide waren Freigänger, ganz zu meiner Freude, denn so verbrachten wir viele Nachmittage gemeinsam in den Gärten. Cäsar, ein wunderschöner Siamkater mit Stammbaum, bevorzugte Sonnenschein und eine seiner adeligen Herkunft angemessene Huldigung seiner selbst. Kasper wiederum konnte man bei Wind und Wetter draußen finden – ein Europäisch-Langhaar-Mix, gestromt und langbeinig. Sein Markenzeichen: ein besonders buschiger Schwanz – und die Tatsache, dass er das gesamte Revier kontrollierte.

Beide hatten ihre persönlichen Türöffner, die im Zweifel sogar nachts aufstanden, um die Kater rein- oder rauszulassen. Es war selbstverständlich, dass Katzen »nach draußen gehörten«, um dort ihren Jagdtrieb auszuleben, Artgenossen aufzumischen und sich abends an der warmen Heizung oder auf dem Schoß ihrer Menschen kraulen zu lassen.

Mit ihrem Siegeszug als beliebtestes Haustier veränderte sich allerdings in Teilen die Art ihrer Haltung. Nicht nur in Großstädten, wo die Gefahren durch eine dichte Besiedelung und einen mitunter haarsträubenden Verkehr zu groß für die neugierigen Raubtiere sind, werden Katzen häufig ausschließlich in der Wohnung gehalten. Das Für und Wider beider Haltungsformen wird immer wieder hitzig diskutiert. Die einen sehen eine artgerechte Haltung ausschließlich in der Möglichkeit des uneingeschränkten Freigangs umsetzbar. Die

Ragdoll Bellini spielt ausgelassen im ausbruchsicheren Garten.

anderen wiederum fürchten die Gefahren, nicht nur für die Katzen selbst, sondern ebenso für die teilweise stark dezimierten Vogelbestände. Doch worin liegt denn nun die »Wahrheit«? Diese Frage lässt sich – wie viele andere – im Zusammenhang mit einer artgerechten Katzenhaltung sicherlich nicht einfach so pauschal und für alle Katzen und deren Lebensumstände beantworten. Lassen Sie uns daher Pro und Contra genauer betrachten, um Ihnen das Rüstzeug an die Hand zu geben, diese Frage für sich und Ihre Katze mit einem guten Gefühl und fundiertem Wissen beantworten zu können.

Wie Katzen leben möchten

Könnte sich ein Kätzchen sein Leben aussuchen, würde es vermutlich ein behagliches Zuhause haben wollen, wo es jederzeit rein- und rausgehen kann, um genau das zu tun, was dem Näschen gerade beliebt. Drinnen ist es schön warm und kuschelig, sicher vor Feinden oder unangenehmen Dingen, die einem auf der Welt passieren können. Dazu regelmäßige, leckere Mahlzeiten. Es gäbe eine liebevolle Hand, die sanft streichelt, und einen bequemen Schoß, auf dem man gelegentlich kuscheln kann. Nach einem erquickenden Schläfchen könnte man nach draußen gehen, um sich die frische Luft ins Fell pusten zu lassen. Hier gäbe es hohe Wiesen, in denen man sich prima verstecken und Mäuse oder andere Beutetiere jagen könnte. Auf erhöhten Flächen könnte man Ausschau halten und sich die

MEIN **PERSÖNLICHER TIPP**

Kein Patentrezept

Sie werden in diesem Buch nur selten pauschale Aussagen finden, was Sie bei Ihrer Fellnase tun oder besser lassen sollten. Ich möchte Sie vielmehr mit dem Wissen ausrüsten, für Sie und Ihre Katze entscheiden zu können, was für SIE passt – und das mit fundiertem Fachwissen und gleichermaßen der Möglichkeit, Ihren felinen Begleiter als fühlendes, individuelles Wesen sehen zu können. Ich wünsche mir, dass Sie mit jedem Kapitel Ihre Katze etwas mehr verstehen und den kleinen Fellpuschel auf vier Pfoten im besten Fall sogar nach seinen Bedürfnissen »fragen« und mitentscheiden lassen. Zu nahezu jedem Thema gibt es eine Vielzahl Sichtweisen, Erfahrungen, Behauptungen und Empfehlungen. Alles klingt richtig, aber passt eben doch oft nicht so ganz auf die persönliche Lebenssituation. Seien Sie beruhigt: es gibt selten das einzig Richtige, sondern verschiedene Lösungsansätze, an denen Sie sich orientieren können. Das Wichtigste ist, immer zu hinterfragen, welches Bedürfnis Ihre Katze hat und es vielleicht momentan noch nicht auf eine angenehme Art zum Ausdruck bringt.

Sonne ins Gesicht scheinen lassen. Ganz sicher gäbe es keine Autos oder andere gruselige Dinge, vor denen man aufpassen muss und manchmal nicht rechtzeitig ausweichen kann. Außerdem gäbe es nur Menschen, die Katzen schätzen und die ihnen gelegentlich einen zusätzlichen Snack gönnen oder wo man mal alle Pfoten von sich strecken könnte, wenn der Weg nach Hause zu weit scheint.

Draußen lauern Gefahren

In der Realität sind Katzen im Freigang zahlreichen Gefahren ausgesetzt. Im Straßenverkehr sind es nicht nur die viel befahrenen Hauptstraßen größerer Städte, sondern ebenso die verkehrsberuhigten Bereiche, in denen es den ganzen Tag überschaubar und ruhig zugeht, aber gelegentlich ein unverbesserlicher Raser vorbeikommt, der einer unbedarften Katze zum Verhängnis werden kann.

Konstanter Verkehr, den die Katze einzuschätzen lernt, kann mitunter eine kleinere Gefahr sein als Wohngegenden mit wenig Verkehr, der für das Tier jedoch durch seine Unregelmäßigkeit und/oder zu hohe Geschwindigkeit nicht kalkulierbar ist.

Ungesicherte Gartenpools, Regentonnen oder ähnliches können ebenso zur Gefahr werden wie vergiftete Lebensmittel, Schädlingsfallen oder von Menschen platzierte Giftköder. Die Tiere können sich bei ungeschickten Stürzen verletzen oder in fremde Autos einsteigen und vielleicht Hunderte Kilometer weiter aussteigen. Sind sie nicht gechippt und registriert, haben sie in diesem Fall nahezu keine Chance mehr, nach Hause zu gelangen.

Gefahren durch die Katze

Neben der Gefahr für die Samtpfoten selbst, möchte ich die Bedrohung durch die Katze als spezialisierte Jägerin nicht verschweigen.

Ursprünglich als Mäusejäger gefeiert – und heute noch in ländlichen Gebieten nicht wegzudenken –, kommt das kleine Raubtier aufgrund seines natürlichen Speiseplans hier und da in Verruf.

Neben Insekten wie Faltern, Fliegen & Co., auf die die meisten von uns durchaus verzichten könnten (keinesfalls aber aus ökologischer Sicht), sind es Vögel oder junge Kaninchen, die der Minitiger nicht verschmäht. Untersuchungen zur Folge besteht die Beute der wild lebenden Katze zwar – je nach Lebensumgebung – zum überwiegenden Teil aus Nagetieren wie Mäusen. Ein kleiner Anteil verteilt sich jedoch auf die oben genannten anderen Tierarten wie beispielsweise Vögel.

In einer Zeit, in der wir Menschen den Tieren immer mehr Lebensraum wegnehmen, wird jedes zusätzlich erbeutete Vögelchen vielleicht zum Zünglein an der Waage, ob diese Art ausstirbt oder zumindest deren Population in Schieflage gerät. Sicherlich wäre der Ansatz, dass wir Menschen den Tieren insgesamt einen besseren Lebensraum bieten, ein sinnvoller und nachhaltiger. Doch es ist müßig, auf die große Veränderung zu warten und dabei die Möglichkeiten im Kleinen zu übersehen. So können und sollten auch Sie sich die Frage stellen, wie es mit Tieren in Ihrer Umgebung bestellt ist.

Ich bin überzeugt, dass es Gebiete gibt, in denen etwa die Vogelpopulation ausgeprägter ist als anderswo, und so obliegt die Verantwortung jedem von uns, zum Beispiel etwas für den Vogelschutz zu tun.

Vielleicht können Sie Ihren Garten besonders vogelfreundlich (und katzenjagdfeindlich) gestalten. Stauden, Sträucher und Bäume bieten den Vögeln viele Versteckmöglichkeiten. Es gibt sogenannte Abwehrmanschetten aus Blech oder Kunststoff, um Katzen von Vogelnestern in Bäumen abzuhalten. Auch Brombeerranken, um den Stamm gewickelt, bieten einen guten Schutz.

Nistkästen können so aufgehängt werden, dass Katzen keinen Zugang haben, nämlich mindestens zwei Meter über dem Boden und frei hängend an Seitenästen. Besonders katzensicher sind Nistkästen mit einem steilen, glatten Dach, da sie dem kleinen Jäger keinen Halt bieten.

Damit sich die Katze nicht unbemerkt anschleichen kann, sollten Futterhäuschen und Vogeltränken mindestens zwei Meter vom nächsten Strauch entfernt aufgestellt werden.

Sie können auch ein Vogelprojekt eines Naturschutzvereins unterstützen, um Ihren Beitrag zu leisten, dass unsere Natur an Reichtum gewinnt – und nicht verliert.

Nehmen Sie weitere Katzen auf, die zuvor noch nie im Freigang waren, wägen Sie ab, ob Sie ihnen tatsächlich die uneingeschränkte Freiheit gewähren können und möchten. Nicht nur die Gefahren für Ihre Katzen selbst, sondern auch die für andere Tiere sollten dabei zumindest Berücksichtigung in Ihrer Entscheidung finden.

1. Ein Katzenbalkon am Fenster bietet zusätzlichen Raum für Wohnungskatzen.

2. Durch eine zweite Ebene verdoppelt sich die Fläche und kann zusätzlich genutzt werden.

AUS DER **PRAXIS**

Warum Chippen und Registrieren sinnvoll sind

Das Chippen und Registrieren ist zwar vielerorts nur für Katzen im ungeschützten Freigang Pflicht, sollte jedoch für jeden verantwortungsvollen Katzenhalter im persönlichen Interesse liegen. Bei einer Auslandsreise mit Katze ist es gesetzlich vorgeschrieben, das Tier mit einem Mikrochip registrieren zu lassen.

Wenn die Katze entlaufen ist

Beim Chippen wird ein etwa reiskorngroßer Mikrochip an der linken Halsseite der Katze durch einen Tierarzt implantiert. Von dort aus wandert der Mikrochip in Richtung Schulter und verwächst dann im Gewebe. Der Mikrochip selbst ist so klein, dass das Tier ihn nicht spüren kann. Katzen können frühestens in einem Alter von sechs Wochen gechippt werden. Der Chip hält in den meisten Fällen ein Leben lang. Im Chip ist eine Zahlenfolge gespeichert, welche über ein entsprechendes Gerät ausgelesen werden kann. Diese Chipleser gibt es frei verkäuflich, sodass sie nicht nur Tierärzte oder Tierheime zur Verfügung haben, sondern auch private Tierschützer, die bei der Suche vermisster Katzen und Hunde unterstützen. Sogar Gemeinden bzw. Polizei und Ordnungsämter sind mitunter damit ausgestattet. Die Zuordnung eines Fundtiers zu seinem Menschen ist dann über den Abgleich eines Haustierregisters möglich. Zu den größten Registern in Deutschland zählen »Findefix« des Deutschen Tierschutzbundes sowie der Service von TASSO e. V. (→ Adressen, die weiterhelfen, Seite 251).

Beide Angebote finanzieren sich über Spenden und sind für die Halter kostenfrei. Wichtig ist es in jedem Fall, dass Sie Ihre Kontaktinformationen stets aktuell halten. Ich erinnere mich an viele traurige Schicksale, in denen wir Fundtiere im Tierheim nicht zurückvermitteln konnten, weil die Halter umgezogen sind und ihre Adresse nicht aktualisiert hatten. Die Tiere waren zwar in einem Register eingetragen, doch konnten ihre Menschen aufgrund veralteter Daten nicht ermittelt werden.

Andererseits finden Mensch und Tier selbst nach Jahren wieder zusammen, weil der vermisste Minitiger schließlich aufgegriffen und sein Chip ausgelesen werden konnte. Über die Informationen in den Haustierregistern ist eine Zuordnung möglich, und manchmal kommt es sogar noch nach mehr als einem Jahrzehnt zu einer überwältigenden Wiedersehensfreude.

Mikrochip oder Ohr-Tätowierung?

Der notwendige Mikrochip kann während einer Routineuntersuchung durch den

Tierarzt ohne Narkose eingesetzt werden. Die Implantation kommt in etwa einer Impfung mit einer größeren Nadel gleich. Alternativ können Sie das Tier in den Ohren tätowieren lassen, was jedoch nur in Vollnarkose durchgeführt wird und im Laufe der Jahre unleserlich werden kann.

Heutzutage werden Katzen überwiegend mit Mikrochip gekennzeichnet, da die Vorteile gegenüber denen einer Tätowierung deutlich überwiegen. Der wohl einzige, noch bestehende Vorteil der Tätowierung liegt in seiner Sichtbarkeit von außen.

Es ist für jeden erkennbar, dass diese Katze bereits in Menschenhand war – entweder, weil sie ein Zuhause hat bzw. hatte oder weil sie im Rahmen einer Kastrationsaktion eines Tierschutzvereins gefangen, kastriert und gekennzeichnet wurde.

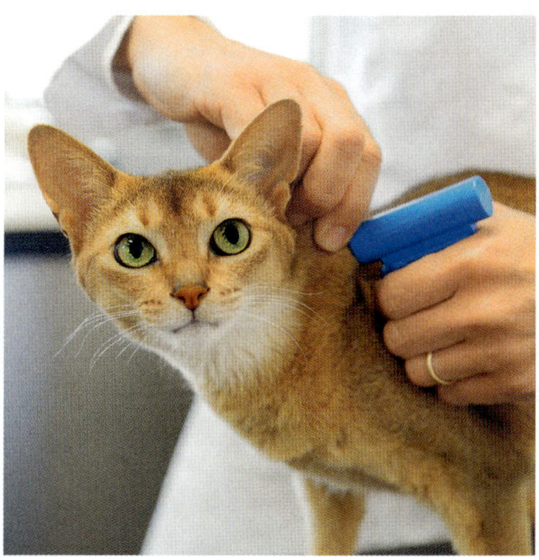

Der Mikrochip wird ohne Narkose, für die Katze nahezu schmerzlos, implantiert.

Diese Maßnahmen führen Tierschutzvereine in der Regel regelmäßig bei verwilderten Hauskatzen durch, um deren Population einzudämmen. Damit nicht immer wieder die gleichen, bereits kastrierten Tiere zum Tierarzt gebracht werden, nimmt man in diesen Fällen auch heute noch Ohr-Tätowierungen vor.

Wird eine junge Katze in unserer Obhut kastriert, ergänzt der Tierarzt manchmal zusätzlich zu der sicheren Kennzeichnung mit einem Mikrochip eine Tätowierung, die auf den Chip hinweist (beispielsweise das Wort »CHIP« in einem Ohr). Die Katze ist für die Kastration bereits narkotisiert, sodass die Tätowierung gleich mit vorgenommen werden kann. Dieses Verfahren kombiniert alle Vorteile beider Kennzeichnungsvarianten, sowohl Sichtbarkeit, als auch Sicherheit.

Auch Wohnungskatzen chippen

Übrigens sollten nicht nur Freigänger, sondern grundsätzlich alle Katzen gechippt und registriert sein. Entwischt die Wohnungskatze aus der Haustür oder mogelt sich beim Umzug zwischen den Helfern ins Freie, kann sie ohne Chip in den seltensten Fällen zurückvermittelt werden. Gerade Wohnungskatzen sind draußen oftmals traumatisiert und auf die schnelle Hilfe von Findern angewiesen.

Wenn es behördliche Auflagen gibt

In der Zeit, als ich dieses Buch geschrieben habe, wurde in einem begrenzten Gebiet in Baden-Württemberg erstmals für mehrere Monate eine »Katzen-Ausgangssperre« verhängt. In dieser Zeit durften selbst die eingefleischtesten Freigänger nicht mehr nach draußen, um so eine stark bedrohte Vogelart in der Brutzeit zu schützen.

Haben Sie Ihr Leben bereits mit einer Katze geteilt, die es gewöhnt ist, nach draußen zu gehen, können Sie sich bestimmt vorstellen, dass der Hausarrest zu einer großen Belastung für Mensch und Tier werden kann.

Bedenken Sie bitte unbedingt die goldene Regel »Einmal Freigang – immer Freigang«. Hat eine Katze auch nur einmal die Freiheit draußen genossen, ist die Wahrscheinlichkeit, dass sie es wieder möchte und – bei fehlender Möglichkeit – vehement einfordert, sehr groß. Sicherlich bestätigen auch hier Ausnahmen die Regel – darauf verlassen sollten Sie sich jedoch nicht.

Darf Ihre Katze uneingeschränkten Freigang genießen, erkundigen Sie sich sicherheitshalber vorab bei Ihrer Stadt- oder Gemeindeverwaltung, inwiefern es hierzu Auflagen gibt. In zahlreichen Städten regelt eine Katzenschutzverordnung, unter welchen Voraussetzungen eine Katze ins Freie darf.

Meist muss das Tier (häufig ab dem fünften Lebensmonat) kastriert, gekennzeichnet und registriert sein. Verstößt man gegen diese Auflagen, droht ein Ordnungsgeld.

Die große Freiheit

Freigang ohne Grenzen hat – neben seinen zahlreichen negativen Aspekten – mindestens einen ganz großen Vorteil: Die abwechslungsreiche und immer wieder spannende Umgebung kann in der Wohnung nur schwer ersetzt werden.

Sicherlich können wir vieles tun, damit unsere vier Wände zum Wohlfühlort unserer Katze werden. Dennoch bleibt die Natur mit den verschiedenen Witterungseinflüssen, den interessanten Gerüchen, den stets neuen Abenteuern und Begegnungen unübertroffen erlebnisreich.

Eine Katze, die sich den Wind durchs Fell wehen lassen kann und geradezu empört heim trabt, weil sie ein paar Regentropfen abbekommen hat, entwickelt unweigerlich Kompetenzen, welche so mancher Wohnungskatze ihr Leben lang verwehrt bleiben.

Sie lernt, mit Frust und Unwägbarkeiten umzugehen – selbst wenn sie diese natürlich nicht zu schätzen weiß. Sie kann stressigen Situationen häufig besser begegnen und ist weniger schockiert, wenn sich Dinge in ihrem Umfeld verändern, denn auch in der Natur wandeln sich die Gegebenheiten ständig.

Sie selbst müssen bei einer Freigängerkatze etwas weniger dafür tun, Ihre Minimiez zu einer »kompetenten« Katzenpersönlichkeit reifen zu lassen. Täuschen Sie sich jedoch nicht in der Annahme, alle Freigängerkatzen seien anspruchslos und würden sich nicht eng an Sie binden.

Die Natur hat einer Katze viel Abwechslung zu bieten. Von Langeweile keine Spur.

Freigängerkatzen können ein ebenso inniges Verhältnis zu Ihrem menschlichen Sozialpartner aufbauen wie eine Wohnungskatze – nur, dass sie dies definitiv aus eigenen Stücken tun und nicht mangels anderer Optionen. Die Zuneigung einer Katze ist stets freiwillig – auch die von Wohnungskatzen.

Gefällt es Ihrem Freigänger bei Ihnen nicht so recht, schaut er gern mal nach einem Zweitwohnsitz, wo das Futter vielleicht noch ein bisschen schmackhafter ist als bei Ihnen. Andererseits ist es ein besonderes Kompliment, dass Ihre Freigängerin jeden Tag nach einem kurzen Spaziergang zu Ihnen nach Hause kommt – und eben nicht zu Nachbars ungesundem Buffet. Und: Mittlerweile sind Katzen im Freigang durchaus großem Stress ausgesetzt und können die vermeintliche Freiheit weit weniger genießen, als wir uns das vorstellen. Die Besiedelung durch uns Menschen, aber vor allem durch immer mehr Katzen – Hauskatzen sowie verwilderte Streuner – nimmt in einem Maß zu, dass die Tiere sich nur schwer aus dem Weg gehen können.

Ihr ausgeklügeltes Timesharing-System, durch das sie sich Reviere theoretisch nahezu ohne ungewollten persönlichen Kontakt aufteilen können, funktioniert nur noch begrenzt (→ Seite 119).

Sie wohnen buchstäblich Tür an Tür mit dem verfeindeten Nachbarn auf vier Pfoten und sind mit jedem Schritt nach draußen einer Stresssituation ausgesetzt. Immer mehr meiner Beratungsanfragen drehen sich um innerartliche Auseinandersetzungen in den Gärten oder an den Zugängen.

Wohnungskatzen brauchen ganz besonders viel Aufmerksamkeit

Möchten Sie vielleicht spontan in den Urlaub fahren oder kommen Sie abends gelegentlich später heim, ist die Versorgung Ihrer Freigängerkatze sicher einfacher. Regelmäßige Mahlzeiten, das Reinigen der Toilette und ein paar Streicheleinheiten lassen sich temporär in den meisten Fällen über Freunde und Nachbarn oder einen professionellen Catsitter realisieren. Die ausgiebigen Spieleinheiten, die Beschäftigung und die intensive Zuneigung zwischen Ihnen und Ihrer Fellnase lassen sich bei Wohnungskatzen dagegen deutlich schwieriger auffangen, wenn Sie nicht da sind.

Der Mensch ist ihr Lebensmittelpunkt

Übernehmen Sie eine Katze aus reiner Wohnungshaltung und soll sie auch bei Ihnen keinen Freilauf erhalten, werden Sie zwangsläufig zum Lebensmittelpunkt des Tieres. Es ist in all seinen Grundbedürfnissen auf Sie angewiesen und baut häufig eine besonders enge Bindung zu Ihnen auf.

Was zunächst vielleicht verlockend und liebenswert wirkt, gibt Ihnen gleichzeitig eine große Verantwortung für das Leben dieses Tieres, die viele Halter leider unterschätzen. Sie bestimmen, wann frisches Futter angeboten wird und ob es überhaupt etwas zu Fressen gibt. Sie haben es in der Hand, wie häufig Ihre Katze auf eine saubere Toilette gehen darf – natürlich bestimmen Sie ebenfalls, wo das Tier sich lösen sollte. Sie sind der Mensch, der Spieleinheiten anbietet oder auch nicht und der mal in Kuschellaune ist und dann wieder andere Dinge zu tun hat. Sind Sie zwangsläufig häufig nicht zu Hause, weil Sie arbeiten gehen oder andere Verpflichtungen haben, wartet Ihre Katze auf Sie und kann auch dann nicht kurz vor die Türe, wenn ihr die Decke auf den Kopf fällt.

Der Minitiger hat nur die Wohnung und das, was Sie ihm dort bieten. Er ist auf Ihr Wohlwollen und Ihre Priorisierung angewiesen – immer. Kommen Sie völlig erledigt nach Hause, hat Ihre Katze vermutlich den ganzen Tag nur darauf gewartet, dass jetzt endlich etwas Tolles passiert – immerhin war es die letzten Stunden ohne Sie absolut langweilig in den immer gleichen vier Wänden.

Im ersten Moment ist das Bild vielleicht sehr düster gezeichnet, doch in vielen Haushalten mit nur einer Wohnungskatze leider oft die Realität. Das wunderbare Potenzial dieser geselligen und intelligenten Persönlichkeiten auf vier Pfoten verkümmert nur allzu häufig, weil wir uns – verständlicherweise – nur auf die schönen Aspekte für und mit uns konzentrieren. Da ein Katzenleben aber aus weit mehr besteht als den Stunden, in denen wir uns um sie sorgen und kümmern, wägen Sie bitte gut ab, welches Leben Sie dem Tier bieten können und möchten.

Spätestens bei dem Entschluss der Wohnungshaltung sollte Ihr zweiter Gedanke und Ihr Bestreben sein, der Katze einen passenden Partner oder eine Partnerin zu suchen oder

AUS DER **PRAXIS**

Wer passt zu wem?

Katzen sind durchaus gesellig, suchen sich ihre Sozialpartner jedoch ebenso individuell aus, wie wir es bei uns tun. Noch immer erlebe ich oft, dass Katzen als »Einzeltiere« gelten, weil sie sich bisher mit den ausgewählten Artgenossen nicht verstanden haben oder für lange Zeit allein lebten. Manchmal treffen meine Klienten die Entscheidung, eine verbleibende Katze fortan allein zu halten, weil eine Vergesellschaftung zuvor nicht klappte oder sie sich mit der alt eingesessenen Katze plötzlich nicht mehr verstanden hat. In nicht wenigen dieser Fälle waren es jedoch lediglich die ausgewählten Tiere, die nicht (mehr) zueinander passten.

Kitten spielen in ihrer Entwicklung zunächst mit nahezu allen Spielpartnern. Wachsen sie heran, entwickeln sie mehr und mehr ihre Persönlichkeit, ihre Vorlieben und Abneigungen. Die einen raufen für ihr Leben gern, die anderen sind etwas zurückhaltend, und wieder andere scheinen irgendwie alles und jeden zu lieben. Spätestens in der Pubertät und/oder nach der Kastration knallt es dann häufig. Die Hormone schlagen Purzelbäume und die zuvor lieb miteinander kuschelnden Katzen werden zu hysterischen Furien. Was ist passiert? Nun, sie haben sich entwickelt – und sind dabei offenkundig in unterschiedliche Richtungen aufgebrochen. In anderen Beispielen können selbst sehr innige Katzenbeziehungen auseinandergehen, wenn sie ein plötzliches Erlebnis erschüttert.

In einem meiner Beratungsfälle kippte eine zuvor sehr enge Katerbeziehung, als sich eines der Tiere in Anwesenheit des anderen verletzte. Das verletzte Tier projizierte den Schmerz auf seinen Partner und griff ihn fortan heftig und immer wieder an, sobald es ihn sah.

Manchmal können wir diese brüchigen Beziehungen durch Training, Management und viel Geduld wieder kitten. Mitunter müssen wir jedoch die Entscheidung treffen, dass diese beiden Katzen lieber getrennte Wege gehen sollten. Es liegt an uns, den neuen, passenden (!) Partner zu suchen und bei der Vergesellschaftung besonders vorsichtig vorzugehen.

Vielleicht werden Sie überrascht, wie eng Ihr vermeintlich griesgrämiger Geselle mit einem ähnlichen Grantler zusammenleben kann … Finden Sie es zu belastend und stressig für Ihre Katze, immer wieder neue Partner zu suchen und zu integrieren? Nun, überlegen Sie, wie viele »Fehlversuche« wir Menschen durchstehen, bis wir unser »Perfect Match« finden – und trotzdem geben die wenigsten von uns die Suche nach der innigen Liebe auf, richtig?

ein Tier zu adoptieren, welches bereits zum Einzeltier geworden ist – und nicht erst durch Sie zum Eremiten geformt wird.

Sicherlich sind Katzen in Wohnungshaltung weniger Gefahren ausgesetzt und leben im Durchschnitt länger als die kleinen Abenteurer draußen. Gleichzeitig übernehmen Sie den Job des Allround-Entertainers.

Behalten Sie diese Aufgabe immer im Hinterkopf und sorgen Sie für ausreichend Abwechslung und Spaß in Ihrer Wohnung, damit Ihre kätzischen Begleiter auch dort ein ausgeglichenes, artgerechtes Leben genießen dürfen (→ ab Seite 128).

KATZEN MIT HANDICAP

Möchten Sie Ihr Herz an eine »Katze mit Vergangenheit« verlieren, stoßen Sie bei Ihrer Suche vielleicht auf Tiere, die ein gesundheitliches Handicap im Köfferchen haben.

Manche hatten einen Unfall oder sind chronisch erkrankt. Die Art der Einschränkung kann ganz unterschiedlich sein – ähnlich wie Ihre Reaktion darauf. Manche Menschen werden bei Tieren mit einer Besonderheit sofort schwach, andere reagieren abgeschreckt.

In beiden Fällen empfehle ich Ihnen, hinter Ihren ersten Eindruck zu schauen und genau zu bewerten, welche Auswirkungen das Handicap der Katze auf Ihr gemeinsames Leben haben wird und ob Sie im Sinne aller Beteiligten richtig damit umgegehen können. Der Impuls, etwas Gutes tun zu wollen oder sich und das Tier vor Überforderung zu schützen, ist nachvollziehbar, aber wenig hilfreich für Ihre Entscheidungsfindung. Sind Sie auch nur von einem Aspekt des Tieres abgeschreckt, verlieren Sie vielleicht beide die Chance, ein perfektes Katze-Mensch-Team zu werden.

Möglicherweise weist das Tier ein Handicap auf, das in manchen Lebenskonzepten ein Problem wäre, für Sie aber keinerlei Bedeutung hätte.

Leidet die Katze zum Beispiel an Ataxie, das ist eine Schädigung des Kleinhirns, die verschieden schwere Bewegungseinschränkungen bzw. scheinbar willkürliche Bewegungen auslöst, darf das Tier weder steile Treppen im Haus nutzen noch den ungeschützten Freigang genießen. Verfügen Sie über eine Wohnung, deren Räume auf einer Ebene sind, ist diese Erkrankung für Sie vermutlich kein Ablehnungsgrund.

Jedenfalls tun Sie weder sich noch der Katze einen Gefallen, wenn Sie das Tier aus Mitgefühl aufnehmen und schließlich an Ihre persönlichen Grenzen stoßen. Gerade im Tierschutz erlebe ich immer wieder, dass Katzen aus Mitleid aufgenommen werden und dadurch in nicht minder stressbelasteten Verhältnissen weiterleben müssen.

Benötigt eine Katze beispielsweise pünktlich Medikamente oder eine regelmäßige Behandlung, ist dem Tier nicht geholfen, wenn Sie zwar vorhaben, alles Notwendige zu tun, es aber zeitlich – bei allem Engagement – gar nicht auf die Reihe bekommen.

Eine Win-win-Situation können Sie jedoch erreichen, wenn Sie sich intensiv über die Bedürfnisse der Handicap-Katze informieren und selbstkritisch abwägen, ob Sie die Pflege dieses Tieres über einen (lebens-)langen Zeitraum übernehmen möchten.

Sind Sie sich trotz aller Überlegungen dennoch nicht sicher, ob Sie der Aufnahme einer Handicap-Katze gewachsen sind, erkundigen Sie sich bei der vermittelnden Stelle, inwiefern Sie zu Beginn eine Einweisung oder temporäre Unterstützung erhalten können.

Vielleicht ist die Übernahme einer Pflegschaft zunächst einmal für alle Seiten eine gute Möglichkeit zu sehen, ob Sie den Schützling dauerhaft aufnehmen möchten. Manchmal ist das Primärziel, die betreffende Katze zeitnah in eine Pflegestelle zu geben, wo sie sich erholen und in Ruhe ein endgültiges Zuhause gefunden werden kann. Spielen Sie mit offenen Karten, sprechen Sie über Ihre Unsicherheit und Sorgen (→ Seite 60).

Haben Sie jedoch berechtigte Zweifel an der Umsetzbarkeit, eine Handicap-Katze zu pflegen, entscheiden Sie sich eher gegen eine Aufnahme, als einem ohnehin hilfsbedürftigen »Drops« einen weiteren Umzug oder – was ich persönlich als noch schlimmer empfinde – ein Leben in einem eher faulen Kompromiss zu bieten.

Einäugige Katzen kommen gut mit ihrem Handicap zurecht. Sie sind sogar in der Lage, Mäuse zu jagen.

GUT ZU **WISSEN**

Häufige Handicaps und deren Auswirkungen

Manche Katzen kommen schon mit einer Behinderung auf die Welt. Andere haben einen Unfall erlitten, wurden misshandelt oder leiden an Krankheiten, die sie einschränken. Solche Katzen warten im Tierheim oft lange oder vergeblich auf ein schönes Zuhause, obwohl gerade sie sich häufig als besonders treu und anhänglich gegenüber den Menschen erweisen, die sie trotz ihres Handicaps aufgenommen haben. Zugegeben, es braucht ein wenig Mut, sich auf eine Katze mit Handicap einzulassen. Doch es ist verblüffend zu sehen, wie gut die Tiere trotz ihrer Einschränkung im Alltag zurecht kommen.

BESONDERHEIT	BESCHREIBUNG / HERAUSFORDERUNG	DER PASSENDE MENSCH
Blindheit	* weitgehend stabile Umgebung ohne regelmäßige Änderungen * gegebenenfalls Absicherung von Sturzfallen	* besonnener Mensch, mit der Bereitschaft, ein stabiles Wohnungsumfeld zu schaffen, in dem sich die Katze orientieren kann – mit wenig räumlichen Veränderungen * Wohnungshaltung oder ein absolut geschützter Freigang (beispielsweise im sicher umzäunten Garten)
Taubheit	* Die Kommunikation erfolgt ausschließlich nonverbal mit der Katze, was in allen Situationen Sichtkontakt erfordert, jedoch nicht immer möglich ist (z. B. das Rufen der Katze in Alltags- oder Notsituationen). * Taube Katzen maunzen sehr laut, sofern sie vokalisieren (da sie sich selbst nicht hören und daher nicht regulieren können). * Neben der angeborenen Taubheit (häufig bei weißen Tieren anzutreffen) verlieren viele Katzen ihr Gehör im fortschreitenden Alterungsprozess.	* unproblematisch für Musiker, Menschen mit »lauterem« Umfeld und Kinder * stabiles Wohnungsumfeld * Toleranz für lautes Vokalisieren (entsprechendes Nachbarschaftsumfeld) * routinierter Alltag * Wohnungshaltung oder ein geschützter Freigang * gegebenenfalls die Bereitschaft zur Aufnahme einer »Begleitkatze«

BESONDERHEIT	BESCHREIBUNG / HERAUSFORDERUNG	DER PASSENDE MENSCH
Dreibeinigkeit	* Arthrose im Alter * besonderes Augenmerk auf das Gewicht der Katze notwendig * Dies kann, muss jedoch nicht zu Unsauberkeit führen. Es kann unter Umständen unterstützend durch den Menschen oder durch entsprechende Hygieneartikel gelenkt werden.	* besonnener und konsequenter Mensch, der die Spätfolgen der Fehlhaltung auch bei größten Futterbettelversuchen des felinen Charmeurs im Hinterkopf behält (und damit Übergewicht vermeidet) * Bereitschaft, die Wohnung durch Aufstiegshilfen & Co. zu ergänzen * Selbst Freigang kann unter bestimmten Umständen möglich (und sinnvoll) sein.
Schwanz-amputation	* erschwerte Kommunikation mit Artgenossen (dennoch möglich!) * gegebenenfalls Schwierigkeiten beim Balancieren (insbesondere im Freigang kritisch)	* Bereitschaft, die Wohnung durch Aufstiegshilfen & Co. zu ergänzen * Eine Harn- oder Kotinkontinenz kann als Folge einer körpernahen Schwanzamputation auftreten.
FIV, FeLV und andere immunsystem-beeinflussende Infektionen	* stressarme, stabile Umgebung * Wenn die Erkrankung ausbricht, ist sie häufig belastend (auch seelisch für den Menschen), zeit- und kostenintensiv.	* routinierter Alltag * gute Katzenkrankenversicherung und/oder finanzielles Polster wegen möglicherweise anfallender Tierarztkosten * Möglichkeit zur reinen Wohnungshaltung oder gesicherter Freigang * Partnerkatze sollte ebenfalls mit dem betreffenden Erreger infiziert sein.
Ataxie	* je nach Ausprägung der Ataxie Verletzungsrisiken durch Abstürze/Umfallen * Das Zuhause muss an die Koordinationsschwierigkeiten der Katze angepasst werden. * häufig geschwächtes Immunsystem	* Zeit für Ataxie-Training (mit Hilfe eines Physiotherapeuten) * Flexibilität und Unterstützung im Wohnungsumfeld (z. B. niedriger Toiletteneinstieg) * Wohnungshaltung oder gesicherter Freigang
Schilddrüsen-fehlfunktion, HCM (Hypertrophe Kardiomyopathie)	* stressarmes Umfeld * zeitlich geregelter Tagesablauf * Fähigkeit, Tabletten zu verabreichen	* geregelter Alltag * im Idealfall eine »Backup-Person«, die auch die medizinische Versorgung übernehmen kann bei Abwesenheiten

BESONDERHEIT	BESCHREIBUNG / HERAUSFORDERUNG	DER PASSENDE MENSCH
Diabetes	* mindestens alle zwölf Stunden Messungen * gegebenenfalls Insulin spritzen, d. h. zeitlich geregelter Tagesablauf und die Fähigkeit, Spritzen zu setzen * Typischerweise zu Beginn der Erkrankung kann zur initialen Einstellung ein Monitoring über ein hierfür implantiertes Gerät erfolgen. Es misst den Gewebezucker und kann bis zu 14 Tagen am Patienten verbleiben. * Neben den Werten der Blut-Glukose und des Fruktosaminwerts steht das gesamte klinische Befinden im Fokus.	* geregelter Alltag * im Idealfall eine »Backup-Person«, welche die medizinische Versorgung übernehmen kann bei Abwesenheiten * besondere Aufmerksamkeit bei gegebenenfalls plötzlichen Veränderungen des Blutzuckers * Harninkontinenz kann gerade anfänglich aufgrund des krankheitsbedingten, übermäßigen Trinkens auftreten.
Chronische Nierenerkrankung (CNE)	* stressarme Umgebung mit angepasstem Wohnumfeld (besonders attraktive Trinkstellen, gut erreichbare Toiletten, ggf. Diätfutter mit vielen, kleinen Mahlzeiten, die erhöht angeboten werden sollten) * Nierenkranken Katzen ist es häufig unwohl, sie trinken vermehrt und benötigen daher einen besonders leichten Zugang zu Futter, Wasser und Toiletten.	* verständnisvoller, aufmerksamer Mensch, der ein besonderes Auge auf das Allgemeinbefinden der Katze legen und die Pflege dahingehend anpassen kann * Es kann aufgrund der erhöhten Trinkmenge und des allgemeinen Unwohlseins phasenweise zu Unsauberkeit kommen.
Feline odontoklastische resorptive Läsionen (FORL; heute auch eher: RL – resorptive Läsionen)	* schmerzhafte, von außen überwiegend nicht sichtbare Zahnerkrankung, die etwa jede zweite Katze ab fünf Jahren betrifft * Betroffene Katzen zeigen meist keine direkten Symptome, was oft zu Fehleinschätzungen führt. * Wesensveränderungen (Spielunlust, Unsauberkeit, Harnmarkieren, Stimmungsverschlechterung) sind manchmal Hinweise darauf. * Abklärung kann ein Dentalröntgen bringen.	* Da diese Krankheit eine so große Anzahl Katzen betrifft, sollten sich alle Katzenhalter damit auseinandersetzen und bei nicht erklärbaren Wesensveränderungen, Mundgeruch, auffälligem Fressverhalten und spätestens bei Katzen ab fünf Jahren regelmäßig über ein Dentalröntgen den Zahnstatus prüfen lassen. * ACHTUNG! Eine reine Sichtprüfung ist selbst durch den Tierarzt KEINE sichere Diagnostik!

MEIN **PERSÖNLICHER TIPP**

Liebenswerte »Handicats«

Meist wird man im Laufe des Zusammenlebens mit einer gesundheitlichen Veränderung seiner Samtpfote konfrontiert und ist nicht selten zunächst überfordert. Fütterung, Medikamente, Alltagshilfen – alles scheint auf einmal geändert werden zu müssen und wirft unseren Alltag durcheinander. In den meisten Fällen gelingt es, die nötigen Anpassungen zügig umzusetzen, und wir merken schnell, dass das vermeintlich riesige Problem gut händelbar ist. Die diabetische Katze lernt mit uns, dass weder der Pieks im Ohr für die Bestimmung des Blutzuckerwerts dramatisch ist noch die folgende Insulinspritze. Die blinde Samtpfote beweist in einer stabilen Umgebung einen beeindruckenden Orientierungssinn und wird von uns mit Ankündigungssignalen auf Interaktionen vorbereitet.

Vieles, das zuvor beängstigend oder unüberwindbar schien, wird dank unserer bereits bestehenden Zuneigung zu der felinen Patientin berücksichtigt und führt zu einer noch innigeren Beziehung.

Obwohl dies meist alles nahezu mühelos zu meistern ist, haben es Katzen mit Handicap in der Vermittlung häufig schwer. Wir sind unsicher, ob wir uns diese Verantwortung zutrauen und fürchten die Unannehmlichkeiten, die ein eingeschränktes Tier mit sich bringt. Eine Handicat wird nicht selten besonders kritisch beäugt. Dabei sind es ebenso liebenswerte, verspielte, verkuschelte, vielleicht auch eigensinnige Katzen wie diejenigen, denen wir eine Einschränkung nach Jahren in unserer Familie zugestehen würden.

In meinen Beratungen erlebe ich leider, dass ein frisch aufgenommenes Tier »auf Bewährung« zu sein scheint und man eine schnelle Lösung fordert, da das Tier ansonsten wieder abgegeben würde. Es muss sich in unsere Vorstellungen des Zusammenlebens einfügen und sollte besonders zu Beginn möglichst wenig Umstellung für uns Menschen bedeuten. Mich trifft diese Einstellung sehr, da sich die wenigsten von uns diese Frage bei einem schon länger bei uns wohnenden Tier stellen würden. Dabei übernehmen wir mit der Adoption der Katze die Verantwortung für ihr Wohlergehen – vom ersten Tag an.

Stolpern Sie bei Ihrer Suche nach einer neuen Katze über ein Tier mit Special Feature, möchte ich Sie ermuntern, sich auch, aber nicht nur mit dieser Besonderheit auseinanderzusetzen. Lernen Sie das Tier wie jedes andere kennen in seinen Eigenarten, Vorlieben und Charakterzügen. Vielleicht finden Sie es ja gerade wegen seines Handicaps besonders liebenswert.

PFLEGEKATZE AUS DEM TIERSCHUTZ – LIEBE AUF ZEIT

Sicherlich ist der Gedanke, einer Katze für immer ein Zuhause zu bieten, der schönste, den wir Katzenmenschen haben und umsetzen können. Ein Tier für eine begrenzte Zeit aufzunehmen, es von der ersten Minute an liebzugewinnen, miteinander eine Beziehung aufzubauen und schließlich in ein anderes Zuhause zu übergeben, ist für viele von uns zunächst unvorstellbar. Dennoch kann auch das für den Menschen und die Katze von Vorteil sein.

Im Tierschutz gibt es immer wieder besondere Situationen, in denen ein Vermittlungstier nicht in einem regulären Tierheim untergebracht werden kann. Es braucht eine Pflegestelle, die ihm für eine gewisse Zeit ein Zuhause bietet.

Häufig sind es kranke, alte oder besonders junge Tiere, die eine intensive Betreuung benötigen. Manchmal sind es aber auch Katzen, die dem Trubel im Tierheim nicht gewachsen sind, sich dort so unwohl fühlen, dass sie sich aufgeben, nichts fressen oder andere, gravierende Auffälligkeiten zeigen. Sie müssen besonders schnell in eine häusliche Umgebung umziehen, um sich dort auf ihre zweite Chance vorzubereiten.

Solche Katzen bedürfen nichts weiter als eines stabilen, familiären Umfeldes. Sie ermöglichen uns gleichzeitig, einer Katze für eine begrenzte Zeit unser Herz, unser Verständnis und unsere Liebe zu schenken.

Auch ich habe schon einige Katzen für ein regionales Tierheim zeitweise in meinem Zuhause betreut. Währenddessen konnte ich so viel von meinen Pflegekatzen lernen, dass ich allein für diese Erfahrung jedem nur empfehlen kann, sich darauf einzulassen, darin zu üben, auf die unterschiedlichen Katzencharaktere einzugehen und sich von den vielschichtigen Facetten der kleinen Persönlichkeiten verzaubern zu lassen.

Pflegekatzen können Ihnen erstaunliche Erkenntnisse für ihren Umgang und vielleicht ebenso für sich persönlich vermitteln. Als Pflegestelle hat man zudem immer die Sicherheit, dass der zuständige Verein bei Schwierigkeiten für Mensch und Tier da ist und nach Lösungen sucht.

Wer für die Kosten aufkommt

In der Regel werden Tierarztkosten und in Teilen die Verpflegungskosten übernommen, wodurch auch Menschen mit einer oder mehreren Katzen zusammenleben können, die sich aus finanziellen Gründen kein eigenes Tier leisten können. Soweit möglich, freut sich der Tierschutzverein natürlich, wenn Sie dabei zumindest die Kosten übernehmen, die Sie tragen können. Auf diese Weise wird das Tierheim entlastet. Andererseits müssen Sie sich keine Sorgen machen, dass die Katze im Notfall eine umfassende tierärztliche Versorgung erhält. Gerade in Zeiten, in denen alles teurer wird, kann eine begrenzte Pflege eine gewinnbringende Lösung für alle Beteiligten sein.

Eine Pflegestelle ist auch dann sinnvoll, wenn wir uns nur einen gewissen Zeitraum um eine Katze kümmern können oder wir uns nicht für ein ganzes Katzenleben binden können oder möchten. Das kann in einer beruflich unsicheren Situation sein, am Anfang unserer Lebensplanung, wo noch viele Fragen unbeantwortet sind, oder andere, ganz persönliche Gründe haben.

Vielleicht trauen Sie sich die Versorgung einer älteren und/oder chronisch kranken Katze zwar grundsätzlich zu, sind sich aber nicht sicher, ob Sie dies für unter Umständen mehrere Jahre persönlich oder finanziell schaffen. Statt gänzlich auf ein Tier zu verzichten, könnte in diesem Fall durchaus eine Pflege auf Zeit eine Option sein.

Wenn Sie einen Pflegeplatz zur Verfügung stellen, ist es Ihre Aufgabe, die Katze so lange zu begleiten, bis sie ein passendes Für-immer-Zuhause gefunden hat. Sie haben dadurch verschiedene Vorteile, wobei Sie den vielleicht größten Nachteil dennoch nicht vergessen dürfen: das vermutlich sehr schnell lieb gewonnene Miezchen wird wieder bei Ihnen ausziehen.

Manchmal geht das blitzschnell, manchmal verbringen Sie Monate oder sogar Jahre mit dem Fellpopo und werden das Tier ebenso liebgewinnen wie Ihr eigenes. Dann ist der Abschied besonders hart – manchmal unmöglich. In letzterem Fall dürfen Sie sich dann liebevoll als »Pflegestellenversagerin« betiteln. So nennt man Menschen, die ein Pflegetier

Toshi wurde im Tierheim geboren und wartete dort knapp zwei Jahre auf SEINEN Menschen.

schließlich dauerhaft adoptieren. Der Tierschutzverein verliert damit zwar eine Pflegestelle, aber niemand dort wird Ihnen dafür den Kopf abreißen – im Gegenteil.

Manchmal schleicht sich eben eine Pflegekatze so unauffällig und tief in unser Herz, dass sie einfach zu uns gehört. Sie vermuten richtig – auch ich bin eine »Pflegestellenversagerin« und bereue es bis heute nicht eine Sekunde …

EINZELGÄNGER, RUDELTIER ODER …

Das Sozialsystem von Katzen ist ähnlich komplex wie das von uns Menschen. Vom störrischen Eigenbrödler bis zu Everybody's Darling gibt es alle Vertreter im zwischenkätzischen Miteinander, inklusive aller Zwischentöne. Kein Wunder, dass sich um die Frage, wie viele Katzen zusammen unter einem Dach leben sollten, zahlreiche Meinungen halten und nicht selten zu hitzigen Diskussionen führen. »Katzen sind Einzelgänger« oder auch »Katzen muss man immer mindestens zu zweit halten«. Jeder erdenkliche Standpunkt findet sein Für und Wider, ebenso wie die Art, wie Katzen miteinander bekannt gemacht werden sollten. Tja und wo liegt nun die Wahrheit? Ich verrate es Ihnen: in allem und nichts davon!

AUCH KATZEN BILDEN GEMEINSCHAFTEN

Der Ursprung unserer heutigen Hauskatzen, die Falbkatze, ist ein solitär lebendes Tier. Lediglich im Rahmen der Fortpflanzung und Jungenaufzucht sucht es Sozialkontakt. Diese Katzen sind und waren »echte« Einzelgänger. Anders wiederum sieht es bei Hauskatzen aus. Sie leben durchaus gesellig mit anderen Tieren zusammen. Vorausgesetzt, sie durften idealerweise in ihrer Aufzucht positiven Kontakt zu Artgenossen aufbauen und das kleine Katzeneinmaleins im Miteinander lernen. Wie arg darf ich raufen, ohne dass mein Gegenüber das Spiel unterbricht? Wie gehe ich mit Frust um, wenn mein Spielpartner nicht so agiert, wie ich es mir wünsche? All das können und sollten Kitten bereits in ihrer biologischen Familie lernen und im Laufe ihres Lebens mit unterschiedlichen anderen Katzen üben und ausleben. Bleibt diese Lernerfahrung aus, tun sich die meisten erwachsenen Katzen schwer, freundlich mit Artgenossen umzugehen.

Schaut man sich freilebende Katzen in betreuten Futterkolonien an, so leben häufig kleinere Gruppen weiblicher, meist verwandter Tiere zusammen. Meist sind es Mütter mit ihren Töchtern oder auch Tanten bzw. Schwestern, die sich putzen, unterstützen und zusammenliegen.

Bei männlichen, kastrierten Tieren sind es interessanterweise eher nicht verwandte Kater, die nach einer anfangs zum Teil doch recht ruppigen Kennenlernphase feststellen, dass sie sich eigentlich ganz okay finden. Sie bilden sogenannte »Bruderschaften«, bei denen man sich je nach persönlicher Sympathie regelmäßig trifft, um gemeinsam zu chillen und sich über den neuesten Katzentratsch auszutauschen. Wie eng die jeweiligen Tiere miteinander umgehen, ob es enges Kuscheln inklusive hingebungsvollem Putzen ist oder man in gebührendem Abstand gemeinsam in Nachbars Garten abhängt, ist Typsache. Geht es um Katzenmädels oder auch die Jagd, hört die Freundschaft schnell auf – das wird weiterhin solitär betrieben.

JEDER TOPF HAT SEINEN DECKEL – ODER ES IST EINE AUFLAUFFORM

Während sich Katzen im Freigang oder gänzlich ohne festes Zuhause zusammenfinden, wenn sie es möchten, und andernfalls möglichst Abstand halten, treffen wir für uns und die mit uns lebenden Tiere gleichermaßen diese Entscheidung.

In den meisten meiner Beratungen geht es (auch) um Spannungen im Mehrkatzenhaushalt oder die Integration einer neuen Samtpfote. Nicht selten hat es bereits heftig zwischen den Katzen geknallt, weil sich die Miezen nicht so sehr über ihr Kennenlernen freuen wie wir über die neue Katze. Warum ist das so, und sollten diese Katzen dann nicht besser allein gehalten werden?

Jede Katze ist anders

Katzen sind kleine Persönlichkeiten – keine Frage. Jede von ihnen hat ihre eigenen Wesenszüge, Erfahrungen, Vorlieben und Abneigungen. Das Bedürfnis an Nähe, sozialer Interaktion, die Art miteinander umzugehen – alles ist für jedes Tier gleichermaßen wichtig wie individuell.

Bei der Integration einer neuen Katze ist es entscheidend, dass wir zuvor möglichst viel über die beteiligten Individuen erfahren und aufeinander abstimmen. Manche Katzen lieben es, miteinander zu raufen und sich dabei ordentlich auf die Öhrchen zu geben. Sie spielen also körperlich und gehen zunächst davon aus, dass ihr Gegenüber das ebenso sieht.

Ist die beteiligte Partnerkatze eher sensibel oder rennt beim Spiel lieber mit ihrer Partnerin hin und her, sind die Fronten schnell verhärtet. Die eine fühlt sich angegriffen und wahrscheinlich körperlich bedroht, während die andere den Spaß ihres Lebens hat. Die (eigentlich völlig verängstigte) Partnerin rennt so toll weg und kreischt so herrlich beim Raufen! Ein riesiger Spaß – aber eben nur einseitig. Das Spielverhalten der beiden Katzen passt hier nicht – und eine gemeinsame Art zu spielen ist eines der wichtigsten Kriterien, die zwischen befreundeten Katzen stimmen sollte, um keine Spannungen oder ernsthaften Eskalationen aufkommen zu lassen.

Während ein souveränes Tier hierbei möglicherweise Abstriche machen kann und den einen oder anderen zu heftigen Spielversuch entschuldigt, löst selbst ein kleiner Patscher bei der sensiblen Samtpfote reale Angst aus – keine gute Beziehungsbasis.

Ebenso schwierig ist es meist, wenn das Aktivitätslevel der Katzen zu unterschiedlich ist. Trifft ein feliner Flummi auf einen gemütlichen Couch-Potato, ist einer dauerhaft gelangweilt, der andere genervt von zu viel Action. Ebenso keine gute Basis für eine entspannte Beziehung.

Ist es Ihr Wunsch, dass Ihre Katzen auf Dauer harmonisch ihr Leben miteinander teilen, achten Sie bei der Suche auf ein gutes Matching der wesentlichen Charakter- und Wesenszüge. Ein Flummi findet mit einer zweiten aktiven Katze einen tollen Spielpartner – perfekt, wenn sie in der gleichen Art und Weise miteinander spielen. Möchte einer der beiden seinen Menschen nicht gern teilen, sollte die Partnerkatze Ihrer Wahl nicht ganz so menschenaffin sein. Schauen Sie genau hin: vielleicht werden Sie höchstpersönlich nicht gern geteilt, aber die zweite Katze hat eine Affinität für einen bestimmten Menschentyp, und der zweite Katzenmensch in Ihrem Haushalt passt perfekt zu dieser Vorliebe. Wunderbar – dann können Sie gern zwei »Klebekatzen« ein Zuhause schenken.

Haben Sie bereits einem kleinen Rüpel Ihr Herz geöffnet – Ihre Bestandskatze ist im Umgang mit Artgenossen also eher forsch oder gar dominant –, kann eine souveräne Katze mit der einen oder anderen Pöbelei besser umgehen als eine Katze, die insgesamt unsicher ist

MEIN **PERSÖNLICHER TIPP**

Eine zweite Katze

Spielen Sie mit dem Gedanken, eine weitere Katze aufzunehmen, notieren Sie sich zunächst die Wesenszüge Ihrer Bestandskatze. Wie spielt Ihre Katze? Rauft sie gern körperlich oder flitzt sie lieber hin und her? Sucht sie engen und direkten Kontakt zu Artgenossen oder lässt sie es vorsichtig angehen? Geht sie souverän mit neuen Situationen um oder ist sie schnell verunsichert und verschreckt?

Erstellen Sie daraus einen kleinen Steckbrief für den Single auf vier Pfoten. Im nächsten Schritt suchen Sie nach diesen Eigenschaften bei der in Frage kommenden Partnerkatze. Machen Sie sich bei mehreren Besuchen ein persönliches Bild. Sie suchen für beide Katzen ein »Für-immer-GLÜCKLICH-zusammen-Zuhause«. Laufen Sie Gefahr, ein besonders niedliches oder in Not geratenes Tier ohne die Frage »Passt es wirklich?« aufzunehmen, stoppen Sie sich, indem Sie sich fragen, ob Sie mit einem Partner ihr Zuhause teilen möchten, nur, weil jemand anderes es gut meinte – Sie diesen Menschen aber nicht im Geringsten leiden können oder Ihr Leben mit ihm zum nervenraubenden Spießrutenlauf wird.

oder in der Vergangenheit bereits negative Erfahrungen mit felinen Rüpeln machen musste. Gleiches gilt für eine unbedarft auf Artgenossen zugehende Katze, die in ihrer zu direkten Art ein vorsichtiges Tier verängstigt.

Nicht alle Kriterien müssen exakt aufeinanderpassen. Aber je ähnlicher sich die Katzen in ihrer Art des innerartlichen Spiels, ihres Energielevels, dem sozialen Miteinander und dem Kontakt zu Ihnen sind, desto wahrscheinlicher ist es, dass sie sich untereinander gut verstehen und eine Bereicherung füreinander sein können. Gleichzeitig erhöht jede Abweichung dieser Eigenschaften die Notwendigkeit, dass Sie das Ungleichgewicht abfangen müssen, oder das Risiko, dass es im Beziehungsgefüge knirscht. Die Grundbedürfnisse einer Katze sind weder veränder-, noch verhandelbar. Sie bestehen in der Art, wie sie sind. Es liegt an uns, einen gemeinsamen Weg zu finden, unsere Vorstellungen mit den felinen Bedürfnissen in Einklang zu bringen.

Nicht alle mögen Gesellschaft

Sollte denn nun wirklich jede Katze mit (mindestens) einer weiteren zusammenleben? Nein, denn manche Katzen möchten weder ihr Revier noch ihr Leben mit einem Artgenos-

1. Die Neue kommt mit erhobenem Schwanz herbei und funkt damit ein kätzisches »Hallo«.

2. Die beiden dürfen sich langsam kennenlernen und gehen nun auf Tuchfühlung.

3. Ein Nasengruß ist eine intime Geste. Hier kann es zu Beginn schnell krachen.

sen teilen. Die meisten von diesen Katzen haben einschneidende negative Erfahrungen mit Artgenossen gesammelt und sind dadurch nachhaltig geprägt. Andererseits sollten wir eine Katze nicht voreilig als Eigenbrötler abstempeln, weil sie sich mit einer oder mehreren Katzen in der Vergangenheit nicht gut verstanden hat.

Es ist ähnlich wie bei uns: Wir begegnen immer wieder fremden Menschen. Manche von ihnen können wir von Anfang an nicht leiden, mit anderen werden wir nur sehr langsam warm, und einige entwickeln sich zu engen Vertrauten oder gar Lebenspartnern. Geht eine enge Beziehung auseinander, folgt oft eine Trauer- oder auch Wutphase, in der wir nicht offen für neue Bekanntschaften sind. Dennoch bleiben nur die wenigsten von uns von da an den Rest ihres Lebens allein. Vielmehr suchen wir weiter, lassen uns auf neue Menschen ein und schauen, wie gut es passt.

Ich selbst bin immer wieder überrascht, dass auch Tiere, die bis ins fortgeschrittene Erwachsenenalter allein waren oder bereits negative Erfahrungen mit Katzen machen mussten, irgendwann genau DEN einen Artgenossen finden, mit dem sie sich wohlfühlen.

Es ist ein unbeschreibliches Geschenk, erleben zu dürfen, dass der vermeintliche Grantler plötzlich genießt, wie sein »Perfect Match« sein Köpfchen putzen darf oder vielleicht »nur« die Couch teilen kann – entspannt, stressfrei und in seiner ureigenen Sprache, die es nur zwischen zwei Katzen geben kann.

TIPPS FÜR EIN HARMONISCHES KENNENLERNEN

Haben Sie sich für eine Partnerkatze entschieden, sollte der Neuankömmling zunächst – wie alle frisch einziehenden Katzen – in einem Ankunftszimmer untergebracht werden und sich zunächst dort einleben (→ Seite 71).

Lassen Sie dem Tier unbedingt Zeit, sich zu orientieren und an sein neues Zuhause zu gewöhnen. Ihre Bestandskatze wird sicher bereits merken, dass hinter der Tür ein Artgenosse ist. Verzichten Sie jedoch zunächst auf eine direkte Begegnung. Selbst eine gut sozialisierte Katze reagiert mitunter wehrhaft, wenn sie sich noch nicht sicher fühlt. Denken Sie daran: Es gibt nur eine Chance für einen ersten Eindruck, und der sollte positiv sein. Findet man den Neuankömmling erst einmal doof, ist es umso schwerer, das Ruder rumzureißen.

Ist die erste Aufregung verflogen, beginnen Sie mit einem Geruchsaustausch. Dabei wechseln Sie Gegenstände, auf denen die Katzen gelegen und gekuschelt haben und die besonders intensiv nach dem neuen Partnertier riechen. Sie fördern damit ein vorsichtiges Kennenlernen, da sich Katzen besonders über den gemeinsamen Gruppengeruch erkennen und zuordnen können. Wer nach »Familie« riecht, ist zumindest bekannt und kein potenzieller Eindringling, den es zu vertreiben gilt.

Hat sich nun der Neuankömmling etwas eingelebt, beginnen Sie, die Katze in ihrem Tempo die Wohnung erkunden zu lassen –

und zwar ohne Ihre Bestandskatze. Würden sich die beiden unmittelbar in der Wohnung begegnen, ist das Risiko hoch, dass der Neuankömmling mit Abwehrverhalten und/oder Flucht reagiert.

Wer sich im neuen Revier noch nicht auskennt, verliert schneller den Kopf, statt einem Artgenossen mit Neugier zu begegnen. Weiß eine Katze wiederum, wohin sie im Notfall flüchten kann und wie es hinter der nächsten Ecke aussieht, kann sie gelassener auf neue Situationen mit einem unbekannten tierischen Mitbewohner reagieren.

Die alteingesessene Katze beschäftigen

Während die »Neue« auf Erkundungstour ist, sollte Ihre Bestandskatze in einem verschlossenen Raum etwas Tolles erleben oder dort ein Nickerchen halten. Damit sie dies nicht als Strafe empfindet und Stress hat, beschäftigen Sie sie währenddessen am besten mit einem spannenden Schnüffelkissen, einem Activity Board oder vielleicht gibt es ja einen zweiten geliebten Menschen, der sich mit der felinen Herrin des Hauses beschäftigen kann. Lassen es Ihre Wohnverhältnisse zu, darf die Bestandskatze in dieser Zeit sogar das Ankunftszimmer erkunden und nicht nur den individuellen Duft der neuen Mitbewohnerin aufnehmen, sondern ebenso ihren Geruch im Zimmer durch Duftmarkierungen verstärken.

Die weitere Integration sollten Sie von verschiedenen Faktoren abhängig machen. Haben Sie zwei gut sozialisierte Katzen, die idealerweise mehrere positive Erfahrungen mit anderen, unbekannten Katzen machen durften, können Sie die ersten direkten Begegnungen ohne allzu viele Vorbereitungen angehen.

Sind Sie nicht sicher, wie die Katzen aufeinander reagieren, lassen Sie sich und den Tieren Zeit, sich vorsichtig und in geschütztem und positivem Rahmen kennenzulernen. An einer Netztür etwa können sich die beiden ohne die Gefahr eines körperlichen Kampfes begegnen. Clickertraining, bei welchem die Katzen über viele kleine Einheiten lernen, sich positiv wahrzunehmen, ist ebenso eine Möglichkeit (→ Seite 174). Und auch die sogenannte »systematische Zusammenführung«, bei welcher Sie in Minischritten den Anblick der jeweils anderen Katze mit etwas Positivem für jede von ihnen verknüpfen, ist eine empfehlenswerte Vergesellschaftungsmethode.

Keine »Hauruck-Methode«

»Die Katzen einfach machen lassen«, diese These für eine Vergesellschaftung wird leider immer noch häufig propagiert. Doch oft scheitert solch eine Zusammenführung bereits im ersten Moment, wenn der aufgeregte Neuankömmling einfach im Wohnzimmer abgestellt und seinem Schicksal überlassen wird.

Das Tier ist nach der Fahrt in einer Transportbox, in seiner neuen Umgebung und überhaupt von allem noch völlig überfordert und soll dann ... Ja, was?! Einer anderen Katze freudig entgegenhüpfen und sich nach ausgiebiger Begrüßung mit dem unbekannten Wesen in einer ebenso unbekannten Umgebung entspannt einkringeln? Sehr unwahrscheinlich, finden Sie nicht? Ebenso unwahrscheinlich ist es, dass Ihre Bestandskatze den durch und durch gestressten neuen Mitbewohner freundlich beiseite nimmt, ihm das neue Reich zeigt und es freudig mit ihm teilt.

Lassen Sie den beiden Zeit, sich aneinander zu gewöhnen. Helfen Sie mit, dass die beiden viele positive Momente miteinander erleben, und beenden Sie die ersten Begegnungen, solange alle Beteiligten noch guter Dinge sind. Ist die Stimmung gekippt, wird eine erfolgreiche Vergesellschaftung umso schwerer.

»Aufhören, wenn's am schönsten ist«, heißt die Devise. Hatten die beiden Katzen gerade ihre erste freundliche Begegnung mit Nasengruß? Bingo! Feiern Sie die beiden und sorgen Sie dann wieder ruhig und entspannt für etwas Abstand voneinander, und zwar bevor eine der beiden vielleicht doch noch die Nerven verliert und ihrem Gegenüber die Pfote über die Nase zieht.

Begleiten Sie die Samtpfoten und helfen Sie ihnen, eventuelle Missverständnisse zu vermeiden oder diese durch Ihre entspannte und vorausschauende Art aufzulösen und positiv umzulenken. Das Ziel ist es doch, dass die beiden Katzen eine lebenslang harmonische Beziehung führen und sich nicht dauerhaft aus dem Weg gehen, sich in der Gegenwart des anderen unwohl fühlen oder gar Zeter und Mordio ausrufen.

AUS DER **PRAXIS**

Streithähne

Leider begegnen mir in vielen meiner Beratungen Katzen, die gezwungenermaßen unter einem Dach leben, sich jedoch überhaupt nicht verstehen. Die Halter solcher Katzen bemerken häufig nicht einmal, dass sie zwei Streithähne beherbergen. Ohne jegliche offene Auseinandersetzung »herrscht« einer der beiden über das gesamte Revier und ist dabei ebenso unentspannt wie der Fokus seiner Überwachung. Beide Katzen sind stets auf der Hut voreinander und leben im ständigen Stress. Einerseits scheinen sich viele Halter damit abzufinden, dass sich ihre Katzen »tolerieren«, wenn sie nur nicht offen aufeinander losgehen. Zum anderen sind Katzen Meister im stillen Kriegszustand. Es wird mit subtilen Maßnahmen gekämpft, sodass es den Menschen gar nicht auffällt, wie wenig sich die Katzen eigentlich leiden können. Umso mehr möchte ich Sie ermuntern, nicht nur ein passendes Partnertier zu suchen, sondern die Vergesellschaftung mit Herz, Verstand und viel Geduld anzugehen.

VORBEREITUNGEN FÜR DEN EINZUG

Steht der Einzug Ihres neuen Familienmitglieds kurz bevor, ist die Aufregung meist groß. Habe ich alles, was das Tier benötigt? Ist meine Wohnung katzensicher, und was mache ich, wenn mich das kleine Wesen gar nicht mag?

Ich weiß noch, dass mir sowohl bei meinen ersten Katzen als auch bei der Aufnahme der nachfolgenden Pflegekatzen immer mehr als 1000 Dinge gleichzeitig durch den Kopf gingen und ich immer total aufgeregt war, ob und wie sich die Süßen bei mir einleben würden. Ich darf Sie beruhigen: Das meiste fügt sich im Laufe der Zeit ganz automatisch, und vieles werden Sie zu genau der Zeit kennenlernen, wenn es für Sie und die Katze richtig ist. Die wichtigsten Anhaltspunkte für Ihre Erstausstattung finden Sie im folgenden Text.

ANKUNFTSZIMMER & CO.

Katzen reagieren unterschiedlich auf einen Revierwechsel. Selbst aufgeschlossene Tiere ziehen sich manchmal zunächst zurück und sind von der neuen Umgebung überfordert. Insbesondere scheue Kätzchen suchen sich zu Beginn die unmöglichsten Verstecke und werden teilweise wochenlang gar nicht oder nur als kleiner Blitz wahrgenommen, der von einem Versteck zum nächsten rast. Ein Kontaktaufbau ist in diesem Fall kaum möglich – der Raum ist einfach zu groß und unübersichtlich, sodass weder Entspannung noch Vertrauen aufgebaut werden kann.

Um den Start zu erleichtern, hilft es, Ihrem Schützling ein nicht zu großes Ankunftszimmer einzurichten. Es kann ein Gästezimmer, Ihr Arbeitszimmer oder vielleicht das Badezimmer sein, in dem eine großzügige Katzentoilette, ein Schlafplatz, Trink- und Fressplatz sowie Kratz- und Versteckmöglichkeiten zur Verfügung stehen.

Orientieren Sie sich bei der Platzierung dieser Ressourcen an der natürlichen Revierstruktur (Toilette und Futter sollten beispielsweise möglichst weit voneinander entfernt stehen), gleichzeitig aber sollte der vielleicht schüchterne Mitbewohner alles schnell erreichen können.

Prüfen Sie vor der Ankunft das Zimmer auf für Sie unerreichbare Rückzugsorte und sichern Sie diese am besten durch Zustellen

So richtig geheuer ist Mieze das neue Zuhause noch nicht. Aber das wird sich ändern.

oder Verschließen, um im Notfall Zugriff auf die Katze zu haben. Als Faustregel gilt: Wo ein Katzenkopf reinpasst, quetscht sich im Zweifel auch das ganze Tier durch! Besonders beliebt zu Beginn sind Küchenzeilen bzw. der Raum darunter oder die Rückwände massiver Wohnzimmerschränke. Stellen Sie sicher, dass diese Verstecke unzugänglich sind und präparieren Sie geschützte, aber für Sie im Notfall zugängliche Rückzugsorte.

Den Raum unter dem Bett können Sie beispielsweise mit Decken und Kartons so ausstatten, dass nur die Randbereiche zugänglich bleiben. Hierhin kann sich die Katze zwar zurückziehen, jedoch bleibt sie für Sie weiterhin zumindest mit einem Auge sichtbar und kann im Bedarfsfall »herausgefischt« werden.

SICHERHEITSCHECK – GEFAHREN IM ALLTAG

Ähnlich wie verwinkelte Ecken, in die sich Katzen nur allzu gern besonders in den ersten Tagen hineinquetschen und leider nicht mehr leicht hervorkommen, gibt es zahlreiche Gefahren in unseren Haushalten. Vieles davon können wir mit einfachen Mitteln absichern oder unschädlich machen – sofern wir uns der Gefahr bewusst sind.

Todesfalle Kippfenster!

Eine der wohl größten, noch immer unterschätzten Gefahren sind Kippfenster und gekippte Balkon- und Terrassentüren. Durch den Spalt dazwischen kommt nicht nur unglaublich anziehende frische Luft und der eine oder andere Falter vor die Nase Ihrer neugierigen Mieze. Klettert die Katze durch den Spalt, kann sie darin hängenbleiben. Sobald es für sie nicht mehr vor- oder zurückzugehen scheint, versucht sich das Tier immer panischer zu befreien und rutscht dabei tiefer in den Spalt. Manchmal benötigt es nur wenige Sekunden und einen besonders ungünstigen

AUS DER **PRAXIS**

Kippfenster – unterschätzte Gefahr!

Vor einigen Jahren durfte ich eine Bekannte bei der Eingewöhnung ihrer neuen Katze unterstützen. Ich sprach sie unter anderem auf die ungesicherten Kippfenster und die Balkontür an. Sie meinte, dass sie ihre Katze nie unbeaufsichtigt ließe, wenn die Fenster oder die Balkontür gekippt sind. Meine eindringliche Warnung wollte sie deshalb nicht ernst nehmen.

Schwere innere Verletzungen

Ein paar Tage später geschah es dann. Noch geschockt von dem Erlebnis berichtete meine Bekannte, dass sie ihre Katze dabei beobachtete, wie sie durch den Spalt der gekippten Balkontür klettern wollte. Sie habe ihre Katze unmittelbar befreien und keine sichtbaren Verletzungen entdecken können. Dennoch verstarb die nicht mal einjährige Katze wenig später. Das Tier hatte sich während des kurzen Moments, bis meine Bekannte sie aus dem Spalt gerettet hatte, tödliche innere Verletzungen zugezogen.

In vielen Fällen wiegen wir uns nur in einer vermeintlichen Sicherheit, wenn wir in einer Gefahrensituation für die Katze persönlich anwesend sind. Wir können dann lediglich zusehen, wie das Unglück seinen Lauf nimmt – verhindern können wir es dennoch meistens nicht.

Achtung! Wenn die Katze beißt

Sollten Sie bei dem Versuch, Ihre Katze aus dem Kippfenster zu befreien, versehentlich von dem Tier gebissen worden sein, sind auch Sie zum Notfall geworden! Katzenbisse können aufgrund des Bisskanals innerhalb von 24 Stunden zur Blutvergiftung führen. Durch die Form des Katzenzahns verschließt sich die Wunde oberflächlich schnell, während es im Inneren »brodelt«. Spätestens mit Verdickung der Bissstelle, deutlichen Rötungen oder gar einem Pochen, sollten Sie umgehend den Notdienst aufsuchen und die Wunde chirurgisch versorgen lassen.

Gekippte Fenster können zur Todesfalle werden. Ein Kippfensterschutz bietet Sicherheit.

MEIN **PERSÖNLICHER TIPP**

Katzengras

Besonders in Baumärkten, aber auch im Zoofachhandel finden Sie sogenanntes »Katzengras«, dessen Gräser zu scharfkantig und mit kleinen Widerhaken versehen sind. Sie verfangen sich deshalb manchmal in Speise- oder Luftröhre der Katze und müssen dort operativ entfernt werden. Achten Sie beim Kauf daher auf weiche Gräser. Nehmen Sie einen Halm zwischen zwei Finger und streichen entgegen der Wuchsrichtung entlang. Fühlt sich der Halm weich an oder spüren Sie einen Widerstand? Ist der Halm weich, können Sie ihn Ihrer Fellnase als Snack anbieten. Es ist jedoch auch kein Hexenwerk, das Gras selbst anzupflanzen. Hierzu zum Beispiel keimfähige Weizenkörner aus dem Reformhaus in Wasser einlegen, quellen lassen und in Blumenerde pflanzen. Ungedüngter Rasensamen eignet sich ebenfalls. Knabbert Ihre Katze das angebotene Gras nicht gern, greifen Sie zu entsprechenden Snacks aus dem Zoofachhandel, beispielsweise eine Malzpaste. Die Paste wird gern vom Finger geschleckt. Sie macht die Haare im Magen, die bei der Fellpflege verschluckt wurden, gleitfähiger.

Winkel, dass sich die Organe der Katze so unglücklich quetschen, dass sie unmittelbar oder an den Folgen stirbt. Auch Lähmungen durch Quetschungen des Rückenmarks sind nicht selten. Im Regelfall bleiben Katzen mitunter Stunden im Kippfenster hängen und können so erst sehr spät in der tierärztlichen Praxis vorgestellt werden.

Bei der Befreiung des Tiers aus dem Fensterspalt gilt äußerste Vorsicht, da die Katze unter höllischen Schmerzen weder Freund noch Feind erkennt und meist nach allem und jedem kratzt und beißt. Bitte sichern Sie das Tier nur mit möglichst dicken Handschuhen oder zumindest einem Handtuch als Eigenschutz (→ AUS DER PRAXIS, Seite 73).

Neben dem bereits erwähnten plötzlichen Tod durch innere Verletzungen sterben die meisten »Kippfenster-Katzen« kurz nach der Behandlung, wenn sich das in der Aorta angestaute Blutgerinnsel löst und sich so sämtliche Stoffwechsel-Abfälle der vergangenen Stunden im Körper verteilen und zum sogenannten Endotoxin-Schock führen.

Im Handel gibt es verschiedene Sicherungsmöglichkeiten, die Sie teilweise ohne Bohrungen an ein Fenster anbringen und damit sichern können. Verlassen Sie sich bitte auf keinen Fall auf Tipps aus dem Internet, wie Sie ein Fenster mit kleinen Tricks sichern können. Das Leben Ihrer Katze hängt vielleicht davon ab, dass dieser »Trick« wirklich funktioniert oder bisher nur glücklicherweise nichts passiert ist.

Faszinierend, so ein tropfender Wasserhahn. Außer nassen Pfoten hat Mieze hier nichts zu befürchten.

Giftige Pflanzen

Neben Kippfenstern sind es verschiedene Gifte, die das Leben in unseren Wohnungen zu einem Gefahrenparcours für die neugierigen Fellnasen machen können.

Haben Sie einen grünen Daumen, zieren vielleicht die verschiedensten Pflanzen Ihre Fensterbänke, Tische und Kommoden. Manche davon können bedenkenlos von Katzen angeknabbert werden und mitunter sogar hilfreich für die Beförderung verschluckter Haare sein. Andere wiederum wirken selbst in geringen Mengen toxisch und sollten unbedingt von Miezchens Mäulchen ferngehalten werden. Beispielsweise beliebte Zimmerpflanzen wie Alpenveilchen, Azalee, Dieffenbachie, Efeu, Narzissen und Weihnachtsstern sind für Katzen giftig.

Bei der Entscheidung, welche Pflanzen unbedenklich sind, verlassen Sie sich bitte nicht (nur) auf das Internet oder Hörensagen. Es gibt zu nahezu jeder Pflanze sowohl die Bewertung »toxisch« als auch »unbedenklich« im Netz zu finden – im Zweifel riskieren Sie eine lebensbedrohliche Vergiftung, wenn Sie sich auf eine schlecht recherchierte Quelle verlassen. Sind Sie unsicher, suchen Sie gezielt nach Fachliteratur oder sogenannten Giftdatenbanken, die wissenschaftlich fundiert die Gefahr der aufgeführten Pflanzen auflisten (→ Katzen im Internet, Seite 252).

Übrigens kann auch sogenanntes Schnittblumenfrisch, das dem Blumenwasser in der Vase zugesetzt wird, Substanzen enthalten, die für Katzen giftig sind. Also besser darauf verzichten!

GUT ZU **WISSEN**

Häufige Gefahren im Alltag

Katzen sind unbestritten überaus neugierig. Alles Mögliche wird ausprobiert, intensiv untersucht und einem Test unterzogen. Damit es für die kleinen Tiger nicht gefährlich wird, müssen wir für ihre Sicherheit sorgen.

GEFAHRENQUELLE	RISIKO	ABHILFE
Kabel & Leitungen	* Besonders Katzen im Zahnwechsel, aber auch erwachsene Tiere knabbern an Kabeln und ungeschützten Leitungen. * Das kann zu verschluckten Kleinteilen führen. * Stromschläge sind möglich.	* Kabelkanäle aus dem Handel schützen zuverlässig. * Sie sind sowohl in flexiblen Schläuchen, als auch fest installierbaren Kabelschächten aus Kunststoff erhältlich.
Waschmaschine & Trockner	* Schmutzwäsche kann besonders verführerisch duften, und die Wärme des Trockners zieht Katzen magisch an. * Durch die höhlenartige Bauweise beider Geräte bieten sie zudem einen vermeintlich kuscheligen und geschützten Schlafplatz. * Übersehen wir beim Einschalten der Geräte das Tier, kann diese Falle tödlich sein.	* Lehnen Sie unbenutzte Waschmaschinen- und Trocknertüren immer an. * Prüfen Sie mit einem Griff in die platzierte Wäsche unmittelbar vor dem Verschließen und Anstellen, dass sich keine neugierige Samtpfote darin versteckt hat.
Herdplatten, Wasserkocher, Kerzenlicht & Co.	* Schnuppern an dem lustig tanzenden Wasserdampf des Wasserkochers, der offenen Kerzenflamme oder das Betreten der noch heißen Herdplatte kann ebenfalls zur Gefahr werden. * Hierbei kann sich die Katze Verbrennungen an den Pfoten oder der Nase zuziehen und sich die empfindlichen Schnurrhaare versengen.	* Sichern Sie noch heiße Herdplatten mit entsprechenden Auflegern aus dem Handel. * Lassen Sie Ihre Katze niemals unbeaufsichtigt bei offener Flamme oder in der Nähe heißer, kochender Gegenstände (auch nicht, um nur schnell auf die Toilette zu gehen).

GEFAHRENQUELLE	RISIKO	ABHILFE
Badewannen, Toiletten, Regentonnen, Pools und andere Wasserstellen	* Obgleich viele Katzen Wasser an ihren Pfoten eher vermeiden, siegt bei mindestens ebenso vielen die Neugier. * Das Balancieren auf dem Rand der vollen Badewanne, das Klettern in die Toilette oder Beschnuppern der gefüllten Regentonne kann in einem ungeschickten Moment zum Ertrinken führen.	* Wasserstellen, in denen die Katze nicht aufrecht stehen kann, sollten grundsätzlich gesichert bzw. nicht unbeaufsichtigt gelassen werden. * Gartenteiche mit Tiefwasserzone mit mindestens einer flachen Uferzone als Ausstiegshilfe anlegen * Erinnern Sie auch Gäste daran, den Toilettendeckel umgehend zu schließen.
Tüten, Tüten und nochmal Tüten	* Beim Erkunden einer unglaublich spannenden Plastik- bzw. Mülltüte kann die Katze ersticken. * Enthaltene Weichmacher finden die kleinen Gourmets manchmal höchst schmackhaft und knabbern ganze Löcher in die Tüten. * Selbst Papiertüten können zur Gefahr werden, wenn sich die Mieze in den Henkeln verfängt und mitsamt Tüte panisch durch die Wohnung flüchtet. * Die Katze ist zudem nur schwer davon zu befreien, sondern kann Menschen und Mitkatzen auf ihrem Fluchtversuch verletzen. * Neben dem Ersticken ist hier zudem die Strangulation als mögliche Gefahr einzuordnen.	* Plastiktüten sollten grundsätzlich außerhalb der Reichweite von Katzen sicher aufbewahrt werden. * Papiertüten wiederum sind tolle Erkundungsmöglichkeiten, sofern deren Henkel zuvor von Ihnen zerschnitten wurden.
Offene Dosen und Gläser	* Neugierige Miezen stecken ihr Näschen gern überall rein. Es kann passieren, dass sie den Kopf zwar in die Dose oder das Glas hineinzwängen, ihn aber nicht mehr herausziehen können.	* Dosen immer verschließen, ebenso wie zum Beispiel Bonbongläser oder leere Marmeladengläser.

GEFAHRENQUELLE	RISIKO	ABHILFE
Kleinteile und Schnüre	* Kleinteile können beim Spielen verschluckt werden und dann zu Darmverschlüssen führen. * Dazu gehören insbesondere Haargummis oder Damen-Tampons, mit denen Katzen meist besonders gern spielen. * Es mag drollig aussehen, wie diese Gegenstände von Ihrem Minitiger durch die Gegend geworfen werden. Der Spaß nimmt ein jähes Ende, wenn sie verschluckt werden – erst recht, wenn es so schnell passiert, dass Sie es nicht mitbekommen. * Schnüre von Gelben Säcken, Geschenkbänder und sogar Teile von Katzenangeln wickeln sich nach dem Verschlucken durch die Verdauungsbewegungen des Darms immer enger um die Organe und können letztendlich zum Darmverschluss führen – ein lebensbedrohlicher Notfall. * Diese fadenförmigen Fremdkörper können darüber hinaus mithilfe der stetigen Darmmotorik eine regelrecht sägende Wirkung haben, die zur Eröffnung des Darms und dadurch zum Austritt des Inhalts in die Bauchhöhle führen.	* Lassen Sie Ihre Katze beim Spielen mit Kleinteilen und Schnüren nicht unbeobachtet und verschließen Sie die Gegenstände nach deren Benutzung sicher in einer Schublade oder Ähnlichem. * Geben Sie Ihrer Katze ausschließlich sichere Gegenstände zum Spielen – egal, wie drollig sie mit Ihrem vermeintlich zu großen Haargummi spielt. * Haben Sie schon einmal ein Papierbällchen durch den Flur oder eine ungekochte Nudel durch die Küche geworfen? Das mag vielleicht nicht den ausufernden Spielerfolg wie das geliebte Gummi haben – aber sehen Sie das doch einfach als gemeinsame Challenge, etwas zu finden, das genauso toll, aber ungefährlich ist.
Dekorationsgegenstände, Christbaumkugeln und alles, was glänzt, glitzert … und kaputtgehen kann	* Zerbrechliche Gegenstände können runterfallen und zerbrechen, wenn Mieze wieder einmal auf Erkundungstour ist. * Läuft die Katze über die Scherben, kann sie sich die Pfoten verletzen.	* Zerbrechliche Gegenstände sollten in Vitrinen oder Ähnlichem geschützt werden. * Christbaumkugeln gibt es aus Kunststoff bzw. unzerbrechlichem Material.

Andere Vergiftungsquellen

Ebenso wie giftige Pflanzen können Putzmittel, Parfums, Raumdüfte und ätherische Öle – wie etwa das beliebte Teebaumöl – für die Samtpfote zur tödlichen Gefahr werden.

Putzmittel sollten nicht nur sicher verwahrt werden, sondern bei deren Benutzung muss sichergestellt werden, dass die Katze sie nicht beim Laufen über die Pfoten aufnehmen und abschlecken kann. Ähnlich umsichtig sollten Sie bei Parfums und Raumdüften sein. Sie stehen häufig auf Ablagen, Schränkchen oder Ähnlichem, wo sie den berühmten Schwerkrafttest von Katzen nicht immer ohne Schaden überleben.

Fallen sie zu Boden, werden nicht nur Glassplitter zur akuten Verletzungsgefahr, sondern die Flüssigkeit wird wiederum über die Pfoten aufgenommen und abgeleckt. Raumdüfte können zudem ätherische Öle enthalten, die giftig für Katzen sind oder aber aufgrund fehlender Enzyme nur sehr langsam in der Leber abgebaut werden und darüber zu Vergiftungserscheinungen führen.

Alkohol sollte ebenso unerreichbar aufbewahrt werden wie Medikamente. Aspirin, Paracetamol, Ibuprofen oder Knoblauchpillen sind neben anderen Wirkstoffen für Katzen giftig. Wussten Sie, dass auch Schokolade Mieze gefährlich werden kann? Sie enthält nämlich den für Tiere giftigen Stoff Theobromin. Ein hoher Anteil davon befindet sich etwa in Bitterschokolade. Schädlich ist auch Tabak. Schon geringe Mengen getrockneter Tabakblätter, beispielsweise in einem Zigarettenstummel, enthalten eine für Katzen giftige Dosis. Selbst Passivrauchen schadet den kleinen Tigern. Sie atmen den Qualm nicht nur ein, sondern lecken sich zusätzlich die giftigen Substanzen bei der Körperflege aus dem Fell.

Haben Sie eine besonders verfressene Mieze, sollten Sie Ihren Abfalleimer sichern. Auf der Suche nach Fressbarem gelingt es den Geschickten unter ihnen nicht selten, den Eimer zu öffnen und zu plündern. Und hier ist nicht alles katzentauglich. Beispielsweise verdorbene Fleisch- und Wurstreste oder rohes Eiweiß aus den Resten von Eierschalen.

HEIMKOMMEN – UND DANN?

Die Ankunft in einem neuen Zuhause ist eine unglaublich spannende Geschichte – für alle! Ihre Katze hat einen – in den meisten Fällen – überaus stressigen Transport hinter sich und sieht sich nun in einer gänzlich unbekannten Umgebung.

Während Sie jetzt vermutlich voller Vorfreude schier platzen und dem kleinen Puschel umgehend zeigen möchten, wie gut er es bei Ihnen haben wird, möchte die Katze zunächst in der Regel ihre Ruhe.

Nicht selten verschwindet das Tier erst einmal in einem möglichst versteckt gelegenen Platz auf dem Boden, sollte es sich überhaupt aus der Transportbox trauen. Da Sie zuvor die wichtigsten Ressourcen in gut erreichbarer Nähe platziert haben, önnen Sie nun den erschöpften Schützling getrost ganz in Ruhe ankommen und ihn nach einer kurzen und vorsichtigen Begrüßung allein im Raum lassen.

Verzichten Sie bitte unbedingt darauf, die Katze verbal oder gar mit proaktiven Kuschelattacken von der Schönheit ihres neuen Domizils zu überzeugen. Sie wird Ihnen im Zweifel nichts glauben, wenn sie es nicht selbst für sich entdecken darf, und zwar in ihrem eigenen Tempo.

Haben Sie einen unerschrockenen Minitiger vor sich, der umgehend das neue Revier nebst Menschen mit hoch erhobenem Schwanz erkundet, gehen Sie selbstverständlich gern auf den mutigen Entdecker ein und begrüßen ihn im neuen Zuhause. Sie dürfen sich beglückwünschen: Diese Katze scheint einen allgemein recht souveränen Charakter zu haben, den nichts so schnell in seinen Grundfesten erschüttert.

Katzen sind Gewohnheitstiere

Da nicht nur die Liebe, sondern ebenso Angst und Schrecken auf den Magen schlagen und Katzen zuweilen sensibel mit Appetitlosigkeit auf stressige Situationen reagieren, behalten Sie in den ersten Tagen im Auge, ob der Neuankömmling frisst und alles zu sich Genommene ordnungsgemäß ausscheidet.

Im Idealfall lassen Sie sich ein paar Beutelchen des Lieblingsfutters vom Vorbesitzer der Katze mitgeben oder erfragen beliebte Futtersorten im Vorfeld, um einen kleinen Vorrat davon zu besorgen. Seien Sie bitte ganz genau: Die Gourmetkatze vor Ihnen könnte explizit zwischen Ente in einer Schlabbersoße und »Ente mit Jelly« und zwar in kleinen Stückchen unterscheiden. Kredenzen Sie die falsche Sorte oder Geschmacksrichtung, könnte das Tier leicht sprichwörtlich am gefüllten Napf verhungern.

Tatsächlich ist es für viele Katzen völlig unvorstellbar, überhaupt eine andere als die gewohnte Futtersorte zu sich zu nehmen (es sei denn, Sie haben davon zuvor eine größere Menge im Sonderangebot ergattert – dann möchte sie fortan vermutlich etwas anderes. Katze eben!).

Ganz frisch nach ihrem Einzug bei Ihnen wird Mieze für Experimente zumindest mit an Sicherheit grenzender Wahrscheinlichkeit nicht offen sein. Es ist schlichtweg alles schon derart aufregend, dass die Fellnase nicht zusätzlich das Risiko eingehen kann, vielleicht etwas Unbekömmliches zu sich zu nehmen, das ihr Bauchschmerzen bereitet. Absolut verständlich – finden Sie nicht?

Jeder Umgebungswechsel stresst

In den ersten Tagen nach der Ankunft steht der Organismus der Katze zunächst auf Alarm. Alles ist neu, aufregend und im Zweifel furchtbar stressig. Darunter leidet zwangsläufig das Immunsystem des Tiers, das ebenso wie das des Menschen bei Stress in die Knie geht.

Was ansonsten ein müdes Lächeln für die Abwehrzellen bedeuten würde, entwickelt sich jetzt gern zum Infekt.

MEIN **PERSÖNLICHER TIPP**

In der ersten Zeit keine Futterumstellung!

Seien Sie nach dem Einzug Ihrer Katze besonders vorsichtig bei der Fütterung Ihres vierbeinigen Lieblings. Die Eingewöhnung in ein neues Zuhause ist für die Katze eine große Herausforderung – mental und körperlich. Eine Futterumstellung zu dieser Zeit wäre – selbst bei größtem »Schrottfutter«, das die Mieze vielleicht zuvor bekommen hat – zu viel des Guten.

Warten Sie daher unbedingt ab, bis das Tier sich an sein neues Umfeld gewöhnt hat, bevor Sie eventuell auf ein anderes Futter umstellen. Sie riskieren sonst nicht nur zusätzlichen Stress durch Futterverweigerung, sondern auch Bauchschmerzen, Durchfall und sonstige Symptome, die eine Veränderung im Bäuchlein der Katze mit sich bringen kann.

Hungern darf die Katze zudem zu keiner Zeit! Anders als bei Hunden, die mitunter die eine oder andere Mahlzeit ausfallen lassen können, ist der Organismus der Katze auf ständige Nahrungsverwertung angewiesen.

Nimmt das Tier über einen längeren Zeitraum nichts zu sich, kann es eine lebensgefährliche Erkrankung, die sogenannte »Hepatische Lipidose« entwickeln. Es ist daher lebenswichtig, dass Ihr neuer Schützling zumindest kleine Häppchen zu sich nimmt, und seien es zu Beginn lediglich auch ein paar ungesunde Leckerchen. Sie fragen sich bestimmt, was genau ein »längerer Zeitraum« ohne Nahrung bedeutet? Leider gibt es hierfür keine exakte Zeitspanne.

Übergewichtige Katzen entwickeln jedoch bei Nahrungsverweigerung schneller eine Hepatische Lipidose. Hier können selbst 24 Stunden hungern zu lang sein. Als Grundregel gilt: Frisst die Katze länger als 24 Stunden gar nichts, ist auf jeden Fall ein Termin beim Tierarzt fällig. Er kann dem Anruf mit einem anregenden Medikament auf die Sprünge helfen.

Anfangs sollte Mieze ihr gewohntes Futter bekommen, selbst wenn es nicht hochwertig ist.

AUS DER **PRAXIS**

Unsauber durch Stress

Immer wieder erreichen mich Hilferufe von frisch gebackenen Katzeneltern, dass ihr neuer Schützling schon in den ersten Tagen unsauber wurde. Mit dem Pieseln außerhalb der Katzentoilette hängt unmittelbar der Haussegen schief.

Mein erster Rat: Lassen Sie den Urin tierärztlich untersuchen, um eine typische Stressreaktion der Katze ausschließen bzw. behandeln zu können. Blaseninfektionen zählen nach meiner Erfahrung zu den häufigsten »Stresszipperlein«, die beim Wechsel in ein neues Zuhause oder anderen Veränderungen im Katzenleben auftreten und zu einer temporären Unsauberkeit führen können.

Die Katzen verknüpfen mit der Toilette den beim Urinabsetzen empfundenen Schmerz und suchen sich neue Orte, wo es noch nicht oder weniger schmerzhaft war. Die Tiere setzen meist viele kleine Urinmengen ab.

Manche von ihnen maunzen oder jammern beim Versuch des Ausscheidens. In den meisten Fällen können Sie mit hydrophobem Sand zu Hause eine Urinprobe nehmen und diese – auch ohne Katze – beim Tierarzt untersuchen lassen. Hydrophober Sand, auch Magischer Sand genannt, hat eine Oberfläche, die Wasser abstößt, sodass der Sand nicht nass wird.

Durchfälle sind ebenso oft Folgen des Umzugsstresses. In den meisten Fällen ist der Spuk aber nach wenigen Tagen wieder vorbei. Nehmen Sie jedoch unbedingt unmittelbar Kontakt mit dem Tierschutzverein, der Ihnen die Katze vermittelt hat, oder dem Züchter auf, und fragen Sie nach, ob kürzlich eine Infektion im Bestand aufgetreten ist.

Sie können auf diese Weise einen wichtigen Hinweis erhalten, ob es sich bei Ihrem kleinen Tiger nur um ein wenig Umzugsstress handelt oder um eine behandlungswürdige Erkrankung, die umgehend einen Tierarztbesuch nach sich ziehen sollte. Kontaktieren Sie in jedem Fall einen Tierarzt, wenn die Symptome stark ausgeprägt sind oder länger als ein bis zwei Tage anhalten.

Rufen Sie zunächst in der Praxis an und schildern Sie Ihre aktuelle Situation von der Neuaufnahme einer Katze. Wägen Sie gemeinsam mit dem Arzt ab, ob Sie dem kleinen Tiger noch ein wenig Ruhe gönnen können oder besser direkt mit ihm in der Praxis vorstellig werden sollen.

Obwohl die meisten Reaktionen in dieser Zeit in der Regel dem Umzug geschuldet sind, sollten Sie genau prüfen, ob und wann die Katze eine tierärztliche Versorgung braucht.

MEET AND GREET

Haben Sie die erste Aufregung des Einzugs gemeinsam überstanden, dürfen Sie ganz vorsichtig auf Tuchfühlung gehen.

Je nachdem wie kontaktfreudig Ihr neuer Mitbewohner ist, können Sie mit etwas Glück schnell den Eindruck gewinnen, dass das pelzige Kerlchen nie woanders seine Pfoten abgelegt hatte. Manchmal braucht es wiederum etwas länger, bis die Katzennase aus ihrem sicheren Versteck hervorlugt. Beide Verhaltensweisen sind völlig in Ordnung und sollten von Ihnen freundlich begleitet werden. Ist die Samtpfote etwas schüchtern, öffnen Sie Ihre Wohnung zimmerweise für die weitere Erkundung. Zu viel unbekannter Raum kann eine unsichere Katze schnell überfordern und Ihnen den Zugang zu ihr erschweren. Auch wenn Sie es gut meinen und ihr direkt die gesamte Wohnung zur Verfügung stellen, erreichen Sie damit oft das Gegenteil von dem, was Sie sich gewünscht haben: Die Katze reagiert mit deutlichem Rückzug und versucht vielleicht sogar, den Kontakt zu Ihnen möglichst zu vermeiden. Besser ist es, Sie machen zunächst nur einen weiteren Raum zugänglich oder vielleicht sogar nur den Wohnungsflur und drapieren etwa jeden halben Meter eine Tarnstation für Ihren kleinen Entdecker.

Der Neuankömmling wird am besten Schritt für Schritt mit seiner neuen Umgebung vertraut gemacht.

Ungefährliche Dekorationsgegenstände, buschige Pflanzen oder seitlich begehbare Kartons eignen sich hervorragend, um von Station zu Station zu prüfen, ob die Luft wirklich rein ist und Katz' sich noch ein Schrittchen weiter trauen kann.

Öffnen Sie den weiteren Zugang nachts, fühlt sich das Tier noch etwas geschützter, da es kaum Außenreize gibt und auch Sie als ein für die kleine Katze gruseliger Riese eher selten das Feld kreuzen. Nicht wenige Samtpfoten kommen nachts, während wir schlafen, das erste Mal zu uns. Im Schlaf und liegend wirken wir am wenigsten bedrohlich auf das Tier, und so traut sich eine ängstliche Katze vielleicht an unser Fußende, um zu schauen, ob wir nicht doch ganz okay sein könnten.

Leben bereits andere Katzen bei Ihnen, sollte die Wohnungserkundung des Neulings unbedingt ohne sie ermöglicht werden. Nur so kann er sich ein entspanntes Bild von seiner neuen Umgebung machen.

Er lernt potenzielle Hot Spots kennen (ohne sich direkt darum streiten zu müssen) und verteilt überall seinen Geruch. Der Austausch der felinen Duftstoffe beinhaltet wichtige Botschaften (→ Seite 167). Für das Tier selbst ist es ein Wohlfühlfaktor. Und den anderen tierischen Mitbewohnern wird so mitgeteilt: »Hallo, ich bin jetzt auch hier.«

Braucht die schüchterne Mieze etwas Starthilfe, können Sie den felinen Jäger meist mit vorsichtigen Spielangeboten »hinter dem Ofen« hervorlocken. Wählen Sie in erster Linie langsame Spiele auf Entfernung zur Katze mit wenig Eigenbewegung. Gut geeignet sind beispielsweise sogenannte Stocherspiele, bei denen Sie mit einem Stöckchen unter einer Decke langsam hin und her stochern. Eine Reitgerte aus dem Pferdezubehör bietet hier eine gute Möglichkeit für Sie, aus der Distanz ein spannendes Spiel aufzubauen, ohne dass sich die Katze bedroht fühlt. Clickertraining kann ebenso helfen, der Mieze die Scheu vor der fremden Umgebung zu nehmen und ihr zu zeigen, dass sich der Kontakt zu Ihnen nicht nur lohnt, sondern zudem riesigen Spaß ma-

Noch ein wenig schüchtern, aber durchaus interessiert beobachtet die Katze ihren Menschen.

chen kann (→ Seite 174). Weitere Anregungen für Spielangebote finden Sie im 2. Kapitel ab Seite 88 und im 3. Kapitel ab Seite 168.

ORGANISATORISCHES FÜR DEN NOTFALL

Nehmen Sie ein Tier in Ihre Obhut, übernehmen Sie die Verantwortung für dieses Wesen. Das gilt ausnahmslos für alle Situationen, mit denen Sie in diesem Zusammenhang konfrontiert sind. Dazu gehört auch, dass Sie für verschiedene Notfälle vorsorgen.

Wenn Sie Single sind

Wohnen Sie allein im Haushalt, überlegen Sie, wer das Tier versorgen kann, falls Sie kurzfristig nicht zu Hause sind. Dabei kann es sich lediglich um eine Verspätung handeln, weil Sie Überstunden am Arbeitsplatz einlegen müssen und der hungrige Minitiger nicht allzu lange auf seine nächste Mahlzeit oder Medikation warten soll, aber auch darum, dass Ihnen etwas zustößt und Sie ins Krankenhaus müssen. Stimmen Sie sich für diesen Fall mit mindestens einer, besser mehreren Vertrauten frühzeitig ab, um im Fall der Fälle kurzfristig handeln zu können. Nehmen Sie Kontakt zu einer Catsitterin oder Katzenpension auf und fragen Sie, ob diese Ihr Tier betreuen, falls Ihre Bekannten, Freunde oder Verwandten vielleicht doch keine Zeit haben, Ihren vierbeinigen Liebling zu versorgen. Legen Sie eine Notfallkarte mit allen wichtigen Informationen über das Tier und Ihren Kontaktdaten für die Notfallbetreuer an. Führen Sie diese immer zum Beispiel im Geldbeutel mit sich – gut sichtbar für Rettungskräfte und die Polizei.

Anfangs eignen sich Spiele mit einer Distanz zur Katze, um ihr die Angst zu nehmen.

Auf dieser Karte sollten neben Ihren Notfallkontakten mindestens die Anzahl der zu versorgenden Tiere, Namen, Alter, Medikamente und Vorerkrankungen sowie ein Vermerk stehen, wo weitere Informationen zu den Tieren zu finden sind.

MEIN **PERSÖNLICHER TIPP**

Meine Katzen

Neben der Notfallkarte habe ich immer eine ausführliche Beschreibung meiner Katzen in meinem Schreibtisch, die ich mindestens jährlich prüfe und aktualisiere.

Darin beschreibe ich den Charakter der Tiere, ihre Vorlieben und Abneigungen, gebe Tipps, wie sich Fremde nähern können und was meine Süßen gern fressen und wo ich das Futter lagere. Ich ergänze außerdem die Ergebnisse der tierärztlichen Untersuchungen und lege den Impfpass bei. Die Aktualisierung meiner Notizen ist nicht nur eine gute Gelegenheit, mir erneut der Besonderheiten meiner Tiere bewusst zu werden, sondern geben mir das Gefühl, sie selbst im schlimmsten Fall – meinem Tod – nicht im Stich zu lassen.

Auf diese Weise sorge ich dafür, sie bestmöglich in die Obhut eines anderen, liebenden Menschen zu übergeben. Die Zeit ohne mich wird für meine Fellnasen bestimmt zunächst sehr verwirrend sein. Umso wichtiger ist es mir, mein Bestes zu geben, um für meine vierbeinigen Lieblinge den Übergang in ein neues Zuhause so angenehm wie möglich zu machen.

Wenn die Katze Sie überlebt

Sicherlich beschäftigt sich niemand von uns gern mit seinem Tod. Das geht mir nicht anders. Ich versuche dennoch, beispielsweise keine Tiere bei mir aufzunehmen, die mich möglicherweise überleben könnten.

Für den, hoffentlich nie eintretenden Fall, dass wir vor unseren Tieren gehen müssen, sollten wir dennoch Vorsorge treffen. Es ist ein Unterschied, ob wir nur für ein paar Tage als Betreuer ausfallen oder uns nie wieder um das Tier kümmern können. Berücksichtigen Sie diesen Aspekt daher in Ihrer Patientenverfügung, sofern Sie eine besitzen.

Nach Ihrem Tod wird die Katze zu einem »Erbgegenstand« – so hart dies klingen mag. Leider nehmen Familienangehörige und Erben mitunter zwar gern Sachgegenstände entgegen, können oder wollen sich jedoch nicht gleichzeitig um Ihren felinen Schützling kümmern. Sprechen Sie diesen Aspekt offen an, und suchen Sie rechtzeitig nach Lösungen, falls keiner Ihrer Angehörigen für Ihre Katze sorgen möchte.

Drängen Sie bitte nicht auf eine Übernahme, denn am Ende können Sie weder prüfen, noch sicherstellen, dass sich die Person an die Absprache hält und Ihre Katze ebenso liebevoll versorgt, wie Sie das tun. Gibt es Zähneknirschen bei der Frage der Übernahme, suchen Sie möglichst nach einer Alternative, bei der Sie das Gefühl haben, dass die Katze dort ein schönes Zuhause haben wird. Legen Sie diese Lösung schriftlich in Ihrem Testament

Auf Augenhöhe mit ihrem Menschen. Das lieben Katzen im Zusammenleben mit uns besonders.

fest, damit an Ihrem letzten Wunsch für die Katze nicht gerüttelt werden kann. Finden Sie keine Privatperson, erkundigen Sie sich im Tierheim oder bei einem Tierschutzverein, ob und wenn ja, welche Möglichkeiten es geben könnte. Vielleicht können Sie einen Teil Ihres Nachlasses spenden und dafür eine Unterbringung für Ihren vierbeinigen Liebling sicherstellen. Wenn Sie sich Ihre Katze nicht für eine Übergangszeit in einer Tierheimeinrichtung vorstellen können, recherchieren Sie einen privaten Verein, der mit Pflegestellen arbeitet. Dort kann Ihre Katze in einem Privathaushalt Unterschlupf finden, bis sie ein endgültiges Zuhause gefunden hat. So umgeht Ihr Schützling den Stress, den ein Tierheim oft bedeutet. Befassen Sie sich frühzeitig mit diesen Fragen und finden Sie eine Lösung! Schieben Sie das Thema nicht vor sich her. Zum einen können Sie nur dann sicher sein, was mit Ihrem Liebling nach Ihrem Tod passiert. Zum anderen haben Sie dann diese Frage schlicht und ergreifend abschließend hinter sich gelassen und können diesen höchst unerfreulichen Punkt auf Ihrer Katzen-Agenda mit einem guten Gefühl abhaken.

Hallo, hier bin ich! Grundbedürfnisse unter der Lupe

In diesem Kapitel erhalten Sie das Rüstzeug für die Erfüllung der Grundbedürfnise Ihrer felinen Schutzbefohlenen. Schauen wir uns gemeinsam an, was die Katze für ihr Wohlbefinden braucht und wie Sie es noch ein bisschen schöner für sie machen können – wenn Sie möchten.

ERNÄHRUNGS-GRUNDLAGEN

Endlich ist es soweit: Sie sind jetzt … ja, was sind Sie denn nun genau? Fest steht, dass Sie sich für ein Leben mit Katze entschieden haben. Sie haben sich in eine Fellnase verguckt und werden in vermutlich rasender Geschwindigkeit feststellen, dass Sie ohne dieses flauschige Wesen nicht mehr leben möchten.

KATZENMAMA, KATZENHALTER, KATZENBESITZER ODER WAS?

Worin sehen Sie Ihre Rolle mit der Katze, einem kleinen, noch nicht lange gezähmten Raubtier, das Sie gleichzeitig behüten möchten, als gäbe es nichts Wertvolleres auf dieser Welt? Wie nennen Sie sich? Sind Sie eine Katzenmama, oder klingt das abwertend für Sie, weil es Ihre eigenständige Katze zum Kind »degradiert«? Sind Sie ein Katzenbesitzer, oder fühlt sich der Gedanke, Sie könnten ein Lebewesen »besitzen«, falsch an?

Der Dosenöffner (kurz: Dosi) degradiert Sie wiederum in einer Weise, die zwar lustig klingt, aber der komplexen Beziehung zwischen uns und Katzen nicht gerecht wird. Man kann nicht alles haben – und so »muss« man sich womöglich für das entscheiden, was sich am stimmigsten anfühlt. Denken Sie immer daran, dass Ihre Katze ein individuelles Wesen ist, das seine Vorlieben und Abneigungen hat. Es legt die eine liebenswerte Eigenart an den Tag, die sonst keine andere Katze zeigt. Deshalb lieben wir die kleinen Tiger so sehr: weil sie einzigartig und außergewöhnlich sind!

Und was heißt das für Sie beim Umsetzen der Anregungen aus diesem Buch? Ganz einfach: Ich darf Ihnen hier mein Fachwissen arttypischer Verhaltensweisen der Katzen, garniert mit einer ordentlichen Prise persönlicher Erfahrungen und Gedanken, nahebringen.

Dieses Grundwissen ist eine gute Orientierung für Sie, Ihrer Katze ein artgerechtes, zufriedenes und glückliches Leben zu ermöglichen. Von dort ausgehend tasten Sie sich Stück für Stück an die Besonderheiten, die Vorlieben und Abneigungen Ihrer Katze heran. Es ist essenziell, dass Sie verstehen, warum sich eine Katze in der einen oder anderen Weise so verhält und was das für Ihr Zusammenleben bedeuten könnte.

AUS DER **PRAXIS**

Was sind Sie für Ihre Katze?

Ich bezeichne meine Kunden in meiner Beratungspraxis und mich meist als »Katzenhalter bzw. -halterin« und erwische mich immer wieder dabei, mich dafür unmittelbar und ungefragt zu rechtfertigen.

Überhaupt scheine ich mich immer mehr für alles Mögliche zu rechtfertigen, je mehr ich über Katzenverhalten weiß und vor allem dazu erfahre. Kennen Sie das auch? Sie haben sich über einen Sachverhalt besonders intensiv informiert und sich daraus eine Meinung gebildet. Fortan rutschen Sie in Gesprächen scheinbar automatisch in eine Rechtfertigung, warum Sie genau zu dieser Betrachtungsweise gekommen sind, obwohl es doch so viele andere und vielleicht ebenfalls richtige Standpunkte zum gleichen Katzenthema gibt. Mir geht es jedenfalls so – bei ziemlich allen Fragen rund um die Katze.

Es gibt unterschiedliche Einschätzungen, zum Beispiel über die richtige Ernährung der kleinen Tiger, welche Katzentoilette die beste ist oder wie viele Katzen mindestens oder maximal in einem Haushalt zusammenleben sollten. Das ist mehr oder minder normal, und ich darf Ihnen verraten, dass sich Ihr Standpunkt weiterentwickeln und vielleicht überholen wird, je mehr Sie sich mit dem jeweiligen Thema auseinandersetzen.

Doch zurück zu der Frage, was ich für meine vierbeinigen Lieblinge sein möchte. Ich bezeichne mich derzeit – wie schon gesagt – als Katzenhalterin. Dieser Begriff ist für mich persönlich positiv besetzt. Das muss für Sie jedoch nicht ebenso sein, wenn Sie beispielsweise eine andere Erfahrung damit verknüpfen.

Die Bezeichnung ist gar nicht so wichtig

Ich empfinde bei dem Begriff »Katzenhalterin« den Menschen als »Halt gebend« im wahrsten Sinne des Wortes. Dabei sehe ich die Katze als mein Schutzbefohlenes, für das ich sorge und dem ich gleichzeitig auf Augenhöhe begegne, um es besser zu verstehen und ihm ein erfülltes, glückliches Leben zu ermöglichen.

Für andere Menschen wiederum ist die Wortwahl »Katzenhaltung« negativ verknüpft, weil sie vielleicht mit einer tristen, eingeschränkten Lebensweise für das Tier verbunden wird und emotionslos klingt.

Eine Zeitlang identifizierte ich mich zum Beispiel mit dem Begriff »Meowmy« als Sonderform einer »Katzenmama«. Ich fand den Begriff einerseits einfach witzig, andererseits fühlte ich mich in der Vorstellung wohl, dass ich meine Katze ebenso bedingungslos liebe wie eine Mutter ihr Kind und mein Bestes versuche, ihr ein schönes Leben zu ermöglichen. Aber dann wurde die »Meowmy« in sozialen Medien oft in einem Kontext verwendet, der überhaupt nicht in mein Beziehungsverständnis zu Katzen passte. Also legte ich diese Bezeichnung schnell wieder ab.

Doch am Ende ist es gar nicht so wichtig, wie Sie sich in der Beziehung zu Ihrer Katze bezeichnen. Es ist alles gleichermaßen richtig und okay. Und warum schreibe ich dann überhaupt darüber?

Sich damit auseinanderzusetzen, in welcher Rolle wir uns im Zusammenleben mit Katzen fühlen, kann uns Aufschluss über unsere Beziehung zu ihnen geben. Es kann uns helfen, dem Tier ein individuelles, artgerechtes Leben zu ermöglichen, weil wir uns der Verantwortung unserer Rolle bewusst werden. Also: Was sind Sie für Ihre Katze – oder wer möchten Sie künftig für sie sein?

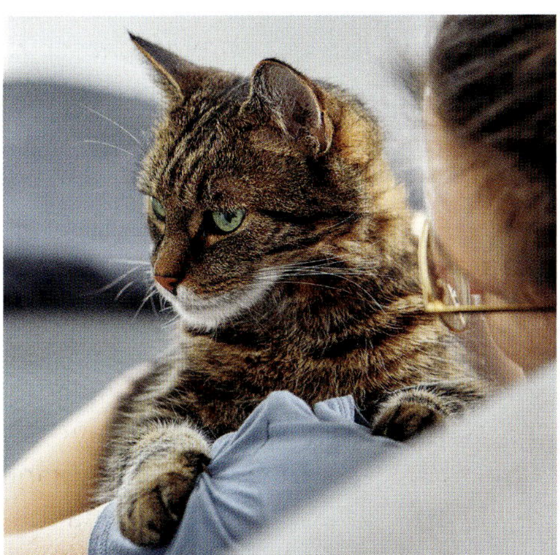

Die Rolle, in der wir uns sehen, beeinflusst auch unseren Umgang mit Katzen.

Ein Liebesbrief für Ihre Katze

Haben Sie für sich definiert, welche Rolle Sie für Ihre Katze einnehmen möchten, nehmen Sie sich einmal die Zeit aufzuschreiben, was genau diese Beziehung für Sie bedeutet.

Möchten Sie eine möglichst enge Beziehung, in der Sie alle Facetten des Tiers bis ins Detail kennen und sie zu lesen lernen oder sehen Sie sich eher als Begleiterin, die mit etwas Abstand beobachtet und einspringt, wenn es mal eng für Ihre selbstständige Katze wird?

Schreiben Sie auf, was Ihnen der Plüschpopo bedeutet und worauf es Ihnen in Ihrer Fellfamilie ankommt. Was macht für Sie das Leben mit Ihrer Katze zu etwas Besonderem? Was haben Sie vielleicht aus dem Leben mit früheren Katzen mitnehmen dürfen und worauf möchten Sie dieses Mal ein Augenmerk werfen?

Bringen Sie Ihre Gedanken auf Papier und bewahren es bei den Notfallunterlagen des Tiers auf (→ Seite 85). Gerade in schweren Zeiten kann es hilfreich sein, diesen kleinen Liebesbrief zu lesen und sich daran zu erinnern, wie es einst mit seinem Plüschpopo begann.

Immer auf dem Laufenden bleiben

Kennen Sie die natürlichen Verhaltensweisen und Wertungssysteme Ihrer Katze, fällt es Ihnen leichter, Probleme zu erkennen und sie schon im Keim umzulenken oder bei dem ersten deutlichen Warnsignal zu reagieren. Nicht übereifrig, aber auch nicht ignorierend, dass etwas im Leben Ihrer Katze nicht stimmt.

Sie erhalten solides Wissen, das Sie anpassen, erweitern und immer wieder aktualisieren sollten. Es ist so spannend, die Neuigkeiten aus der Forschung zu verfolgen und sich entweder im Alltag bestätigt zu wissen oder durch neues Wissen eine Verbesserung in das Leben der Katze mit Ihnen bringen zu können. Probieren Sie sich aus und schauen Sie, wie Ihre Katze darauf reagiert! Fühlen Sie sich in das kleine Wesen hinein. Ich bin sicher, Sie finden mit etwas Übung einen Weg, der für Sie und Ihre Katze richtig ist.

ERNÄHRUNGSGRUNDLAGEN

Kennen Sie das Sprichwort »Der Mensch lebt nicht vom Brot allein«? In Kätzisch übersetzt, könnte dies vielleicht heißen »Die Katz' lebt nicht von der Maus allein«. Allerdings müsste man bei der Katze wohl ergänzen »aber fast«, denn das Spektrum der frei lebenden Katze ist tatsächlich eher überschaubar.

Je nach Umgebung nimmt eine Katze, die sich eigenständig ernährt, zu etwa 70 Prozent Mäuse und andere kleinere Nagetiere zu sich. Die restliche Beute setzt sich aus Insekten verschiedenster Art, Spinnen, kleinen Reptilien und Vögeln zusammen. Möchten wir sie mit allem versorgen, was sie braucht, sollten wir uns an diesem natürlichen Speiseplan orientieren und einen überwiegenden Teil der Nahrung als Feuchtfutter mit sehr hohem Fleischanteil anbieten. So weit, so einfach. Aber warum gibt es dann unendliche Futtervarianten im Fachhandel? Was davon ist sinnvoll, und welche Komponenten können dem spezialisierten Jäger vielleicht sogar schaden?

TROCKEN- UND NASSFUTTER SOWIE BARF

Zunächst haben Sie die Auswahl zwischen Trocken- und Feuchtfutter sowie sogenanntem BARF (Kurzform für »biologisch artgerechte Rohfütterung«). Jede Ernährungsform bietet Vor- und Nachteile, die Sie für sich und Ihre Katze sorgsam abwägen sollten.

Wie immer orientieren wir uns dabei zunächst an der natürlichen Ernährungsweise der Katze. Sie gilt als reiner Fleischfresser, ernährt sich von kleineren Beutetieren, die sie mehrfach am Tag solitär jagt und direkt verspeist. Die Hauskatze stammt zudem von einem Wüstentier, der Falbkatze, ab, ist es also gewöhnt, Flüssigkeit aus ihrer Nahrung aufzunehmen und nur gelegentlich an Laufwegen in Pfützen oder ähnlichem zusätzliches Wasser zu trinken. Sie ist also auf feuchte, kleine Nahrungsportionen eingestellt, die sich nicht allzu sehr in ihrer Zusammensetzung ändern.

BARF – artgereche Rohfütterung

Beim sogenannten BARF wird das zu verfütternde Fleisch nicht industriell weiterverarbeitet, es wird weder gekocht noch anderweitig erhitzt, sondern roh verfüttert.

Je nach BARF-Variante werden Fleisch, Gemüse und andere Nahrungszusätze verwendet oder versucht, ganze Beutetiere »nachzubauen« (sogenanntes »Franken Prey«), also den prozentualen Anteil an Fleisch, Innereien, Knochen etc. analog dem natürlichen Beutetier nachzuempfinden.

Als Katzenhalter haben Sie bei dieser Ernährungsform die größtmögliche Transparenz darüber, was im Napf Ihrer Katze landet. Je nach Alter, Größe, Aktivitätslevel und Gesundheitsstatus Ihrer Fellnase können Sie die BARF-Rationen anpassen und so eine auf die aktuelle Lebenssituation angepasste optimale Ernährung sicherstellen. Allerdings ist das nötige Wissen über die Zusammensetzung der Rationen durchaus anspruchsvoll.

Die Über- oder Unterdosierung bestimmter Nährstoffe kann negative, zum Teil irreparable Folgen für den Katzenkörper haben. Möchten Sie roh füttern, lassen Sie sich von einem darauf spezialisierten Tierarzt oder einem Ernährungsspezialisten unterstützen, oder bilden Sie sich selbst intensiv fort. Hinterfragen Sie bei Kursen zum Thema BARF die Qualifikation des Anbieters, das heißt, ob tatsächlich fundiertes Wissen weitergegeben wird oder man sich selbst lediglich Basiswissen angelesen hat, das ebenso richtig wie falsch sein kann.

Leider gibt es einige schwarze Schafe bei den Kursanbietern, die persönliche Erfahrungen als Weiterbildung anbieten und mit diesem Halbwissen nicht selten mehr schaden als helfen. Mangelerscheinungen treten erst zeitverzögert auf, sodass Sie erst spät merken, wenn der Organismus der Katze in eine Schieflage gerät.

Scheuen Sie den Schritt, BARF-Portionen selbst herzustellen, finden Sie immer mehr Fertig-BARF-Produkte, bei denen der Hersteller eine ausgewogene Zusammensetzung

Katzendame Füßchen kaut ein Stück frisches Rindfleisch. Das ist gut für die Zahnpflege.

berücksichtigt hat. Nachteil ist wiederum, dass Sie wie beim Fertigfutter keinen Einfluss mehr auf dessen Inhaltsstoffe und deren Herkunft haben und die Mischung auf Standardwerten beruht. Die individuellen Bedürfnisse Ihrer Katze werden darin entsprechend nicht berücksichtigt.

Die Qual der Wahl: Feucht- und Nassfutter

Feucht- und Nassfutter finden Sie in scheinbar unendlichen Varianten. Es gibt Nassfutter in Dosen, Beutelchen (sogenannte »Pouches«), Tetra Paks oder Schälchen und Gläsern – natürlich in unterschiedlichen Größen. Sie

MEIN **PERSÖNLICHER TIPP**

Richtig füttern

Nicht immer ist die vermeintlich gesündeste Ernährungsvariante auch für Sie und Ihren kleinen Minitiger die optimale Wahl. Eine Katze mit angeschlagenem Verdauungs- oder Immunsystem bringt vielleicht noch nicht die nötige Darmflora mit, um rohes Fleisch – wie es bei der BARF-Fütterung empfohlen wird – verarbeiten zu können. Andererseits finden Sie vielleicht nicht immer die Möglichkeit, Ihren Frischfleisch-Gourmet mit seiner bevorzugten Mahlzeit zu versorgen und müssen mit einem Fertigfutter ergänzen.

Orientieren Sie sich bei allem möglichst am natürlichen Speiseplan der Katze und rücken Sie nur soweit davon ab, wie es für Ihre Katze und Sie notwendig ist – selbst wenn das auf der einen oder anderen Seite Kompromisse erfordert. Ebenso hilfreich ist es, wenn sich Ihre Katze nicht zu stark auf exakt eine Lieblingssorte fixiert. Frisst sie ausschließlich Sorte X in Geschmacksrichtung Y, kann das nicht nur zu einer Mangelernährung führen. Wird die Katze krank und benötigt ein Spezialfutter oder kann sie ihre Lieblingsvariante nicht mehr gut verdauen, wird es umso schwerer, sie in der gebotenen Eile auf bekömmlicheres Futter umzustellen.

Kennt sie es wiederum, dass es hin und wieder etwas gibt, das dem felinen Leckermäulchen vielleicht nicht ganz so mundet, ist es etwas einfacher, sie bei Bedarf an ein anderes Futter zu gewöhnen.

Was Sie allerdings niemals in Betracht ziehen dürfen ist, die Katze hungern zu lassen, um sie zu einer bestimmten Fütterung zu zwingen. Sie würde Ihnen sprichwörtlich lieber vor dem gefüllten Napf verhungern, als etwas zu sich zu nehmen, das für sie absolut indiskutabel ist. Schlimmer noch – Katzen droht eine lebensbedrohli-

unterscheiden sich in ihrer Konsistenz von feinen Filets über gepresste Ragoutstückchen hin zu Paté oder Mousse, ergänzt mit Sauce, Gelee oder Brühe. Hat man sich bis hierhin vorgearbeitet, steht man vor der Wahl zwischen Rind, Huhn, Ente, allerlei Fischsorten oder exotischen Tierarten wie Känguru, Büffel und Elch. Schon jetzt steht man leicht überfordert vor den bunten Regalen voller zufrieden gesättigter Katzengesichter auf den Verpackungen und liest sich nun durch ansprechende Zusätze wie »mit fruchtigen Cranberrys«, »duftenden Wildkräutern« und »verdauungsförderndem Katzengras«.

che Stoffwechselstörung, wenn sie einen längeren Zeitraum nichts zu sich nehmen. Bei manchen von ihnen tritt dies bereits nach weniger als einem Tag hungern ein. Gehen Sie daher bei allen Futterumstellungen unbedingt behutsam vor. Lassen Sie sich im Zweifelsfall durch einen Ernährungsexperten oder Tierarzt unterstützen.

Wann füttern?

Die Hauptmahlzeiten für unsere vierbeinigen Lieblinge gibt es bei uns um acht Uhr morgens (Frühstück), um 18 Uhr abends (ein kleineres »Abendbrot«) und um 23 Uhr (ein größeres Nachtmahl). Zu diesen Zeiten sind wir in den meisten Fällen zu Hause und verbinden die Fütterung mit einem kleinen persönlichen Highlight zwischen uns und den Katzen. Unsere Minitiger sind dann stets in freudig aufgeregter Erwartung, und wir glänzen als ihre Helden, die sie mit Nahrung versorgen. Zwischen Frühstück und Abendmahlzeit liegen zehn Stunden – es sollte also noch einen Snack dazwischen geben. Gleiches gilt für die Zeit zwischen Zubettgehen und Frühstück mit neun Stunden Differenz. Für diese Snacks wechseln wir ab – je nach Appetit der Kätzchen und der Zeit, die wir dafür aufbringen können. Als Snacks stehen zum Beispiel frisches und gefriergetrocknetes Fleisch, körniger Frischkäse oder gelegentlich ein »ungesundes« Leckerchen aus dem Fachhandel auf dem Plan.

Die Snacks gibt es immer fast genau zur gleichen Zeit – um 13:00 Uhr und um 3:30 Uhr. Sind wir um 13:00 Uhr zu Hause, nutze ich die Zeit gern, um eine Clickersession oder ein Futterspiel – also eine interaktive Fütterung anzubieten (→ Clickertraining, Seite 174 und Futterspiele, Seite 104). In der Nacht übernimmt ein zeitgesteuerter Futterautomat für Feuchtfutter unseren Housekeeping-Dienst. Empfehlenswert sind Automaten, die – je nach Jahreszeit – über eine Kühlmöglichkeit verfügen, denn Feuchtfutter verdirbt rasch. Oder sie nutzen solche Automaten, die das kalte Futter schon vor der Freigabe leicht anwärmen.

Achten Sie auf die Zutaten

Werfen Sie zunächst einen Blick auf die Zutatenaufstellung. Spätestens jetzt wünschen Sie sich vermutlich, eine Lupe eingepackt zu haben, denn die Aufdrucke sind zumindest mit Ü40 kaum noch zu entziffern – ich weiß, wovon ich schreibe.

Wie bei Nahrungsmitteln für Menschen, zeigt die Reihenfolge auf der Liste das Mengenverhältnis im Produkt an. Wir wissen, dass die Katze Fleischfresser ist. Der Hauptbestandteil, der erste Punkt auf der Zutatenliste, sollte also Fleisch sein.

Dieser Begriff ist vielleicht etwas irreführend, denn als Fleisch darf nur Muskelfleisch bezeichnet werden, das besonders hochwertig und leicht verdaulich ist. Darin nicht enthalten sind beispielsweise Innereien wie Herz oder Lunge, die als »tierische Nebenerzeugnisse« gelten und ebenso wichtige Bestandteile einer ausgewogenen Mahlzeit sind. Ebenfalls als »tierische Nebenerzeugnisse« gelten allerdings Schlachtabfälle aus der Tierverwertungs- und Nahrungsmittelproduktion. An dieser Stelle benötigen Sie einen stabilen Magen, denn darunter fallen nahezu alle weiteren Bestandteile eines Tierkörpers – sofern sie nicht infektiös sind. Fell, Hufe, Schnäbel, ebenso Blut und weitere Schlachtabfälle dürfen als »tierische Nebenerzeugnisse« in Katzennahrung einfließen, beinhalten für das Tier jedoch deutlich weniger Vitamine, Mineralstoffe & Co. Sie liefern vor allem Energie und Füllstoffe – sie machen aus wenig Futter also mehr Futter, dessen Qualität jedoch hinterfragt werden darf.

Möchten Sie Ihrem vierbeinigen Liebling hochwertiges Futter servieren, achten Sie auf eine sogenannte »offene Deklaration«. Dabei listen Hersteller die tatsächlich verwendeten

1. Die artgerechte Rohfütterung erfordert ein umfangreiches Wissen.

2. Trockenfutter enthält vor allem viele Kohlenhydrate und Tiermehl.

Zutaten auf, ohne Sammelbegriffe zu verwenden. Sie finden also auf der Verpackung nicht nur »Fleisch und tierische Nebenerzeugnisse«, sondern beispielsweise. »Muskelfleisch, Lunge, Herz, ...« oder »Muskelfleisch, tierische Nebenerzeugnisse (Herz, Niere, ...)«.

Je detaillierter der Hersteller die verwendeten Zutaten aufführt, desto wertiger ist häufig das Futter. Hier wird nicht mit einem Oberbegriff getrickst um die tatsächliche Zusammensetzung des Futters variieren zu können.

Sind Sie bereits über die Angabe »Fleisch und tierische Nebenerzeugnisse (davon mindestens 4 Prozent Huhn/Rind/...)« gestolpert und haben Sorge, dass nur 4 Prozent Fleisch enthalten ist? Hier kann ich Sie gleichermaßen beruhigen wie beunruhigen. Der gute Aspekt ist, dass in dem Futter nicht nur 4 Prozent Fleisch enthalten sind. Der Hersteller verpflichtet sich dabei vielmehr, mindestens 4 Prozent der angegebenen Tierart verwendet zu haben. Die weiteren tierischen Bestandteile können beliebig beigefügt werden.

Es könnte also sein, dass die Futtersorte 4 Prozent von der genannten Tierart enthält – beispielsweise Huhn – sowie x Prozent einer anderen Tierart. In welchem Mengenverhältnis hochwertiges Muskelfleisch und fragwürdige Schlachtabfälle gemischt wurden, bleibt wiederum offen. Es ist nicht verwunderlich, dass Sie diese Angabe daher eher bei günstigen Produkten finden, bei denen Hersteller je nach Rohstoffverfügbarkeit und Einkaufspreisen variieren können.

Neben diesen Hauptbestandteilen finden Sie oft weitere Zutaten wie Kohlenhydrate (häufig Getreide, Kartoffeln oder Reis), Gemüse, Mineralstoffe, Zucker oder Zuckerarten (Karamell, Malz) und mehr oder minder kryptische Bezeichnungen weiterer Zusätze.

3. Feucht- und Nassfutter gibt es in schier unendlichen Varianten. Achten Sie auf die Zutatenliste.

4. Für Snacks gilt: so gesund wie möglich, so lecker wie nötig und niemals schädlich.

MEIN **PERSÖNLICHER TIPP**

Zahnpflege

Als Vorteil einer reinen oder überwiegenden Trockenfütterung wird die Zahnpflege beim Crunshen der einzelnen Pellets genannt. Das klingt logisch, weil sich Fleisch scheinbar um die Zähne fügt und schließlich breiartig geschluckt wird. Dem gegenüber steht das Krachen und Knacken der Trockenfutterpellets. Schaut man sich jedoch die Zusammensetzung des Futters und die Kaueigenschaften der Katze an, kann der Zahnpflegeeffekt nicht allzu groß sein, wenn er überhaupt vorhanden ist. Warum? Beobachten Sie eine Katze, die ein sehniges, frisches Stück Fleisch im Maul hat. Sie werden feststellen, dass sie das Futter ordentlich kaut, um es in kleinere Stücke zu zerlegen. Je nach Größe des Happens, wird er von einer auf die andere Maulseite geschoben und so lange zerkleinert und gekaut, bis es durch den schmalen Katzenhals passt. Beobachten Sie dann eine Katze, die ihr Trockenfutter kaut. Sie nimmt ein paar Pellets auf, beißt ein oder zwei Mal auf einer Seite ihres Mäulchens drauf und schluckt sie runter. Die Dauer des Kauprozesses ist also bei Trockenfutterstückchen wesentlich geringer.

Ob und in welchem Maß Ihre Katze davon profitieren kann, hängt wiederum von der gesundheitlichen Situation des Tieres ab.

So benötigt die gesunde Katze als Fleischfresser kaum Kohlenhydrate. Orientieren wir uns erneut an ihrem natürlichen Speiseplan, finden sich bei der Maus nur winzige Bestandteile an vorverdauten Kohlenhydraten in ihrem Verdauungstrakt. Der feline Körper ist nur begrenzt in der Lage, Kohlenhydrate zu verwerten – ein häufig hitzig diskutierter Punkt. Dem Tier fehlt ein für die Aufspaltung von Kohlenhydraten benötigtes Enzym im Mäulchen, die sogenannte Amylase. Die »Eingangspforte« der Nahrung ist also eigentlich nicht für die Verdauung von Getreide, Kartoffeln & Co. ausgestattet.

Führt man der Katze wiederum Kohlenhydrate in gegarter Form zu, kann der Verdauungstrakt diese bis zu einem bestimmten Anteil verdauen, was Sinn macht, um die geringen Nahrungsbestandteile des Beutetiers verwerten zu können.

Da Fertigfutter überwiegend gegart wird, fügen viele Hersteller diese Nahrungsbestandteile als günstige Energielieferanten hinzu. Es schadet Ihrer gesunden Katze also nicht unbedingt. Sie kann diese gleichzeitig aber zumindest nicht so gut verwerten wie Fleisch – und trägt nicht selten zu Gewichtsproblemen der Tiere bei. Während Kohlenhydrate und andere Zutaten zumindest einen bestimmten Nutzen für die Katzenernährung mit sich bringen können, gibt es einen Stoff, der dem Katzenfutter tatsächlich nur für uns als Verbraucher hinzugefügt wird: Zucker!

Katzen sind aufgrund fehlender Rezeptoren im Maul nicht in der Lage, »süß« zu schmecken. Sie profitieren daher nicht von diesem Stoff. Er gibt jedoch dem Nassfutter eine für uns Menschen angenehmere Farbe und sorgt für eine andere Konsistenz des Futters. Für die Katze bedeutet Zucker in ihrem Napf zusätzliche Kalorien, und einen Stoff, der für ihren Körper nicht vorgesehen ist.

Trockenfutter ist sehr kalorienreich

Entscheiden Sie sich für Trockenfutter, sollte Ihr Augenmerk umso mehr auf der Zutatenliste liegen. Während in den meisten Nassfuttersorten Fleisch und tierische Nebenerzeugnisse den größten Anteil ausmachen, finden sich bei Trockenfutter überwiegend Kohlenhydrate oder Tiermehl.

Wie bereits zuvor erläutert, handelt es sich bei Kohlenhydraten zwar um teilweise verdauliche Inhaltsstoffe, aber deren Verwertungsmöglichkeit ist für die Katze begrenzt. Sie erhält im Wesentlichen hochkomprimierte Kalorien – nicht selten Türöffner für Übergewicht.

Haben Sie sich für ein Trockenfutter entschieden, wiegen Sie die tägliche Ration unbedingt ab. Aufgrund der gepressten Form überschätzt man ansonsten die benötigte Menge sehr schnell. Bei vielen Trockenfuttersorten genügt für eine erwachsene Katze pro Tag die Menge, die in etwa in ein Schnapsglas passt. Bei meiner täglichen Arbeit wiederum begegnen mir oft großzügig gefüllte Futternäpfe mit Trockenfutter und gleichermaßen viel zu dicke, träge und unmotivierte Katzen.

Das hat Mieze offensichtlich prima geschmeckt, denn der Napf ist fast leer.

Deshalb empfehle ich Ihnen, Trockenfutter möglichst nur als kleine Leckerei für zwischendurch zu verwenden, die sich Ihre Katze über ein Spiel oder körperliche Bewegung verdienen sollte (→ Futterspiele, Seite 104).

GROSSES FESTMAHL ODER KLEINER SNACK – WANN IST WAS SINNVOLL?

Katzen sind Häppchenjäger und -fresser, die vieles mit uns und Artgenossen teilen können. Bei der Jagd gehen sie allerdings allein vor. Dementsprechend fällt ihre Beute in der Regel deutlich kleiner aus als sie selbst sind. Die kleinen Tiger müssen häufig am Tag jagen, um ihren Körper mit der nötigen Energie zu versorgen. Ihr Verdauungssystem ist perfekt auf mehrfache, kleine Portionen eingerichtet und gerät bei zu seltenen und/oder zu großen Portionen unter Stress.

Als Richtwert für die Häufigkeit einer artgerechten Ernährung können Sie alle vier bis sechs Stunden eine kleine Mahlzeit einplanen – und zwar inklusive nachts und der Zeit, in der Sie nicht zu Hause oder anderweitig nicht verfügbar sind.

Sie sollten sich also darauf einstellen, Ihrer Katze alle vier bis sechs Stunden eine kleine Mahlzeit zu kredenzen. Aber wie genau soll das zu bewerkstelligen sein, wenn Sie tagsüber arbeiten und nachts schlafen wollen?

Die Antwort ist einfach, erfordert aber ein wenig Organisation. Überlegen Sie, zu welchen Zeiten Sie in der Regel persönlich füttern können. Das sind Ihre Basiszeiten, an denen Sie alles Weitere orientieren. Davon ausgehend ergänzen Sie die übrigen Fütterungen, so, dass etwa vier bis sechs Stunden dazwischen liegen.

Sind Sie zur geplanten Fütterungszeit nicht zu Hause oder verfügbar, beispielsweise nachts, wenn Sie schlafen, können Sie einen Futterparcours aufbauen, um die Katze mit Nahrung zu versorgen und gleichzeitig auf Trab zu halten (→ Futterspiele, Seite 104). Zeitgesteuerte Futterautomaten sind ebenfalls eine Option. Der Zoofachhandel bietet dazu viele Modelle für Trocken- und Nassfutter, wobei letzteres sogar gekühlt oder erwärmt werden kann.

TRINKEN – WASSER IST DAS BESTE GETRÄNK

Für mich bietet die Fütterung mit Nassfutter eindeutig gesundheitliche Vorteile für die Katze. Doch werfen wir zunächst erneut einen Blick auf die Abstammung der Hauskatze, die Falbkatze. Sie ist in Wüstengebieten mit wenigen, punktuellen Wasserquellen verschiedener Herkunft und Qualität zu Hause. Das Wasser dort ist eher selten frisch, dafür überwiegend in flachen, bis zum Boden sichtbaren Mulden zu finden.

Daher ist die Katze bei der Aufnahme der benötigten Flüssigkeit aus ihrer Nahrung angewiesen. Das zusätzlich aufgenommene Wasser ist eine Ergänzung, die wichtig, aber nicht zuverlässig verfügbar ist. Unmittelbar während der Nahrungsaufnahme zu trinken, ist für Katzen in der Natur nicht vorgesehen. Vielmehr begegnen sie auf Streifzügen durch ihr Revier immer wieder kleinen Wasserstellen, an denen sie kurz trinken und weiterziehen.

AUS DER **PRAXIS**

Futter wird auf seine Qualität geprüft

»Wenn ich nicht da bin, gibt es eben nichts zu futtern.« Ein Satz, der mich bei meiner Beratung leider häufig begleitet. Die Begründung: In der Natur gibt es für die Tiere ja auch keine punktgenauen Futterzeiten oder häufig sind noch Reste im Napf, wenn ich heimkomme.

Diese Aussage berücksichtigt zwei Aspekte unzureichend. Erstens hat das Tier in der Natur immer die Möglichkeit, sich auf Nahrungssuche zu begeben, kleine Insekten zu jagen, Mäuselöcher zu belauern und damit eigenständig etwas gegen seinen Hunger zu unternehmen.

Selbst wenn Mieze auf der Jagd nicht unmittelbar erfolgreich ist, gibt ihr allein der Versuch das Gefühl, etwas gegen ihren Hunger zu tun.

Hat die Katze dagegen keinen Freigang und zu Hause ist ihr Napf leer, kann sie, wenn sie Hunger hat, lediglich ausharren bis Sie den Napf wieder füllen. Das Tier ist seinem Stress, dem Hunger, hilflos ausgeliefert – keine schöne Erfahrung.

Der zweite Aspekt unterstellt, die Katze könne ja die Reste fressen, die noch im Napf verblieben sind. Es könne kein Hunger sein, der nagt, sondern eher Appetit auf eine Leckerei. Tatsächlich ist es so, dass Ihr kleines Raubtier in der Natur seine Beute unmittelbar nach dem Erlegen verspeist. Reste werden liegen gelassen bzw. verscharrt, aber nicht später erneut beknabbert oder ganz verspeist. Katzen sind keine Aasfresser. Sie haben ein individuelles Empfinden, wie lange Futter tatsächlich noch genießbar ist.

Steht Futter über einen längeren Zeitraum bereit, kann es sein, dass es aus Sicht Ihrer Katze bereits ungenießbar ist oder ihr Informationen darüber fehlen, in welchem »Frischezustand« es ist.

Während Nassfutter relativ schnell im Napf antrocknet und an Geschmack verliert, bleibt Trockenfutter zwar länger frisch, riecht aber nicht mehr so intensiv. Geschmack und Geruch sind jedoch wesentliche Faktoren, um die Genießbarkeit des Futters zu beurteilen. Es kann daher sein, dass Mieze bei der Qualitätskontrolle des Futters genau diese Informationen fehlen, um zu entscheiden, ob es noch in Ordnung ist oder nicht. Vorsichtshalber verzichtet sie darauf, es zu fressen. Für die Katze ist es ein überlebenswichtiger Aspekt, kritisch zu beurteilen, ob das Futter noch genießbar oder bereits verdorben ist. ACHTUNG! Diese Qualitätsprüfung gilt vor allem der Nahrung als solcher. Es hält die Katze nicht davon ab, giftige Pflanzen oder andere giftige Substanzen zu futtern (→ Gefahren im Alltag, Seite 72).

FUTTERSPIELE – HIGHLIGHTS FÜR KATZEN

Werden Sie kreativ und bringen Sie zwei weitere, wichtige Aspekte eines zufriedenen Katzenlebens in den Alltag ein: Beschäftigung und Abwechslung!

Kaum etwas ist langweiliger als das Fressen aus dem immer gleichen Napf am immer gleichen Ort. Katzen sind meisterhafte Jäger, deren Körper und Geist perfekt für die Jagd kleiner Beutetiere konzipiert ist. Nutzen Sie diese Eigenschaft, um eine Mischung aus solitärer und gemeinschaftlicher Beschäftigung als Teil der Ernährung anzubieten. Was könnte das alles sein?

Schleckmatte

Statt der Portion im Napf bieten Sie Ihrem schlingenden Vielfraß das Feuchtfutter in einer Schleckmatte an. Sollten Sie im Katzenbereich nicht fündig werden, spicken Sie getrost im Hundesortiment. Die Auswahl an großen, kleinen, leichten und komplexen Schleckmatten ist groß und passt sicher auf die Fähigkeiten und Vorlieben Ihrer Katze. Testen Sie, womit das Tier Spaß und einen schnellen Erfolg hat, denn die Geduldsschnur der flauschigen Gesellen ist ziemlich kurz, es sei denn, es lohnt sich für sie … Präsentieren Sie die Matte nicht immer an der gleichen Stelle, sondern variieren Sie die Positionen in Ihrer Wohnung. An manchen Schleckartikeln sind Saugnäpfe eingearbeitet, die nicht nur Halt auf glatten Böden geben, sondern eine vertikale Anbringung – etwa an einer gefliesten Wand – ermöglichen. Wichtig ist, diese Snackvarianten für Ihre felinen Gourmets nur an Stellen zu platzieren, die Sie feucht abwischen können, um eventuelle »Schlabberunfälle« hygienisch reinigen zu können.

Solitäre Futterspiele

Trockenfutter oder gesunde Snacks bieten eine nahezu unbegrenzte Beschäftigungsmöglichkeit und sollten möglichst immer erarbeitet werden. Von Activity Boards (auch »Fummelbretter« genannt), über Clickerbelohnungen bis hin zum Futterpar-

1. Gar nicht so einfach, die Leckereien aus dem Activity Board zu fischen.

2. Feuchtfutter einmal anders serviert. Die Schleckmatte macht's möglich.

3. Hier ist Geschicklichkeit gefragt. Und dann gibt's die wohlverdiente Belohnung.

cours: Testen Sie aus, wechseln Sie ab und machen Sie es für sich und Ihre Katze zur täglichen Challenge, die Fütterung interessant und abwechslungsreich zu gestalten.

Im Handel sind eine Vielzahl unterschiedlicher Produkte erhältlich. Berücksichtigen Sie dabei die persönlichen Vorlieben und Abneigungen Ihrer Samtpfote. Es gibt kleine Trüffelschweinchen, die alles mit ihrer Nase erkunden und durchwühlen möchten. Für sie kommt ein Pfoteneinsatz nicht in Frage. Bieten Sie diesem Katzentyp ein Fummelbrett zum Pfoteln an, ernten Sie im besten Fall Empörung, im schlimmsten Fall ist das Rätsel für das Tier unlösbar, und es hat neben Hunger nun auch Frust und Stress, weil es die Beute sprichwörtlich vor der Nase hat, aber aus seiner Sicht nicht drankommt.

Bieten Sie Möglichkeiten, die der Schnüffelprofi auf seine persönliche Weise ergattern kann. Ein ausgedienter Karton mit ein paar einzelnen Servietten-Schnipseln kann hier ein tolles Erfolgserlebnis für Sie beide werden. Ist das für den Anfang zu schwer, zeigen Sie der Katze, wie sie an die Leckerchen oder Trockenfutter-Pellets kommt.

Vielleicht füllen Sie zunächst nur drei oder vier einzelne Schnipsel neben der Trockenfutter-Portion in den Karton. Es gibt mehr Pellets als »Hindernisse«. Immer noch zu schwer? Dann darf es zunächst ein leerer Karton mit ein paar Pellets sein. Es geht nicht darum, die »Jagd« besonders schwer zu gestalten, sondern so, dass der feline Jäger erfolgreich ist und bestenfalls Spaß daran hat, seinen Hunger zu stillen.

Hat die Katze verstanden, wie sie an das Futter kommt, streuen Sie nächstes Mal ein paar Schnipsel mehr in den Karton und prüfen, ob der pfotige Professor erfolgreich ist. Ist das System gelernt, dürfen Sie variieren und den Karton beispielsweise von einer Zimmerecke in eine andere stellen. Vielleicht steht das nächste Mal ein anderer Karton an der gleichen Stelle oder Sie wechseln zu einem leeren Eierkarton, den Sie mit einzelnen Leckereien befüllen.

Sie werden erstaunt sein, wie anspruchsvoll ein Eierkarton für Ihre Katze sein kann. Variieren Sie den Schwierigkeitsgrad bitte immer wieder und gehen Sie gelegentlich auf sehr leichte Übungen zurück. Sie erhalten dadurch die Motivation der Katze und stellen sicher, dass das Tier nicht überfordert wird. Diese solitären Futterspiele können Sie dann einsetzen, wenn Sie zur Fütterungszeit zu Hause und wach sind, aber nur wenig Zeit haben.

Wenn Sie etwas mehr Zeit aufbringen können, bieten Sie die persönliche Zwischenmahlzeit im gemeinsamen Spiel an. Beim einfachen Werfen der Futterbröckchen angefangen bis hin zum Erarbeiten über Clickertraining, haben Sie verschiedene Optionen, den Snack mit einer Beschäftigungseinheit zu verbinden.

Futterparcours

Um die Katze mit Nahrung zu versorgen, wenn Sie nicht verfügbar sind, bietet sich ein Futterparcours an. Dabei werden ein-

1. Leere Klopapierrollen werden zum Überraschungspaket.

2. Hierbei ist Pfoteneinsatz gefragt. Wie kommt man am besten an die leckeren Häppchen?

zelne Pellets zunächst so in der Wohnung ausgelegt, dass das Tier mehr oder weniger darüber stolpert.

Unsichere oder ein klein wenig begriffsstutzige Katzen benötigen zu Beginn einen freundlichen Hinweis von uns in Form einer gemeinsamen »Jagd« durch die Wohnung, bei der Sie zunächst die Bröckchen »zufällig« finden und dem Tier zeigen. Ist die Hürde geschafft (»aha, hier liegt einfach immer mal Futter im Weg herum«), dürfen Sie wieder kreativ werden und möglichst unbeobachtet den nächsten Futterparcours auslegen.

Ihre futterorientierte Katze läuft Ihnen direkt hinterher und verputzt alles auf einmal? Kein Problem – bestücken Sie zunächst ein stationäres Activity Board, mit dem der freche Vielfraß für wenige Minuten beschäftigt ist, und legen Sie in der Zwischenzeit den Parcours unauffällig aus. Funktioniert auch nicht? Dann spielen Sie sprichwörtlich Katz' und Maus: Bewaffnen Sie sich mit den Bröckchen, die sie verstecken möchten und geben der Katze direkt eins – einfach so. Dann gehen Sie zunächst wieder etwas anderem nach: Räumen Sie auf, putzen Sie sich die Zähne, schauen Sie in Schränke ... was auch immer.

Nutzen Sie jeden unbeobachteten Moment, um ein einzelnes Futterpellet auszulegen, und schauen Sie, welche Ablenkungstaktik am besten funktioniert. Ich darf Ihnen aber schon jetzt verraten: Sie werden sich immer wieder etwas Neues überlegen müssen, weil Ihre Katze bei einem immer gleichen Ablenkungsmanöver dieses erkennen und umgehen wird.

3. Geschafft! Wäre doch gelacht, wenn eine pfiffige Samtpfote nicht das Prinzip durchschauen würde.

4. Die gesunden Snacks im einfachen Eierkarton sind natürlich leichter zu ergattern.

Trinkwasser attraktiv gestalten

Die Körperfunktionen unserer Hauskatzen sind denen ihrer Ahnen noch sehr ähnlich. So nehmen auch unsere Fellnasen den überwiegenden Teil der benötigten Flüssigkeit über ihre Nahrung auf. Und das ist bei der Fütterung mit Feucht- und Nassfutter gegeben. Deshalb trinken sie in unserer Obhut in der Regel nur relativ wenig.

Füttern Sie Ihre Katze mit Trockenfutter, muss das Tier seine generell benötigte Flüssigkeitsmenge kompensieren. Wie wahrscheinlich ist es – allein unter dem Aspekt ihrer Urahnen –, dass unsere Minitiger dies in ausreichender Menget tun? Richtig, sie werden es nicht tun, und das kann unter anderem zu Nierenproblemen führen.

Möchten Sie das dargebotene Wasser attraktiv gestalten, platzieren Sie die Trinkschale nicht unmittelbar neben den Futternapf, sondern vielmehr an Laufwegen Ihres kleinen Entdeckers. Wo geht Ihre Mieze in der Wohnung entlang, um von ihrem Lieblingskuschelplatz auf die Toilette zu gehen oder in ihrem Revier nach dem Rechten zu schauen? Bieten Sie ihr auf diesen Wegen verschiedene Trinkvarianten an und testen Sie, was Ihr kleiner Liebling mag. Manche von ihnen bevorzugen frisches Wasser, manche lieben abgestandenes Regenwasser und viele irgendetwas dazwischen – und zwar ein sehr exaktes »irgendetwas dazwischen« …

Allen gemein ist eine Vorliebe für Gefäße, bei denen es ihnen leichter fällt, die Wasseroberfläche zu erkennen. Darin haben die Süßen nämlich eine Schwäche: Sie stupsen häufig zunächst mit dem Näschen ins Wasser, bevor sie mit einem empörten Schnaufen wieder zurückschnellen und einen neuen Versuch beginnen. Umgehen können Sie den unangenehmen Stups beispielsweise mit einem Trinkbrunnen, bei dem sich durch die Sprudelfunktion das Wasser an der Oberfläche bricht und damit besser erkennbar ist.

Das Sprudeln an sich regt zusätzlich zum Trinken an. Eine andere Unterstützung bieten dunklere Schalen, an denen sich schnell sichtbare Kalkränder bilden. Füllen Sie nun immer wieder in etwa gleich auf, wird der Wasserstand für die Katze besser erkennbar. Den gleichen Effekt erzielen Sie durch Platzieren einiger größerer Steine im Napf.

Probieren Sie aus, was und wie Ihre Feinschmeckerin ihr Wasser kredenzt haben möchte. Jeder Milliliter, den sie zusätzlich aufnimmt, ist eine Entlastung für ihre Hochleistungsorgane, die Nieren. Wohnen Sie mit einem Gourmet zusammen, geben Sie dem Wasser ein wenig »Geschmack«, beispielsweise mit einem Schuss ungesalzener Rinderbrühe (→ Seite 109). Müssen Sie das Gewicht der Katze im Blick behalten, denken Sie daran, die beigefügte Leckerei (denn nichts anderes stellen diese Zusätze dar: eine Gaumenfreude für die Miez') von ihrer Futtertagesration abzuziehen. Umgekehrt können sehr schlanke Katzen von den zusätzlichen Kalorien eines Schlucks laktosefreier Sahne profitieren.

AUS DER **PRAXIS**

Milch – ja oder nein?

Früher war es vor allem in ländlichen Gebieten und auf Bauernhöfen weitverbreitet, dass die Katzen Kuhmilch zu trinken bekamen. Nicht wenige von ihnen werden an Bauchschmerzen und Durchfall gelitten haben, denn Katzen fehlt Laktase, ein Enzym, das für die Verdauung des in der Kuhmilch enthaltenen Milchzuckers (Laktose) notwendig ist.

Fakt ist, dass Katzen das Enzym für die Aufspaltung von Laktose fehlt oder es nur in sehr geringer Menge vorhanden ist. Wahr ist allerdings auch, dass Katzen anscheinend über mehrere Generationen hinweg eine, zumindest geringe, Toleranz gegenüber Laktose aufbauen können.

Die »klassischen« Bauernhofkatzen könnten demnach tatsächlich vielleicht eine geringe Menge Milch aufnehmen, ohne dadurch größere Verdauungsbeschwerden zu bekommen.

Soweit die Theorie. In der Praxis kennen wir die Toleranzquelle, wieviel Milch unsere Katze noch gut verträgt, jedoch nicht, sondern würden lediglich stark ausgeprägte Symptome wie Durchfall deutlich erkennen. Bis dahin hat das Tier oftmals bereits Bauchkrämpfe, Übelkeit und andere, unangenehme Beschwerden, die es lediglich zu verschleiern gelernt hat. So lange wir unsere Katzen nicht fragen können, bis zu welcher Milchmenge im Bäuchlein alles im Lot ist, sollten wir auf eine der zahlreichen, gesunden Alternativen zurückgreifen.

Dennoch ist Wasser stets die erste Wahl für das richtige Katzengetränk. Um Ihre Samtpfote zum Trinken zu animieren, darf das Wasser durchaus auch mit einem Schuss Thunfischwasser (Thunfisch aus der Dose ohne Salz im eigenen Saft), ungesalzener Hühnerbrühe, laktosefreier Milch oder Katzenmilch (Zoofachhandel) angereichert sein.

Beim Beimischen sollte Ihre Regel jedoch immer »soviel wie nötig, so wenig wie nötig« lauten, also der Wasseranteil deutlich über der Beimenge liegen.

Ein sprudelnder Zimmerbrunnen fasziniert viele Katzen und animiert sie zum Trinken.

WAS REIN KOMMT, MUSS AUCH WIEDER RAUS

Selbst die beste Nahrung muss irgendwann wieder raus aus dem Körper, ein Thema, mit dem wir Menschen uns nur ungern auseinandersetzen. Ausscheidungen nahezu jeder Art sind überwiegend mit Ekel verbunden. Es ist ein notwendiges Übel, das Menschen und Tiere betrifft und möglichst ohne viel Aufhebens erledigt und beseitigt werden sollte. Aus Sicht der Katze sieht das Ganze allerdings völlig anders aus.

INFOZENTRALE KOT UND URIN

In der Welt der Katzen sind Kot und Urin vor allem Informationsträger. Die Urinmarkierung gibt Artgenossen Auskunft über den Gesundheitszustand und das Geschlecht sowie über die Fortpflanzungsbereitschaft und aktuelle Stimmungslage. Das Alter der Markierung lässt Rückschlüsse über den letzten Streifzug des potenziellen Rivalen oder felinen Kumpel zu. Markierverhalten verschiedener Art, wie auch Kot- und Kratz- sowie reine Duftmarkierungen durch Körperreiben sind Teil des natürlichen Verhaltensrepertoires der geschlechtsreifen Katze. Aus meiner Sicht verdeutlicht das Markieren mit Urin am besten den Unterschied der Wahrnehmung zwischen Menschen und Katzen. Was für die Katze ein neutrales Kommunikationsinstrument ist, empfindet der Mensch als etwas, das stinkt und schnellstmöglich beseitigt werden muss. Macht man sich diesen Unterschied bewusst, wird klar, warum es beim Urinmarkieren häufig schnell in der Katze-Mensch-Beziehung kriselt.

Kein Wunder, dass wir Katzentoiletten in der Wohnung am liebsten gar nicht und wenn, dann zumindest unauffällig platzieren möchten. In der Natur wiederum ist der perfekte Ort, um sich zu lösen, vor allem eins: geschützt und gleichzeitig übersichtlich, um potenzielle Feinde frühzeitig erkennen und reagieren zu können.

Als Untergrund bevorzugen die kleinen Tiger weiche, sandartige Böden, und trocken sollte es sein, damit sich die Katze mit ihren sensiblen Pfoten wohlfühlt. Nach ausgiebiger Kontrolle des perfekten Ortes, scharrt das Tier eine kleine Mulde, geht in die Hocke und verrichtet dann sein »Geschäft«. Nach erneuter Geruchsprüfung wird die Mulde – mehr oder weniger präzise – wieder zugescharrt.

EIN GROSSER TRAUM AUS SAND – DIE PERFEKTE KATZENTOILETTE

Würde man eine Katze nach ihrer Traumtoilette in der Wohnung fragen, wäre es demzufolge vermutlich ein eher offenes, aber nicht unmittelbar einsehbares Modell an einem ruhigen und ebenso leicht zugänglichen Ort, den sie im Fall des Falles unauffällig und zügig erreichen kann. Sie könnte sich darin bequem drehen, damit sie den richtigen Platz für ihr Geschäft finden kann und beim Scharren nirgendwo anstößt oder sich einengen müsste.

Der Untergrund wäre außerdem feinkörnig und weich, damit die Katze darin graben kann, ohne dass es ihre sensiblen Pfoten piekst. Möglichst natürlich beziehungsweise wenig sollte es in der Toilette riechen, damit das Tier über eventuell vorhandenen Kot und Urin von Artgenossen die darin enthaltenen »Botschaften« übersetzen kann. Und nun schauen wir uns die Modelle im Zoofachhandel an und vergleichen sie mit der Vorstellung, die Mieze von einer optimalen Toilette hat!

Die meisten Katzentoiletten sind zu klein, obgleich sie uns riesig vorkommen. Als Richtwert für eine angemessene Größe der Katzentoilette sollten Sie sich an der eineinhalbfachen Länge Ihrer Katze (ohne ihren Schwanz gemessen) in Breite und Länge orientieren. Damit fallen schon jetzt bereits viele Modelle aus der Auswahl.

Als »stilles Örtchen« ungeeignet

Hauben- und Hop-In-Toiletten widersprechen dem Bedürfnis der Katze, mögliche Feinde oder Störungen frühzeitig zu erkennen, während sie ihre Geschäfte verrichtet. Außerdem schreckt sie der Mief benutzter Toiletten ab.

1. Große Boxen aus dem Möbelhandel bieten mit einem selbst ausgeschnittenen Einstieg viel Platz.

2. Ein Hocker oder ähnliches bietet Privatsphäre und dennoch Übersicht für die Katze.

Ein weiteres Kriterium ist der erschwerte Zugang. Hauben- und Hop-In-Toiletten haben nur einen Ein- und Ausgang. Besonders im Mehrkatzenhaushalt werden sie zu regelrechten Sackgassen, die sich hervorragend zum Mobbing einer verängstigten Katze eignen.

Platziert sich der übellaunige Mitbewohner unmittelbar vor dem Eingang der Toilette, traut sich die eingeschüchterte WG-Partnerin entweder gar nicht erst in die Toilette oder muss beim Verlassen mit einem Angriff rechnen. Ihre Lösungsstrategie kann ein Meideverhalten sein. Die betroffene Katze hält Kot und Urin möglichst lange ein. Gesundheitliche Folgen wie etwa eine Blasenentzündung sind nahezu programmiert.

Eine gesunde erwachsene Katze setzt etwa zwei bis drei Mal pro Tag Urin und alle 24 bis 36 Stunden Kot ab. Größere Abweichungen können auf Probleme im Toilettenmanagement oder eine Erkrankung hindeuten.

Ist Einhalten keine Option mehr, sucht sich das verängstigte Tier eine sicher erscheinende Alternative. Bevorzugt werden Plätze, an denen die Katze entweder unentdeckt bleibt, zum Beispiel hinter nicht unmittelbar einsehbaren Türen, hinter dem Sofa oder in einer ruhigen Ecke. Oder aber sie wählt einen Ort, von wo aus sie Störungen frühzeitig sehen kann, das Ausscheiden unauffällig ist und sie schnell flüchten kann, beispielsweise auf dem Sofa. Mit einer Blasenentzündung verursachen solche weichen Untergründe zudem weniger Schmerzen als womöglich pieksige Streu.

Eine Toilette nach Katzengeschmack

Ausreichend große Schalen mit niedrigem Einstieg und einer weichen, sehr feinkörnigen Einstreu werden von Katzen bevorzugt.

Achten Sie jedoch darauf, dass die Streu keine Duftzusätze wie zum Beispiel Lavendel, Kiefernwald oder Babypuder enthält. Was für unsere Nasen verlockend duften mag, schreckt die Katze ab. Sie hat einen deutlich feineren Geruchssinn als wir und nimmt so eine wesentlich stärkere Konzentration des Duftzusatzes wahr. Außerdem scheitert so der Versuch, in der Streu Informationen über eventuelle Artgenossen oder über sich selbst zu erschnuppern. Greifen Sie am besten zu Streu ohne zusätzliche Duftstoffe. Aktivkohle bildet hier eine Ausnahme. Sie bringt keinen Duft in die Streu, sondern unterstützt vielmehr dabei, Gerüche aus benutzter Streu zu absorbieren.

Inwiefern Sie sich am Ende für Bentonit (mineralische Streu) oder Pflanzenfasern (Holz, Weizen, Walnuss) entscheiden, ist Ihrem und – Sie ahnen es – dem Geschmack Ihrer Katze überlassen. Idealerweise sollte die Einstreu klumpend sein, um mindestens drei Mal täglich die Hinterlassenschaften gründlich entfernen zu können.

»Stehpinkler«

Erwähnen möchte ich an dieser Stelle die vermeintliche Unart mancher Katzen, nicht – wie in der Natur eigentlich vorgesehen – hockend Urin abzusetzen, sondern stehend. Manche von ihnen beginnen zunächst hockend und

AUS DER **PRAXIS**

Wie viele Toiletten braucht die Katze?

Wissen Sie, woher die Regel »Anzahl an Katzen plus eins« als Richtwert für die Anzahl benötigter Katzentoiletten pro Haushalt kommt?

Die Tiere können – anders als wir Menschen – Kot und Urin nicht gleichzeitig absetzen. Es ist ihnen anatomisch bedingt nicht möglich. So kann die Katze nur entweder Kot oder Urin ausscheiden und muss dann einen neuen Ausscheidungsvorgang starten.

In der Natur wechselt sie hierfür den Ort, trennt Kot und Urin also zeitlich und örtlich. Die genannte Regel gilt daher ab der ersten Katze und nicht – wie oft angenommen – nur im Mehrkatzenhaushalt. Dort wiederum ist eine angemessene Anzahl verschiedener Toiletten an unterschiedlichen, jederzeit erreichbaren Orten umso wichtiger, um innerartlichen Stress zu vermeiden.

Stehen alle Toiletten beispielsweise in einem Raum nebeneinander, handelt es sich aus Sicht der Tiere um eine einzige große Toilette. Das Trennen von Kot- und Urinabsatz an verschiedenen Plätzen ist nicht möglich. Blockiert ein Tier zusätzlich den Zugang der Toilettenstraße, verschärft sich das Problem.

Übrigens, gibt es nur eine aus Sicht der Katze akzeptable Toilette, stehen ihr verschiedene Lösungen ihres »Ich kann immer nur das eine«-Problems zur Verfügung. In manchen Fällen können Sie beobachten, dass die Katze zunächst ein Geschäft erledigt, dann die Toilette verlässt, eine kleine Runde läuft, um schließlich zurückzukehren und den anderen »Job« zu erledigen.

Die bequemeren Artgenossen drehen sich nach dem ersten Ausscheiden auf der Toilette mehrfach im Kreis – als wollen sie ihr Köpfchen kurz resetten – und beginnen schließlich mit dem zweiten Geschäft.

Bei der dritten Option sucht sich das Tier einen anderen Platz seiner Wahl – meist eine Stelle, die wir nicht vorgeschlagen hätten …

Ein Pflanztablett aus dem Baumarkt erleichtert den Einstieg aufs stille Örtchen.

»Sehen, aber nicht gesehen werden«, ist das Motto bei Toilette und Katzenklappe.

richten sich, während es plätschert, mehr und mehr auf, bis sie den Urin im hohen Bogen verspritzen. Ergänzen Sie in diesem Fall die Toilettenschale zunächst mit einem durchsichtigen Stück Plexiglas aus dem Baumarkt, das Sie sich dort auch zuschneiden lassen können. Verschrauben Sie das Plexiglas von innen mit Edelstahlschrauben an der Schale und lassen eine ganze oder zusätzlich zwei halbe Seiten offen. Das feline »Schweinchen« hat so zum einen eine ausreichende Fläche für seinen Meisterstrahl, zum anderen landet dieser auf dem Plexiglas und kann einfach abgewischt werden. In meiner Beratungspraxis erlebe ich jedoch auch immer wieder Fälle, in denen die Ursache für das Stehpinkeln Schmerzen aufgrund einer Blasenentzündung oder eines Zwickens im Rücken sind. Beides sollten Sie abklären, insbesondere wenn das Tier erst seit Kurzem mit dieser Haltung begonnen hat. Ist medizinisch alles im Lot, könnte es sein, dass es in der Vergangenheit mal ein Problem gab, die Katze sich die Situation gemerkt hat und mit der neuen Haltung weitere Schmerzen vermeiden möchte – selbst wenn diese aktuell gar nicht mehr auftreten.

GUT ZU **WISSEN**

Wo Katzentoiletten am besten stehen

Auch Katzen mit Freigang brauchen Toiletten in der Wohnung, selbst wenn sie sich meist draußen »verewigen«. Das »stille Örtchen« muss für sie jederzeit zugänglich sein, fernab von Futter- und Schlafplatz stehen und Privatsphäre bieten. Sie möchten keinesfalls bei ihren »Geschäften« beobachtet oder durch laute Geräusche wie etwa dem Schleudern der Waschmaschine im Bad gestört werden. Einmal aufgestellt, sollten Sie den Standort der Toiletten nicht mehr verändern.

ORT	VORTEILE	NACHTEILE	MÖGLICHE LÖSUNG
Flur	* meist schnell erreichbar für die Katze, da zentraler Punkt der Wohnung	* Bahnhofsflair mit Durchgangsverkehr, was die Katze verunsichern kann * gegebenenfalls Störgeräusche an der Wohnungstür * gut von Mitkatzen zu überwachen	* Platzieren in einer ruhigeren Nische * nach hinten geschützt und vorne einsehbar
Bad	* meist überwiegend ruhiger Ort, der gut zu reinigen ist, falls etwas daneben geht (und seien es »kiloweise« feine Streu durch das ausgiebige Scharren der Katze)	* häufig Spritzgefahr bei unmittelbarer Nähe der Katzentoilette zu Waschbecken, Dusche oder Badewanne * bei gleichzeitigem Laufen der Waschmaschine im Raum ist es relativ laut	* Anbringen eines Spritzschutzes in der Nähe gefährdeter Bereiche, sodass die Katze nicht überraschend vom Wasserstrahl getroffen werden und sich dabei erschrecken kann
Unter Treppen	* häufig etwas abgeschiedener, wenig frequentierter Bereich	* Insbesondere Holztreppen können bei Benutzung laute, bedrohliche Geräusche im Bereich der Toiletten erzeugen.	* nur bei »leisen« Treppen (z. B. aus Stein) eine Option

ORT	VORTEILE	NACHTEILE	MÖGLICHE LÖSUNG
Keller	* häufig abgeschiedener, wenig frequentierter Bereich	* je nach Wohnungsgröße nicht schnell erreichbar * es muss immer mindestens eine Treppe bewältigt werden (was bei Krankheiten, im Alter und für Kitten zu schwer sein kann)	* nur als zusätzliche, optionale Möglichkeit sinnvoll
Gästezimmer	* außerhalb von Besuchszeiten ein oft völlig unbenutzter, ruhiger Raum	* Bei Besuch wird die Toilette oft durch das Schließen der Tür unzugänglich. * Fremde sind für viele Katzen zudem ein Störfaktor, bei dem sie sich nicht lösen möchten.	* nur bei gästeaffinen Katzen sinnvoll und unter permanenter Verfügbarkeit des Raums
Balkon	* frische Luft und damit geringstmögliche Geruchsbelästigung (für Katze und Mensch)	* im Winter oder bei schlechtem Wetter für viele Katzen unangenehm bis inakzeptabel * überwiegend nicht dauerhafter Zugang	* nur als zusätzliche, optionale Möglichkeit sinnvoll, wenn die permanente Erreichbarkeit über eine Katzenklappe möglich ist
Wohnzimmer	* häufig größter Raum der Wohnung mit den besten Platzierungsmöglichkeiten aus Sicht des Tiers (geschützt und übersichtlich zugleich)	* Lebensmittelpunkt der Familie * zum Teil größere Betriebsamkeit * Sicht- und Geruchsbelästigung für die Menschen	* Platzieren buschiger Pflanzen oder eines teils durchsichtigen Deko-Paravents vor der Toilette * regelmäßige Reinigung und hochwertige Streu sowie hochwertige Fütterung (beides reduziert den Ausscheidungsgeruch)

EIN STREIFZUG DURCH DAS REVIER DER KATZE

In den frühen Morgenstunden schleicht Kater Carlo durch sein Revier. Um den Sonnenaufgang herum ist seine Lieblingsbeute besonders aktiv und der Nachrichtenaustausch mit seinen Rivalen und attraktiven Katzendamen noch frisch. Auf einem unsichtbaren Wegenetz begibt er sich von seinem Zuhause aus zunächst zu seinen Hotspots, um die Lage zu checken. Dann legt er sich im Gartenhäuschen auf die Lauer und hat Glück. Ein unvorsichtiges Mäuschen wird zu seinem ersten genussvollen Frühstück.

KATZEN HABEN MEHRERE REVIERE

Zwischen Gartenhaus und Nachbars Mauer wetzt Carlo hoch aufgerichtet am Stamm des uralten Apfelbaums seine Krallen. Die Kratzer der verschiedenen Katzen des Reviers haben schon von weitem sichtbare Spuren in dem weichen Holz hinterlassen. Es scheint, dass mit jeder einzelnen Kralle eine weitere tiefe Furche entsteht, die den nachfolgenden Katzen mitteilt, wer als Letztes hier war. An der Reviergrenze begrüßt Carlo schließlich seinen alten Katerkumpel Monty, den er schon seit Jahren kennt. Zu Beginn ihrer Bekanntschaft prügelte er sich heftig mit ihm, aber irgendwann schlossen sie nicht nur Waffenstillstand, sondern so etwas wie Freundschaft. Seither treffen sie sich regelmäßig auf einer Mauer zwischen zwei Gärten, genau an ihrer Reviergrenze. Bei schönem Wetter chillen sie dort etwa einen Meter voneinander entfernt, in ein schweigendes »Gespräch« vertieft, und ziehen nach einer Weile wieder ihrer Wege.

Carlo macht sich auf den Heimweg, denn im Haus wartet schon sein leckeres zweites Frühstück. Doch kurz bevor er durch seine Katzenklappe hineinschlüpfen kann, gibt's Ärger. Paulchen, sein feliner Mitbewohner, meint mal wieder, ihm den Weg versperren zu müssen. Provokant wie immer sitzt Paulchen unmittelbar neben der Klappe und starrt Carlo missmutig an. Beide Kater sind sich nicht sehr zugetan. Im Haus können sie es kaum miteinander aushalten, doch hier draußen im Garten geht ein Treffen soweit in Ordnung. Aber bei ihrem Menschen auf der Couch ist Kriegsgebiet. Frei nach Highlander-Art heißt das Motto »es kann nur einen geben«.

Je schäbiger der Kratzbaum für unsere Augen ist, desto attraktiver wird er für die Katze.

Carlo ist ein gutes Beispiel, um zu zeigen, wie Katzen ihr Revier abgrenzen, zwischen Freund und Feind unterscheiden und sich mit ihnen austauschen. Es gibt Ihnen Hinweise darauf, warum manche Katzen nur an bestimmten Orten miteinander zurechtzukommen scheinen und sich an anderen regelmäßig ins Fell kriegen.

Das Revier von Katzen teilt sich im Wesentlichen in zwei Gebiete auf: das Kerngebiet und das Streifgebiet. Das Kerngebiet bezeichnet man auch als »Heim erster Ordnung«. Hier wird geschlafen und – sofern vorhanden – der Nachwuchs aufgezogen. Diesen Bereich verteidigen besonders (unkastrierte) Katzendamen bis aufs Äußerste. Überhaupt können Katzen dort nur Artgenossen gut tolerieren, die ihnen sympathisch sind oder – im besten Fall – harmonisch mit ihnen leben.

Das »Heim zweiter Ordnung«, das Streifgebiet, kann dagegen über ein ausgeklügeltes Timesharing-System von Katzen bewohnt werden, die sich eher nicht »grün« sind oder denen man besser gar nicht begegnen möchte.

Das System funktioniert über verschiedene Markierungen, wie beispielsweise den gut sichtbaren Kratzspuren am Stamm des alten Apfelbaums. Sie geben dem felinen Nachbarn Informationen über günstige oder eher gefährliche Durchgangszeiten.

Im Streifgebiet wird erkundet, gejagt und gechillt, zum Beispiel mit Kumpels, die als ebenbürtig angesehen werden – ganz wie bei Carlo und Monty. Dass es zwischen den beiden Katern zunächst zu Revierkämpfen kam, ist typisch.

Zieht eine neue Katze in die Nachbarschaft, kennt sie die Wegerechte der alt eingesessenen Katzen freilich noch nicht und muss sich zunächst dort einfügen oder ihren Platz darin finden.

Kommt es zu einer direkten Konfrontation zwischen Katern, geht es nicht selten heiß her. Es wird gefaucht, gejault, mitunter wild geprügelt – bei den kastrierten Tieren meist deutlich moderater als zwischen intakten Haudegen.

Passen die Charaktere grundsätzlich zueinander und gibt es ausreichende Ressourcen für alle, kann sich aus diesen Bekanntschaften mitunter etwas ganz Besonderes entwickeln – was in meinen Augen die grundsätzliche Geselligkeit der Tiere so wunderbar verdeutlicht: Es können echte Freundschaften entstehen, sogenannte »Bruderschaften«.

Männliche, kastrierte, meist nicht verwandte Tiere lernen sich hier bei zufälligen Begegnungen in den Streifgebieten kennen und finden sich offenkundig – wenn auch nicht von Anfang an – sympathisch. Je nachdem, wie gut man sich versteht, läuft man »nur« friedlich aneinander vorbei, genießt in gebührendem Abstand ein paar Sonnenstunden oder trifft sich ganz bewusst zur gegenseitigen Körperpflege und zu Kuschelstunden. Welche Art der Beziehung die Tiere miteinander eingehen, ist so verschieden, wie Katzen selbst sind – und völlig freiwillig, ohne Beeinflussung des Menschen.

In einem meiner Beratungsfälle fuhr ich zu einem wunderschönen, rotgetigerten Kater, einem absoluten Freigeist, der nicht nur in der gesamten Wohngegend bekannt war und sich täglich von den Kindern der nahegelegenen Schule seine Streicheleinheiten abholte, sondern zudem regelmäßig in den Keller des gegenüberliegenden Hauses schlenderte, um es sich dort in einem extra platzierten Kuschelbettchen auf der Waschmaschine bequem zu machen. Hier wartete meist schon sein bester Katerfreund auf ihn und ließ sich gemeinsam mit dem Rotgetigerten meiner Kundin einen Waschgang lang durchruckeln, kuschelte ausgiebig mit seinem Kumpel und trottete dann wieder weiter. Diese Beziehung ist so einzigartig wie liebenswert. Finden Sie nicht auch?

Das Wohnungsrevier

Auch in der Wohnung gibt es Reviere, die man für die Minitiger so gestalten sollte, dass sich alle miteinander in der Katzenfamilie wohlfühlen, selbst wenn sie nicht zu »Best Buddies« werden. Es macht natürlich einen Unterschied, ob Katzen mit Freigang ein großes und

Dieser Kratzbaum muss noch bearbeitet werden – bisher sind keine Spuren erkennbar.

nahezu unbegrenztes Revier haben oder in einer 60-Quadratmeter-Wohnung leben. Doch ihre Revierstruktur bleibt die Gleiche. Umso wichtiger ist es für ein stressfreies Leben, unser Augenmerk auf eine gute Gliederung des begrenzten Lebensumfelds zu legen. Bei charakterlich unterschiedlichen Tieren sind eine gute Revierstruktur und Ressourcenverfügbarkeit essenziell. Dabei gilt: je wichtiger der Wohnbereich für das Individuum, desto höher muss die Qualität für alle Fellnasen sein. Gibt es nur den einen tollen Kratzbaum und alle anderen sind wackelig oder schlecht platziert, wird es Stress um diesen einen Hotspot geben.

LEBEN AUF VERSCHIEDENEN EBENEN – DIE DRITTE DIMENSION

Das Revier einer Katze umfasst im städtischen Wohngebiet je nach Besiedelung und Geschlecht des Tiers einen größeren Garten bis hin zu einer Fläche von etwa sieben Fußballfeldern – eine recht große Spanne, die uns verdeutlicht, wie individuell der Radius der Tiere ist und um wieviel kleiner das Revier einer Wohnungskatze. Sowohl die Wohnungskatze als auch ihre Kollegin mit Freigang profitieren umso mehr von einer katzengerechten Ein-

1. Hier ist ein Aufstieg bis zum Gipfel möglich. Und der tolle Ausblick – ein Traum für Katzen.

2. Ein Spielchen mit dem Federwedel in luftiger Höhe. Dazu kann keine Mieze nein sagen.

3. Eine Wohnung nach Katzengeschmack hat viele Versteckmöglichkeiten.

richtung, die sich sowohl auf dem Boden als auch in luftiger Höhe gestalten lässt. Dem Zeitgeist der unterschiedlichen Wohntrends kann die Katze dabei nur wenig abgewinnen. So sind die puristisch eingerichteten Designerwohnungen mit etwa drei Möbelstücken auf 200 m² verteilt für die Hauskatze im besten Fall furchtbar langweilig. Im schlechtesten Fall bringen die von uns Menschen oft bevorzugten freien Flächen ein unsicheres Miezchen völlig aus dem Konzept.

Stellen Sie dem kleinen Helden Versteckmöglichkeiten, Ausweichmöglichkeiten an Engstellen und kleine Tarnstationen zur Verfügung. So kann er sich sicher von Raum zu Raum bewegen, ohne von einer besonders heimtückischen Staubfluse mitten im Raum gemeuchelt zu werden. So etwas Gefährliches gibt es bei Ihnen sowieso nicht? Okay – aber wie kann sich Ihr vierbeiniger Liebling darin sicher sein?

Das Schöne im Zusammenleben mit einer Katze ist ihre Flexibilität: Es ist ihr völlig egal, ob die benötigten Tarnstationen auf dem Boden formschöne Papierkartons, buschige Pflanzen oder die von Ihnen bevorzugten, unzerbrechlichen Dekorationsgegenstände sind. Ihr ist wichtig, dass sie sich gut dahinter verstecken kann, um die Lage im Raum zu checken. »Sehen, aber nicht gesehen werden«, ist bei den täglichen Rundgängen ihr Motto. Findet sich dann immer mal wieder etwas Neues zum Erkunden an sonst unveränderter Räumlichkeit, ist das Entdeckergen einer jeden Miez‘ angeregt und hält sie zudem geistig flexibel. Gestalten Sie Ihre Wohnung daher ganz nach Ihrem Wohngeschmack. Achten Sie jedoch darauf, dass Sie keine großen Freiflächen haben oder vereinzelte Areale als »Jump'n Run-Piste« in das tägliche Beschäftigungsprogramm Ihres Minitigers integrieren.

Zum Schluss noch ein Hinweis: Bewegt sich Ihre Katze nur in mehr oder minder geduckter Haltung von A nach B, entweder schleichend langsam oder blitzschnell spurtend, heißt das Gebot der Stunde: mehr Verstecke und Ausweichmöglichkeiten platzieren. Auch dann, wenn Ihre Miez sich eher an den Zimmerrändern entlang bewegt und nicht gemütlich schlendernd quer durch den Raum spaziert, sollten Sie hellhörig werden.

All diese Verhaltensweisen sind Hinweise darauf, dass sich Ihre Katze in diesem Raum unsicher fühlt. Helfen Sie ihr mit mehr Struktur auf dem Boden und/oder über Ihrem Kopf an der Decke oder den Wänden, dass sie sich entspannt durch den Raum bewegen kann.

Catwalks – an der Wand entlang ...

Während wir weitgehend auf dem Boden der Tatsachen verhaftet sind, können und wollen Katzen gern nach oben ausweichen und sich die Sache aus sicherer Entfernung und luftiger Höhe anschauen.

Im Handel finden Sie hierzu verschiedene Umsetzungsvarianten als sogenannte Catwalks, die sich mit etwas Suche bestimmt gut in Ihren persönlichen Wohnstil integrieren

1. Ein Catwalk an der Wand mit Schrägen und Tunnels macht das Wohnungsrevier spannend.

2. Die beiden Fensterliegen sind attraktiv, aber für die beiden Kater zu eng beieinander.

3. Eine buschige Pflanze zwischen den Kuschelmöglichkeiten sorgt für etwas mehr Abstand.

lassen. Die Zeiten mit dem Einheitsbrei an Angeboten sind schon lange passé. Es gibt kaum einen Einrichtungsstil, der sich nicht in der Auswahl an Catwalks wiederfindet.

Mögen Sie es individuell oder möchten auf Ihren Geldbeutel achten, planen Sie Ihren nächsten Ausflug in den Baumarkt und werden Sie kreativ. Kommoden, Sofa und Sessel bieten meist einen guten Ausgangspunkt für einen selbst gebauten Catwalk aus Wandregalen, die Sie in Windeseile selbst anschrauben und so gestalten können, wie es für Sie und Ihre Katze am besten passt.

Achten Sie beim Anbringen unbedingt auf eine sichere Montage, die der Sprungkraft Ihrer Katze gewachsen ist, ohne dass sich Schrauben und Dübel aus der Wand lösen. Für die nötige Sicherheit unter den Pfoten eignen sich Teppichreste, Sisal oder andere Stoffe, die Sie auf den Laufflächen befestigen.

Je nach Material reicht oft doppelseitiges Klebeband zum Befestigen. Im Teppich-Fachhandel finden Sie in der Regel Reste verschiedener Auslegware, die Sie nach persönlichem Geschmack für kleines Geld erstehen und dafür verwenden können.

Mehrere Auf- und Abgänge entschärfen das kätzische Miteinander

Grundsätzlich ist es für eine optimale Nutzung des Catwalks wichtig, dass die Fellnase mehrere Auf- und Abgänge nutzen kann. Im Mehrkatzenhaushalt sind Ausweichmöglichkeiten zudem Pflicht, um Wegdiskussionen von Hitzköpfchen zu vermeiden. Achten Sie darauf, wo der Catwalk endet. Es sollten keine Sackgassen entstehen, in denen eine Katze die andere in die Ecke drängen und anpöbeln kann.

Integrieren Sie Liegeflächen, Kuschelhöhlen oder Mulden in den Catwalk zum Beispiel an Zimmerecken. Von hier aus kann die Katze den Raum überblicken, ohne selbst direkt gesehen zu werden.

Die kleine Chefin des Hauses möchte den Überblick über das Treiben der restlichen Familienmitglieder oder gar fremder Besucher behalten und dabei unbeobachtet bleiben. Das Sahnehäubchen bieten Sie Ihrer Samtpfote, wenn Sie den Catwalk besonders abwechslungsreich anlegen.

Regale müssen nicht mit der Wasserwaage angebracht werden. Im Gegenteil: bieten Sie der Katze die eine oder andere schräge Lauffläche an. Lassen Sie den Abstand zur Decke vereinzelt so gering ausfallen, dass man nur im Schleichgang auf die andere Seite kommt. Verschrauben Sie eine Sisalsäule an der Wand, um auf diese Weise einen umgestürzten Baum aus der Natur zu imitieren.

Hängebrücken sind nicht nur perfekte Verbindungen quer durch den Raum, sondern trainieren zusätzlich den Gleichgewichtssinn des pfotigen Akrobaten. Passt es zu Ihrem persönlichen Wohngefühl, darf es als Brücke auch natürlich zugehen. Krumme, getrocknete, stabile und ungiftige Äste, mit Sisal umwickelte, rutschfeste Rohre …, alles, worauf die Katze klettern kann und unterschiedliche Höhen, Winkel und Laufflächen unter den Pfötchen hat, machen das Leben spannender und ihr Revier größer. Werden Sie kreativ und erweitern Sie Stück für Stück den Lebensraum Ihres vierbeinigen Lieblings.

Sie möchten nicht von Anfang an Ihre gesamte Wohnung mit Catwalks ausstatten? In Ordnung! Wenn Sie nach und nach erweitern, bringen Sie mit jeder neuen Installation etwas Spannendes in das Leben der Katze.

Kaum wird der Walk im Flur langweilig, ergänzen Sie das nächste Stück in der Küche oder im Arbeitszimmer. Denken Sie bei der Erweiterung an Flächen, die Sie selbst nicht nutzen. Der Raum über den Zimmertüren ist beispielsweise meist ungenutzt – für Ihre Katze könnte dort aber eine wunderbare Lauf- und Liegefläche Platz finden. Flure sind oft eng und damit für Katzen potenziell unangenehm. Man kann sich nicht gut aus dem Weg gehen – es sei denn, Sie haben ein paar Sprung- und Kletterflächen installiert.

Neben einer Tür ermöglicht eine Kratzsäule den Aufstieg auf eine rutschfeste Lauffläche zur nächsten Tür, und in der Ecke des Flurs wartet oben eine Kuschelhöhle auf den felinen Späher. Im Mehrkatzenhaushalt sorgen Catwalks gerade an Engstellen für Entspannung im kätzischen Miteinander. Die Tiere müssen nicht auf Augenhöhe unterhalb ihrer Wohlfühldistanz aneinander vorbeigehen, sondern können mit einem Satz nach oben ausweichen und jeglichem Stress aus dem Weg gehen.

MODERNES MESSAGEBOARD AUF »KÄTZISCH« – KRATZMÖGLICHKEITEN

Gleichermaßen wie das Katzenklo sind Kratzgelegenheiten für die Katze in der Wohnung Pflicht. In den meisten Haushalten, die ich in meiner Praxis besuche, gibt es einen obligatorischen »nullachtfünfzehn«Kratzbaum an möglichst unauffälliger Stelle. Oftmals könnte man diese monströsen Teile als neuwertig in den gängigen Second-Hand-Plattformen anbieten – denn von der Katze bleiben sie nicht selten nahezu ungenutzt und sind für die Menschen ein Argument, warum die eigene Katze keine weiteren Kratzbäume benötigt.

Manchmal sind die Kratzgelegenheiten für die Mieze zentral im Wohnzimmer platziert, und es findet sich durchaus häufig eine Katze in oder auf einer der Liegeflächen des Produkts. Die vorgesehenen Kratzelemente wiederum scheinen weitgehend Neuwertcharakter zu haben. Warum ist das so?

Um zu verstehen, warum so viele Kratzbäume verschmäht werden, schauen wir uns zunächst nochmal Kater Carlo an. Geht er auf Streifgang, nutzt er den Stamm des alten Apfelbaums besonders gern, sich nach einem Nickerchen zu strecken und ausgiebig seine Krallen zu wetzen.

Der Kater pflegt dabei nicht nur seine Krallen, sondern kommuniziert vielmehr in kätzischer Art mit seinen Artgenossen in der Umgebung – egal, ob sie real sind oder nur in seinem Katerköpfchen existieren. Der Apfelbaum steht für alle, schon von Weitem sichtbar im Garten. In das weiche Holz des Stammes lassen sich mithilfe der Krallen tiefe Kerben ritzen, die bei den Katzen in der Umgebung keinen Zweifel an der Nachricht des Verfassers lassen: »Das hier ist MEIN Revier! Benimm dich oder such' besser gleich das Weite!«

Der Stamm ist über die Jahre so breit und hoch gewachsen, dass Carlo beide Pfoten nebeneinandersetzen und sich in voller Länge ausstrecken kann, um sich genüßlich daran auszutoben.

Nehmen wir die meisten Kratzbäume in unseren Wohnungen zum Vergleich, haben sie wenig mit Carlos Lieblingsbaum gemeinsam. Sie stehen in einer Ecke, wo sie uns möglichst wenig ins Auge fallen. Die Kratzflächen sind durch Aufstiegs- oder Liegeflächen so häufig unterbrochen, dass man zwar super hoch- und runterspringen kann, aber ausstrecken? Keine Chance! Tja – und was soll die Mieze nun damit anfangen?

Möchte sie Besuchern oder gar fremden Katzen mitteilen, dass sie hier wohnt und sich wohlfühlt, macht es aus ihrer Sicht wenig Sinn, das versteckt in einer Ecke zu tun. Und wie soll man mit voller Hingabe sein Kunstwerk platzieren, wenn man sich dabei gar nicht ausstrecken kann?

Da ist die zentral gestellte, weiche Couch in der Mitte des Raumes doch um einiges attraktiver, und hey, das hinterlässt ja auch direkt super sichtbare Spuren, wenn man mit den

Es muss nicht immer ein Kratzbaum sein. Auch hieran kann man seine Spuren hinterlassen.

Krallen in den Stoff schlägt. »Frauchen hat mich dabei gesehen und quiekt sofort los? Was für ein Spaß! Sie will sicher mit mir spielen! Los geht's!«

Mit Ihrem Schrei aktivieren Sie einen weiteren Punkt des Kratzmarkierens: Schaut Sie Ihre Katze beim ausgiebigen Wetzen keck von der Seite an, ist das eine Spielaufforderung! Je mehr Sie sich also verbal aufregen, desto mehr animieren Sie Ihre Katze, im nächsten Moment loszuflitzen, weil eine freudige Jagd für das Tier beginnt.

Haben Sie und Ihre Katze unterschiedliche Vorstellungen von geeigneten Gegenständen für das Hinterlassen von Kratzspuren, bieten Sie Ihrer Katze eine Alternative an, die Ihnen besser gefällt und gleichzeitig die kätzischen Kratzbedürfnisse erfüllt.

Damit ist nicht ein toller, großer Kratzbaum mit üppigen Streckmöglichkeiten und weichem Kratzgewebe gemeint, der an einer Stelle der Wohnung steht, wo er als felines Messageboard unbrauchbar ist. Vielleicht ist es sogar eher eine simple Kratzsäule, die alle Vorlieben Ihrer Katze trifft und damit von der ähnlich attraktiven Raufasertapete in der Nähe des Wohnungseingangs ablenkt.

Übrigens geht es beim Kratzen vor allem um eine optische Kennzeichnung als Markierung. Ein noch so perfekt gestalteter und platzierter Kratzbaum wird schnell unattraktiv, wenn er nicht eine einzige sichtbare Macke beim Kratzen Ihres kätzischen Platzhirschs abbekommt. Umgekehrt wird das alte, schäbige Kratzbrett an der Türecke immer toller, je zerfetzter es aussieht. Die feline Grundregel lautet hier: »Je mehr du dich, lieber Mensch, gegenüber deinen Gästen für dieses alte, zerfledderte Teil schämst, desto grandioser ist es für mich!« Beim nächsten schiefen Blick eines Besuchers ob des zerfledderten Kunstwerks in der Mitte Ihres Hausflurs gegenüber der Eingangstür, atmen Sie tief ein und schmettern ihm ruhig ungefragt entgegen: »Meine Katze ist glücklich, hier zu Hause zu sein, und darf das auch zeigen!«

WELLNESS AUF DER GANZEN LINIE

Die Auswahl von Schlaf- und Kuschelbettchen für Katzen ist schier unüberschaubar. Stöbern Sie nach Herzenslust im Zoofachgeschäft oder auf Online-Portalen. Bestellen Sie nach Lust und Laune das Ruhelager für Ihren kleinen Liebling und warten Sie auf die Lieferung. Endlich angekommen, packen Sie alles aus – und räumen die Verpackungskartons auf keinen Fall weg. Die Kartonage wird sich zu den beliebtesten Objekten Ihres Kätzchens entwickeln ...

KATZEN LIEBEN ES WARM UND GEMÜTLICH

Möchten Sie etwas mehr über das Schlafverhalten Ihrer Katze erfahren, schauen wir gemeinsam etwas genauer hin. Allseits bekannt ist, dass Katzen ein großes Schlafbedürfnis haben. Manche würden ihnen sogar unterstellen, dass sie weite Teile des Tages verschlafen. Das ist allerdings nur die halbe Wahrheit, denn in manchen Fällen ist der scheinbare Dauerschlaf lediglich eine Lösungsstrategie gegen die furchtbare Langeweile, die sich in unseren Wohnungen breit macht, wenn wir dem Miezchen kein ausreichendes Entertainment zu bieten haben. Im natürlichen Umfeld liegt das Schlafbedürfnis der Fellnasen bei bis zu sechszehn Stunden am Tag, was jedoch nicht nur von Tier zu Tier unterschiedlich ausfällt, sondern von vielen Faktoren wie etwa Rasse, Alter, Gesundheitszustand, Wohnumfeld und den Jahreszeiten abhängt.

Die eine oder andere Katze in meiner Beratungspraxis mutiert alljährlich zum absoluten Couch-Potato, sobald draußen die Blätter von den Bäumen fallen, und dreht zuverlässig mit den ersten Frühlingsboten wieder zum Flummi auf. Obgleich Katzen weder Winterschlaf noch Winterruhe halten – zumindest nicht im biologischen Sinn – werden die meisten von ihnen in der kalten Jahreszeit doch zumindest gemütlicher. Aus Sicht der Katze ist das Runterfahren des Organismus in der kalten Jahreszeit absolut nachvollziehbar. Ihre Herkunft sind warme Wüstengebiete – unsere europäischen Wintermonate daher fast ein kleiner Klimaschock für die Wärme liebenden Tiere. Umso mehr können wir es den kleinen Frostbeulen mit verschiedenen Kuschelmöglichkeiten gemütlich machen.

AUS DER **PRAXIS**

Schlafplätze für Senioren und Jungspunde

Wenn die Katze ihren einstigen Lieblingsruheplatz nicht mehr benutzt, sollten Sie vor dem Ausrangieren hinterfragen, warum das so ist. Vielleicht ist Ihr kleiner Tiger schon in die Jahre gekommen oder hat sich bei seinen abenteuerlichen Erkundungstouren etwas verknackst. Dann könnte es ihm schwerfallen, den geliebten Platz auf der Fensterbank oder auf dem Schrank zu erklimmen.

Katzen sind Meister im Verschleiern von körperlichem Unwohlsein. Deshalb fällt es uns Menschen nicht leicht zu erkennen, wo es bei Mieze zwickt und zwackt. Es sind die indirekten Beobachtungen, die uns Hinweise über ihr Wohlbefinden geben können. So verlagern Katzen mit Schmerzen im Bewegungsapparat ihre Liegeplätze oft in Bodennähe, um nicht springen oder klettern zu müssen.

Meine Polly bevorzugte in ihren letzten Lebensjahren mehr und mehr Plätze auf dem Boden. Also stellte ich ihre verschiedenen Bettchen dorthin, wo sie gut hinkam. Gleichzeitig rüstete ich unser Zuhause mit leicht erreichbaren Aufstiegshilfen, wie zum Beispiel Rampen aus Holz, aus.

Als Polly verstarb und die nächste Katze bei mir einzog, wunderte ich mich, dass die »besten Plätze« meiner 17-jährigen Omi komplett ignoriert wurden.

Pflegekatze Käse suchte lieber Ruheplätze in schwindelnder Höhe auf. Jetzt dürfen Sie herzlich über die Katzenexpertin lachen, die dieses Buch schreibt: Es hat wirklich eine Weile gedauert, bis ich im Alltagstrott realisiert habe, dass Käse eben keine Katzenseniorin ist, die es gern gemütlich hat und gut erreichbare Lieblingsplätze bevorzugt.

Käse ist mit ihren geschätzten vier Jahren im besten Alter. Warum sollte sie das nicht nutzen und – wie für Katzen typisch – die Welt von oben herab betrachten bzw. in sicherer Höhe ein Nickerchen halten? Nun haben wir entsprechend umgerüstet – der Groschen ist gefallen …

Wer noch springen und klettern kann, der »thront« gern ganz oben auf dem Kratzbaum.

Wie immer: Der persönliche Geschmack der Samtpfote wird Ihnen zeigen, ob sie es sich lieber in einer kuscheligen Höhle bequem macht oder den Überblick auf der höchsten Ebene des Kratzbaums behalten möchte.

In jedem Fall sind Sie gut mit verschiedenen Varianten der Ruhemöglichkeiten beraten, sowohl auf mehreren Ebenen, aus verschiedenen Materialien und gern in unterschiedlichen Größen.

Wundern Sie sich nicht, wenn die Katze etwa alle drei bis vier Monate ihr Lieblingsquartier wechselt. Diese jahreszeitlichen Anpassungen sind völlig normal und sollten Sie nicht dazu verleiten, vermeintlich in Ungnade gefallene Liegebettchen auszusortieren. Warten Sie einen Jahreszeitenverlauf ab und wägen erst dann ab, ob sich die feline Präferenz tatsächlich geändert hat.

Auch Katzen träumen

Ein Schlafzyklus dauert bei Katzen etwa 30 Minuten. In dieser Zeit durchläuft das Tier verschiedene Schlafphasen, unter anderem eine REM-Phase. Es träumt also wie wir, was man manchmal sogar beobachten kann.

Nach einem besonders aufregenden Tag zucken Pfötchen und Augen teilweise heftig. Ich stelle mir dabei immer vor, meine Katzenmädchen flitzen im Traum über eine besonders hohe Wiese oder sind überaus engagiert bei der Mäusejagd. Störungen sind während der Traumphase ebenso unpassend wie generell während des Schlafs. So niedlich eine schlummernde Katze aussieht, so sehr sollten Sie sich etwa mit Streicheln zurückhalten. Wie fänden Sie es, wenn Sie Ihr Partner mit seinen Berührungen immer wieder aus dem Schlaf reißt, nur weil er Sie schlafend besonders süß findet?

Obgleich Katzen manchmal den Eindruck vermitteln, ihr Leben zu verschlafen und scheinbar nur aufzustehen, um von einem auf den nächsten Schlafplatz zu wechseln, dösen die kleinen Tiger dabei meist doch nur im Halbschlaf.

Ihre Sinne sind weiterhin geschärft und können jederzeit den Rest des Körpers in Alarm versetzen. Beobachten Sie Ihre schlafende Katze. Bewegen sich deren Ohren bei jedem Geräusch hin und her? Dann ortet das Tier, woher die Geräusche kommen und ob es sich lohnt oder vielleicht sogar notwendig ist, die Augen zu öffnen und zu prüfen, was um es herum passiert.

Besonders schnell aktiviert wird die Fellnase bei magischen Geräuschen, etwa wenn Sie die Leckerchendose schüttteln oder – meist im negativen Sinn – es an der Wohnungstür klingelt. Eben noch Ausdruck purer Entspannung beim Dösen, ist sie im nächsten Moment hellwach und bereit für das Leckerchen, oder sie ist blitzschnell in ihren »Safe Place« unter das Bett geflüchtet (man weiß ja schließlich nie, wer vor der Tür steht).

Ihr Bett ist in vielerlei Hinsicht für Ihre Katze ein geschätzter Ort. Unter ihm kann man sich hervorragend verstecken und bedrohliche Situationen aushalten. Es ist dunkel, man kann in der Regel von mehreren Seiten darunter schlüpfen und wieder auftauchen, und er ist für die meisten Menschen unerreichbar. Perfekt, um sich als kleines Tier in Sicherheit zu bringen.

Aber Achtung, genau diese Umstände können in einer Notsituation zum Verhängnis werden. Beispielsweise bei einem Wohnungsbrand oder einem anderen Unglück ist es nahezu unmöglich, die Katze unter dem Bett hervorzulocken. Die Lösung: Verkleinern Sie den verfügbaren Platz unter Ihrem Bett so weit, dass Sie das Tier im Notfall greifen können. Behalten Sie gleichzeitig die übrigen Eigenschaften (dunkel, geschützt, ungestört und von mehreren Seiten erreichbar) bei.

Sie können den Raum unter Ihrem Bett mit Kisten, Decken oder anderen Gegenständen ausfüllen und dadurch gleichzeitig Stauraum für sich nutzen. Alternativ richten Sie einen Ausweichplatz, beispielsweise ein Fach in Ihrem Kleiderschrank oder die ungenutzte Ecke zwischen Wand und Kommode ähnlich heimelig ein. Zieht sich die Katze dorthin zurück, sollte sie auf keinen Fall gestört werden. Nur dann kann sie sich in für sie bedrohlich empfundenen Situationen instinktiv zurückziehen – und Sie wissen genau, wohin Ihr Tier geflüchtet ist.

Fernab von Gruselszenarien, in denen Sie den Flauschball retten müssen, bietet Ihr Bett einen ganz wunderbaren Wohlfühlort. Ein klein wenig erhöht (fühlt sich geschützt an), tagsüber meist ruhig und nachts mit dem Lieblingsmenschen ausgestattet, ist es ein wahrer Magnet für Stunden des Dösens und kätzischen Sinnierens.

Katze im Bett – ja oder nein?

Ob Sie Ihrem Traumtänzer auf vier Pfoten den Luxus Ihres Bettes gönnen möchten oder nicht, überlegen Sie bitte mit Bedacht. Für Ihre Katze wird es sicherlich ein Genuss sein, bei Ihnen oder zumindest in Ihrer Nähe schlafen zu dürfen.

Wir verbringen meist den wesentlichen Teil des Tages mit anderen Dingen, bei denen uns die Katze nicht begleiten kann oder nur nebenbei mitläuft. In der Nacht wiederum schlafen wir zwar, sind für viele Minitiger dabei jedoch eine wunderbare Gesellschaft. Es ist eine wertvolle Zeit für die Katze, in der sie ihren Wohlfühlakku aufladen kann.

Gleichzeitig – das will ich gar nicht schönreden – bedeutet eine Katze im Bett ein erhebliches Maß an Fellflusen auf der Matratze. Und das kleine Wesen kann im Bett ungeahnte Ausmaße annehmen, wenn es sich quer ausstreckt, Sie sich im Schlaf ganz unbewusst anpassen und Gefahr laufen, aus dem Bett zu fallen. Das ist mir tatsächlich schon passiert.

Die Vorstellung, Ihre Katze würde sich einfach ruhig an Ihre Seite legen und Sie acht Stunden oder gar mehr schlafen lassen, trifft in der Regel leider nicht zu. Das kann natürlich sein – wahrscheinlicher jedoch ist, dass der feline Jäger gelegentlich aufsteht, um in

Ganz nach Katzengeschmack: im weichen Bett und auf Augenhöhe des geliebten Menschen.

der Wohnung nach dem Rechten zu sehen, einen kleinen Happen knuspert und Sie in der Morgendämmerung daran erinnert, dass der Tag längst begonnen hat.

Sie merken, es hat nicht nur Vorteile, mit der Katze das Bett zu teilen. Im Sinne Ihrer eigenen Schlafqualität sollten Sie die Entscheidung bewusst treffen und sich grundsätzlich an Ihre eigenen Regeln halten.

So ist es möglich, dass Ihre Katze um 4 Uhr morgens der Meinung ist, Sie hätten lange genug geschlafen. Sollte diese Einstellung nicht einem essenziellen Bedürfnis, wie zum Beispiel Hunger, entspringen, ist es an Ihnen, mit freundlicher Konsequenz auf Ihrem Schlafrhythmus zu beharren und gleichzeitig eine Möglichkeit zu suchen, wie Ihre Mieze die Zeit gut aushalten kann (→ Seite 102).

Möchten Sie das Bett nicht mit der Katze teilen, seien Sie unbedingt konsequent – und erneut kompromissbereit! Das Tier wird voraussichtlich mit Ihnen verhandeln, ob Sie das mit dem Bettverbot wirklich ernst meinen. Sind Sie dabei immer mal wieder nachgiebig, erhöhen Sie damit die Nachfrage, ob sie jetzt vielleicht dabei sein darf ... oder jetzt ... vielleicht auch jetzt ...

Damit ist Stress für Sie und Ihre Fellnase programmiert. Ihre Nerven und die Ihrer Katze werden auf eine Zerreißprobe gestellt. Das Maunzen, Kratzen und fordernde Verhalten Ihres Lieblings wird ihnen abwechselnd auf die Nerven gehen und Ihnen dann wieder furchtbar leid tun. Gleichzeitig leidet Ihre Katze darunter, keine Orientierung zu haben, nicht zu wissen, wann sie bei Ihnen im Bett

AUS DER **PRAXIS**

Wenn die Katze nachts Radau macht

Kleine Tiger, die nachts in der Wohnung herumgeistern oder sich lautstark bemerkbar machen, gehören mit zu den häufigsten Problemen in meiner Beratungspraxis. Eine dauerhafte Lösung gelingt nur, wenn wir uns im ersten Schritt mit dem Grund der nächtlichen Störungen befassen und verstehen, was die Katze dazu antreibt.

Hunger und Langeweile gehören zu den häufigsten Ursachen nächtlicher Operngesänge oder spontaner Umgestaltungsaktionen des Mobiliars durch ausgiebiges Kratzen an demselben.

Das könnte die Lösung sein

Zwischen Abendfütterung und Frühstück liegen meist zehn und mehr Stunden – was ein mittelgroßes Loch im Bäuchlein des Tiers entstehen lässt. Als sei das nicht schon schlimm genug, sorgt ausgiebige Langeweile dafür, dass der Hunger ganz besonders nagend ist. Vielleicht kennen Sie das Gefühl von sich: Sie sind hungrig, schon ziemlich unterzuckert, haben im Moment nichts zu tun und entsprechend keine Ablenkung von Ihrem bohrenden Hungergefühl. Ihren Hunger können Sie auch nicht stillen, weil der Kühlschrank fast leer ist. Umso mehr steigert sich Ihre schlechte Laune. Stellen Sie sich nun vor, Ihrer Katze geht es jede Nacht so ...

Schauen Sie genau hin, was Ihre Katze benötigt, damit dieses Problem lösbar wird! Können Sie ihr vielleicht die letzte Mahlzeit des Tages etwas später anbieten und unmittelbar nach dem Aufstehen zunächst der Katze ein Frühstück servieren, bevor Sie unter die Dusche springen und Ihr Tagwerk beginnen? Das ist in vielen Fällen schon die halbe Miete!

Den Jackpot knacken Sie, wenn Sie für die nächtlichen Stunden ein spannendes Futterspiel anbieten, das Ihre Katze beschäftigt und ihren Hunger befriedigt (→ Seite 147). Selbst wenn schließlich alle Verstecke gefunden und abgeräumt sind, hat sie noch immer das Gefühl, weiter jagen zu können, und wird gelegentlich schauen, ob sie noch irgendwo ein Bröckchen übersehen hat. Selbstverständlich gelingt dieses Konzept nur, wenn Sie nicht einfallslos werden und immer an der gleichen Stelle ein und dasselbe Futterspiel anbieten. Das macht Ihr Angebot langweilig.

Sehen Sie es als tägliche Herausforderung zwischen Ihnen und Ihrer kleinen Jägerin, neue Verstecke für sie zu finden und Futterspiele für sie zu kreieren, um sie in Ihrer Abwesenheit zu beschäftigen. Das gilt sowohl für unseren Nachtschlaf wie auch für andere Zeiten, in denen Sie für Ihre Katze nicht verfügbar sind.

sein darf und wann nicht. Denken Sie daran: das Tier handelt nach seinen natürlichen Bedürfnissen, Verhaltensweisen und danach, was es gelernt hat – unter anderem von Ihnen. Es ist Ihr Job, für Ihre Katze ein Umfeld zu schaffen, in dem sie entspannen kann und Orientierung hat, weil sie alles so von Ihnen und durch Sie erhält, was sie benötigt, um zufrieden zu sein.

FRISCHE LUFT UND NEUE EINDRÜCKE – KATZENGERECHTE GEHEGE, BALKONE & FENSTER

Nicht nur reine Wohnungkatzen, sondern auch Freigänger profitieren davon, wenn ihnen ihr Zuhause ein spannendes und gleichermaßen sicheres Umfeld bietet.

Sicher kann ein routinierter Freigänger die Alltagsgefahren allgemein häufig besser abschätzen und erlebt viel Abenteuerliches auf seinen Streifzügen. Aber auch er überschätzt sich manchmal beim Balancieren auf dem Balkongeländer oder purzelt bei der Jagd nach dem spannendsten Falter aller Zeiten aus dem Fenster im zweiten Stock.

Wäre es zudem nicht schön, wenn sich Ihre Katze bevorzugt in Ihrem unmittelbaren Wohnumfeld aufhält, weil es dort so viel zu entdecken gibt, dass der Park gegenüber mit der viel befahrenen Straße dazwischen gar nicht mehr so anziehend wirkt? Leben Sie mit einer Katze zusammen, sollten Sie zumindest Fenster und Balkone ab dem ersten Stock katzensicher machen. Fliegengitter sind dafür, selbst drahtverstärkt, keine Absicherung. Bäumt sich die Katze an ihnen auf und setzt ihre Krallen an, ist das Fliegengitter schnell Geschichte. Besser ist das Anbringen eines, ebenfalls drahtverstärkten, Katzennetzes, das Sie mit Tools aus dem Zoofachhandel ohne Bohren problemlos anbringen können.

Vertrauen Sie bitte nicht auf die Gefahreneinschätzung Ihrer Katze oder gar auf Ihre persönliche Schnelligkeit. Den Satz »ich bin immer dabei« höre ich häufig als vermeintliche Sicherheitsmaßnahme ungesicherter Balkone. Hand aufs Herz: Haben Sie schon einmal versucht, Ihre Katze von einem Sprung nicht nur abzuhalten, sondern sie AUCH gezielt aufzufangen?

Angenommen, Sie wollen einen Absturz Ihrer Katze vom Geländer Ihres Balkons oder vom Fenstersims verhindern. Verlassen Sie sich nie darauf, schnell genug zu sein, um sie davor zu retten, oder dass Ihre Katze bisher noch nicht auf die Idee gekommen ist, von dort zu springen. Letzteres sagt lediglich aus, dass der spannendste Falter aller Zeiten bis dahin noch nicht das Blickfeld Ihres kleinen Jägers gekreuzt hat.

Entscheiden Sie sich bei der Sicherung Ihres Balkons oder Fensters für ein dunkelgrünes oder schwarzes Katzennetz. Die dunkle Farbe wird im Gegensatz zu einer hellen Farbe von unserem Auge schnell ausgeblendet und damit kaum noch wahrgenommen. Ein helles Katzennetz dagegen fällt störend ins Auge.

GESICHERTER FREIGANG

Wenn der uneingeschränkte Freigang Ihrer Katze für Sie nicht in Frage kommt, könnten ein gesichertes Gehege, ein Fensteraufbau oder vielleicht regelmäßige Spaziergänge mit Geschirr bzw. an der Leine eine Option sein.

Was für Sie und Ihre Katze in Frage kommt, ist von mehreren Faktoren abhängig. Bei einem gesicherten Gehege werden Garten, Hinterhof oder ein anderer, begrenzter Bereich Ihres Zuhauses mit Zaunelementen gegen unerwünschtes Ein- oder Ausbrechen gesichert. Sie können dazu sowohl klassische Maschendrahtzäune, Holzpalisaden oder Katzennetze aus dem Zoofachhandel verwenden, um Ihrer Fellnase den Aufenhalt an der frischen Luft zu ermöglichen.

Denken Sie bei größeren Gehegen unbedingt zuvor daran, eine entsprechende Genehmigung des Hauseigentümers sowie gegebenenfalls eine Baugenehmigung einzuholen. Um Auseinandersetzungen mit Ihren Nachbarn zu vermeiden, sollten Sie vorab das Gespräch suchen, selbst dann, wenn Ihr Vorhaben nicht genehmigungspflichtig ist. So können Sie bereits im Vorfeld eventuelle Streitigkeiten vermeiden. Manche Nachbarn

1. Der vernetzte Balkon – Frischluftoase mit toller Aussicht. Hier lässt es sich aushalten …

2. Schon wenige, interessant gestaltete Quadratmeter Garten steigern Miezes Lebensqualität.

3. Ist das Gehege vom Haus aus zugänglich, kann die Katze jederzeit den Ort wechseln.

schrecken davor zurück, ein »felines Alcatraz« gleich nebenan zu haben. Sie können sich nicht vorstellen, das solch ein Gehege optisch ansprechend gestaltet werden kann.

Das Internet wiederum ist voll von geschmackvollen Umsetzungen, die eher wie verwunschene Märchengärten oder spannende Labyrinthe wirken und so manches skeptische Gemüt besänftigen. Bei dieser Gelegenheit finden Sie vielleicht ebenso neue Anregungen zur Umsetzung sowie praktische Tipps, um den Garten wirklich sicher zu gestalten. Achten Sie insbesondere darauf, dass das Gehege nicht von der Katze übersprungen oder erklettert werden kann. Eine gesunde erwachsene Katze springt und klettert locker über 1,80 Meter hohe Zäune – der regulären Höhe von Palisaden und Gartenzäunen. Wird das Gehege höher, benötigen Sie eine Baugenehmigung. Bleiben Sie bei 1,80 Meter oder niedriger, müssen Sie einen Aus- und Einbruchschutz berücksichtigen. Das ist einerseits mittels Einzäunung der Gehegedecke möglich oder indem Sie einen Übersprungschutz installieren, beispielsweise durch schräg montierte Zaunelemente auf dem Hauptzaun. Diese Elemente gibt es speziell für Katzengehege. Sie verhindern durch ihren

4. Katzen springen über 1,80 Meter hohe Zäune. Ein Übersprungschutz verhindert dies.

5. Wird das Fensterbrett nach außen verbreitert, entsteht ein Minibalkon.

6. Der Beobachtungsposten auf dem Minibalkon ist für die Katze Entertainment pur.

Winkel, dass eine Katze von unten über den Zaun klettern kann – und zwar von beiden Seiten, denn Sie möchten sicher auch Nachbars Katze nicht überraschend in Ihrem Gehege finden. Nach unten sollten die Gehege so gesichert werden, dass Ihr feliner Tunnelgräber nicht mit ausreichender Hartnäckigkeit eine Schwachstelle im Boden nutzt, um sich Stück für Stück unter dem Zaun durchzugraben. Auf jeden Fall sollte das Gehege von Ihrem Haus aus zugänglich sein, damit das Tier in gefühlten Gefahrensituationen sofort in das sichere Zuhause flüchten kann und nicht darauf angewiesen ist, von Ihnen hineingetragen

MEIN **PERSÖNLICHER TIPP**

Elektrozäune – unangenehm & oft unsicher

Wenn Sie Ihrer Katze den Freigang im Garten ermöglichen möchten, ohne dass sie diesen verlässt, können Sie einen Elektrozaun installieren. Der sogenannte Weidezaun mit Trafo und Isolatoren wird einfach auf den vohandenen Gartenzaun aufgesetzt und montiert. Daneben gibt es mobile Zaunsysteme aus Netzgewebe mit Trafo und Kabel speziell für Heimtiere. In das Netz sind Stangen eingearbeitet, die in den Boden gesteckt werden. Dringend abzuraten ist davon, einen Elektrodraht dicht am Boden zu spannen. So ein Draht ist für Igel und andere Wildtiere lebensgefährlich.

Eine unangenehme Erfahrung

Doch sollten Sie sich grundsätzlich die Frage stellen, ob ein Elektrozaun überhaupt für Sie in Frage kommt. Versetzen wir uns in die Katze, muss es äußerst verwirrend und unangenehm sein, beim Schnuppern durchs Gras und gut gelauntem Erkunden ganz plötzlich und ohne nachvollziehbare Zeichen einen Stromschlag zu bekommen. Hersteller und Halter, die von dieser Methode überzeugt sind, argumentieren, dass es nur ein leichter Stromschlag sei und die Katze schnell lerne, welche Grenze sie nicht überschreiten dürfe. Das mag auch stimmen, aber macht es die Lernerfahrung für das Tier dadurch angenehmer oder nachvollziehbar? Sicher nicht!

Unsichtbare Stromgrenze

Die Elemente werden so installiert, dass die Katze nicht sieht, wo ihr Revier endet bzw. ab wann es durch ihren ganzen Körper kribbelt und sie vom Weiterlaufen abgehalten werden soll. Sie erhält keine Vorabinformationen wie bei einem Zaun, der eine sichtbare und damit für das Tier kog-

zu werden. Alternativ kann ein Transportbox-Training dem Tier ein »mobiles Zuhause« bieten, in das es gern flüchtet, wenn es sich vor etwas fürchtet (→ Seite 206).

Neben dem Eigenbau gibt es mittlerweile vereinzelt Gehegebauer, die individuelle Freigehege planen und umsetzen.

Frischluftoase Balkon

Kommt ein Gehege nicht in Frage, kann ein vernetzter Balkon zur Wohlfühloase für Sie und die Katze werden. Gestalten Sie mit witterungsbeständigem Material verschiedene Ebenen, Laufflächen und Kuschelmöglichkeiten. Ungiftige Pflanzen, ein Stück Rasenfläche in

nitiv nachvollziehbare Grenze darstellt. Der Stromimpuls muss zudem so stark sein, dass es die Katze möglichst sicher vom Weitergehen abhält und gleichzeitig schwach genug, dass gesundheitliche Risiken ausgeschlossen sind.

Bei meinen handwerklichen Projekten habe ich gelegentlich den einen oder anderen leichten Stromschlag bekommen und darf Ihnen verraten: Das fühlt sich wirklich unangenehm an, selbst wenn mir an und für sich nichts passiert ist. Außerdem wusste ich immer genau, worauf ich mich einlasse und dass ich das Risiko eines Stromschlags eingehe, wenn ich nicht aufpasse.

Keine Garantie

Wenn ich mir vorstelle, dass eine Katze auf dem Rasen läuft, einem Falter hinterherspringt, dabei mit dem Strom in Berührung kommt und es ihren Körper durchschießt, wird sie erst einmal nicht verstehen, was ihr gerade passiert ist und wie sie dieses merkwürdige Gefühl künftig vermeiden kann. Es benötigt sicherlich mehrere dieser Erfahrungen, bis die Katze begreift, dass es offenbar etwas mit einer, für sie nicht sichtbaren Grenze zu tun hat. Erst dann meidet sie den entsprechenden Bereich – zumindest wahrscheinlich.

In meinem Kundenkreis gab es zudem schon einige Katzen, die entweder sehr lange benötigt haben, bis sie die unsichtbaren Grenzen ihres Reichs erkannt oder akzeptiert haben. In der Zwischenzeit sind sie immer wieder über die Grenzen gelaufen, manche von ihnen scheinen durch den Stromschlag losgerannt zu sein, was das Risiko, dass sie auf eine Straße geraten oder nicht mehr nach Hause zurückfinden, vergrößert. Von einer Katze weiß ich, dass sie bis zuletzt den Elektrozaun überwunden hat. Ob sie eine nicht gesicherte Stelle fand oder das unangenehme Kribbeln für ihre Freiheit in Kauf genommen hat, weiß ich nicht. Garantiert sicher scheint ein Elektrozaun jedenfalls nicht unbedingt zu sein – und angenehm für die Samtpfote auf keinen Fall.

einer flachen Pflanzschale und im Sommer eine Lichtquelle in den Abendstunden sorgen für Abwechslung und die Möglichkeit, Motten und sonstiges Geschwirr zu jagen.

Selbst wenn Sie nur eine kleine Fläche bieten können, erweitern Sie nicht nur den Lebensraum des Tiers, sondern bieten durch Witterungseinflüsse Erfahrungen, die Sie mit nichts anderem ersetzen können. Mit den zarten Pfötchen Schnee zu berühren, Regen aufs Köpfchen zu bekommen oder im Frühling den Duft der erwachenden Natur zu riechen, stärkt das Selbstbewusstsein der Katze und kann das Immunsystem positiv unterstützen.

Der Minibalkon am Fenster

Zu guter Letzt können Sie selbst ohne Gehege und Balkon ein bisschen Dschungel-Feeling aufkommen lassen. Überlegen Sie, die kleine Freiheit über einen Fensterbalkon zu realisieren. Dafür erweitern Sie eine Fensterbank außen durch eine Liegefläche, die Sie mit einem Netz- bzw. Drahtaufbau sichern. Was zunächst einer Vogelvoliere gleichkommt, nimmt mit einer Kratzmöglichkeit, einer Aufstiegsfläche und buschigen, ungiftigen Pflanzen schnell die Atmosphäre eines Minidschungels an, in dem sich Ihr Minitiger verstecken und gleichzeitig das Treiben außerhalb der eigenen vier Wände beobachten – und fühlen – kann. Sofern Sie die Genehmigung Ihres Vermieters einholen, lässt sich diese Alternative auch in Mietobjekten umsetzen und ist unabhängig davon, in welchem Stockwerk Sie wohnen.

KAMPF GEGEN DIE LANGEWEILE – JAGD- UND SPIELVERHALTEN

Ein artgerechtes Zuhause ist ein wesentlicher Bestandteil für ein entspanntes Katzenleben. Im Idealfall bildet es die Hauptaspekte des natürlichen Reviers ab. Dort bleibt die Struktur insgesamt über einen langen Zeitraum stabil, während sich täglich viele kleine Aspekte verändern, mit den Jahreszeiten wechseln und neue Impulse setzen.

Innerhalb dieses Reviers gibt es immer etwas zu entdecken und zu jagen. Ob Falter, Mäuse, Fische oder Vögel – irgendwo gibt es stets Beute, die belauert werden kann.

Mit jeder Jagdsequenz – ob erfolgreich oder nicht – übt die Katze dabei gleichzeitig ihre Fertigkeiten, schätzt ab, ob sich ein Zugriff lohnt und ob mit der Beute alles »in Ordnung« ist. Beute, die sich nicht arttypisch verhält, wird häufig gar nicht wahrgenommen oder zurückhaltend beobachtet. Ein überlebenswichtiger Sicherheitsfaktor der Katze, denn hinter atypischem Verhalten könnte eine ansteckende Erkrankung des Beutetiers stehen, die dem Jäger gefährlich werden könnte.

Was heißt das für uns im Zusammenleben? Das natürliche Jagdverhalten der Katze hat unmittelbaren Einfluss auf ein attraktives Spielangebot, das wir bieten sollten. Katzen spielen lebenslang. Als solitäre Jäger sind sie auf deutlich kleinere Beutetiere als sie selbst spezialisiert und müssen sich so mehrfach

GUT ZU **WISSEN**

Das Jagdverhalten der Katze

Wie bei der echten Jagd, sind vor allem kleinere Spielobjekte für die Fellnasen interessant. Besonders animierend ist es für die kleinen Jäger, wenn sich die »Beute« von ihnen weg bewegt, möglichst in unterschiedlichem Tempo und nicht in gerader Linie.

BEUTE	WIE GEJAGT WIRD
Mäuse	Die meisten Katzen jagen überwiegend Mäuse. Diese sind klein, haben ein unscheinbares Fell, erstarren beim Anblick der Katze – ein Zittern verrät dabei ihre Angst – und flitzen in einem scheinbar unbeobachteten Moment blitzschnell von einer Deckung zur nächsten. Sie wählen kleine Verstecke, hohes Gras und einfach alles, was sich ihnen als Sichtschutz bietet.
Insekten	Ähnlich beliebt wie die Maus sind Insekten, besonders fliegende Exemplare. Von der Stubenfliege bis zur Motte – alles bewegt sich scheinbar unkoordiniert, fliegt unbedacht im Blickfeld des Jägers herum und landet mitunter sogar auf dem »Feind«. Die Bewegungen scheinen willkürlich, die Beute als solche ist winzig klein.
Vögel	Vögel sind für Katzen absolute Anziehungsmagneten, obgleich der Jagderfolg meist ausbleibt. In nicht wenigen Fällen beschränkt sich die Jagd auf ein langes und intensives Beobachten mit übereifrigem Anschnattern (»Keckern«) – ein Verhalten, das noch nicht abschließend erforscht ist. Es wird bei unerreichbarer Beute gezeigt und scheint eine Übersprungshandlung zu sein. Die Tiere klappern dabei aufgeregt mit dem Kiefer. Der Vogel wiederum ist darauf bedacht, nicht in Reichweite der Katze zu kommen. Er fliegt überwiegend außerhalb der Gefahrenzone, landet in mehr oder weniger sicherer Entfernung, um ein paar Mal mit dem Schnabel nach Nahrung zu picken, und fliegt sofort weg, wenn sich eine Katze nähert.
Würmer, Schlangen & Co.	Jetzt wird es etwas exotischer im Beutefang, denn Schlangen, Würmer und alles, was kriecht, gehören nicht unbedingt zu den Hauptspeisen der felinen Jäger. Dennoch stehen sie gelegentlich auf dem Speiseplan und kennzeichnen sich durch leise, schlängelnde Bewegungen.
Fische	Auch Fische gehören ins Beutespektrum von Katzen. Beobachtet der kleine Jäger einen Fisch, der an der Wasseroberfläche in die Nähe seiner Pfoten kommt, wartet er einen passenden Moment ab und schleudert den Fisch aus dem Wasser. Inwiefern Sie diese Jagdeigenschaft in das heimische Spielen integrieren könnten, überlasse ich Ihrer Fantasie. Bei einer wasseraffinen Katze könnte ich mir durchaus vorstellen, dass Sie ein Wasserspiel mit einer attraktiven Fischattrappe darin noch ein wenig aufregender gestalten können.

täglich um Nachschub kümmern. Kaum ist die letzte Mahlzeit verdaut, startet schon der nächste Beutegang. Je erfahrener die Katze, desto effizienter wird ihre Jagd – denn Energieverschwendung durch wildes Herumhüpfen und damit verbundene Fehlschläge kann sich die erwachsene Katze nicht leisten.

Das heißt für uns, dass wir unserem Minitiger täglich viele, eher kürzere Spieleinheiten bieten und dabei das arttypische Jagdverhalten ansprechen sollten. Während ein junges Kitten noch üben muss und allem hinterherspringt, was sich irgendwie bewegt, sollte das Spiel mit der erwachsenen Minka realistisch ausfallen.

Sie ist eine sogenannte Ansitzjägerin, lauert minutenlang vor dem scheinbar unbewohnten Mäuseloch und wartet in höchster Anspannung, bis das Mäusenäschen sichtbar wird, um blitzschnell loszuschießen, sobald der Nager einen Fluchtversuch startet.

Ihr Tastsinn an den Pfoten ist so sensibel, dass sie fühlt, ob eine Maus in ihrem Mäuseloch auf sie zutippelt oder sich entfernt. Kein Wunder, dass die Katze selbst kleinste Bewegungen gebannt verfolgt, auf ihre Chance lauert und von allzu überschwänglichem Fuchteln vor ihrer Nase gelangweilt abdreht.

Spielen wir mit der Katze, sollten wir Spielzeug wählen, das der natürlichen Beute möglichst ähnlich ist und sich ähnlich bewegt. Im Handel gibt es zahlreiches Spielzeug, aber leider nur weniges erfüllt die Beutekriterien der Katze.

Schauen Sie zunächst, welchen Jagdtyp Sie beherbergen und wählen Sie dazu passend das Spielequipment. Mit dem passenden Spielzeug, etwa einer Spielangel, wedeln Sie nun also höchst motiviert vor Ihrer Katze herum und ernten ... einen gelangweilten Blick. Mit einer erwachsenen Katze richtig zu spielen, ist zwar nicht allzu schwer, darf aber auch nicht allzu einfallslos sein (→ Beschäftigung ist das A und O, Seite 144).

Im natürlichen Verhalten der Katze liegt es, die Beute intensiv zu suchen, wenn diese aktiv ist. Besonders in den Dämmerungszeiten am frühen Morgen und späten Abend pirscht der feline Jäger umher, um die eine oder andere Maus zu ergattern.

Wer sich nicht allmorgendlich mit den ersten Sonnenstrahlen aus dem Bett quälen möchte, sollte die erste Spieleinheit zumindest möglichst zeitnah nach dem Weckerklingeln in seinen Tagesplan aufnehmen – gefolgt von einem ordentlichen Frühstück für den müde gespielten Krieger auf vier Pfoten.

Nachdem Sie sich selbst startklar für den Tag gemacht haben, könnte eine weitere Spieleinheit folgen – vielleicht in Form eines solitären Futterspiels oder beispielsweise einer Spielmaus, die Mieze bearbeiten kann. Integrieren Sie während des ganzen Tages immer wieder kleine, regelmäßige Spielangebote.

Wechseln Sie dabei stets zwischen solitärem Spiel, bei dem die Katze sich eigenständig beschäftigen kann, und gemeinsamen Spielen mit Ihnen ab.

AUS DER **PRAXIS**

Ein gemeinsames Spielchen am Morgen

Den meisten von uns kommt es entgegen, dass Katzen tendenziell lieber kürzere Spieleinheiten bevorzugen, die wir recht gut in unseren Alltag einbauen können. Achten Sie dabei aber auch auf sich selbst und Ihre Bedürfnisse!

Sind Sie kein Morgenmensch oder haben keine Möglichkeit, sich ausgiebig mit der frisch ausgeschlafenen Katze zu beschäftigen, überlegen Sie, mit welchem Kompromiss Sie und Ihre Katze zu dieser Tageszeit auf Dauer gut leben können.

Vielleicht schaffen Sie es, zumindest zehn Minuten Ihrer Zeit zu investieren und Ihrer Fellnase mit einem gemeinsamen Spiel die Möglichkeit zu geben, den Großteil ihrer Energie abzubauen.

Wie wäre es zum Beispiel mit Wurfspielen, bei denen Sie kleine Papierkügelchen durch Ihre Wohnung werfen? Platzieren Sie diese entweder in einer Hosentasche oder deponieren Sie sie schon am Vorabend in verschiedenen Zimmern. Kommen Sie an einem »Kügelchen-Depot« vorbei, schnappen Sie sich ein Kügelchen, werfen es und fordern die Katze auf, mit Volldampf hinterherzujagen.

Apportiert Ihre Katze? Wunderbar, dann brauchen Sie weniger Kügelchen. Flitzt der Minitiger hinterher, um Sie dann ganz erwartungsvoll anzuschauen, ohne Ihnen die Beute zurückzubringen, fliegt das nächste Kügelchen in die entgegengesetzte Richtung. Vergessen Sie nicht, Ihre Jägerin überschwänglich anzufeuern, weil Sie doch den coolsten Move aller Zeiten von ihr sehen möchten!

Ist Ihnen das zu viel Action am frühen Morgen? Dann ist vielleicht eine tägliche Clickereinheit besser für Sie beide geeignet, um den Tag zu beginnen (→ Seite 146). Überlegen Sie vor allem, was für Sie BEIDE passt und dauerhaft Teil Ihres Alltags werden kann. Regelmäßigkeit und Beständigkeit sind wichtig, damit sich Ihre Katze darauf einlassen und freuen kann.

Ist es nicht wunderbar, morgens aufzustehen und in die leuchtenden Augen Ihrer Katze zu schauen, die schon ganz freudig vor ihrer Spieleschublade sitzt, weil sie weiß, dass jetzt gleich ihre Zeit beginnt?

Was für Sie nur ein klein wenig Aufwand bedeutet, ist für Ihre Katze nicht nur eine Möglichkeit, sich auszulasten, sondern es macht sie zufrieden und gibt ihr das Gefühl, wichtig für Sie zu sein.

Die Samtpfote ist Teil Ihres Lebens. Überlegen Sie, was für Sie BEIDE das Zusammenleben bereichert. Lösen Sie sich von dem Gedanken, dass es unbedingt »dies«oder »das« sein muss, und gestalten Sie gemeinsam Ihren Tag.

»MENSCH, SPIEL MIT MIR!«

Spielen mit »Oberkatze« Mensch ist für die kleinen Tiger das Highlight schlechthin. Nehmen Sie sich täglich die Zeit dafür. Das gemeinsame Spiel stärkt die Beziehung.

Stocherspiel

Dieses Spiel imitiert die Mäusejagd. Nehmen Sie eine Decke. Fahren Sie mit einem Stab mit Federpuschel, Stöckchen oder einem Streifen Pappe darunter. Testen Sie, was Ihre Katze reizvoll findet. Fokussiert sie sich auf das Ende des Stabs, wenn er ganz vorsichtig, nur mit der Spitze unter der Decke hervorblitzt und sich dann schnell wieder zurückzieht? Oder dreht sie beim Beobachten der Bewegung unter der Decke fast durch? Erinnern Sie sich an das reale Beutetier, die Maus: Sie hat Angst, von der Katze erwischt zu werden! Sie zittert kaum spürbar und wartet, bis die Katze einen kleinen Moment unachtsam wird. Sie flitzt von einer Stelle zur nächsten. Ist der Jäger voll auf das Opfer konzentriert, verharrt die Maus und bewegt sich kaum noch. Bei diesem Spiel heißt das Motto: Wer hat die besseren Nerven?

Spielangeln

Schwingen Sie die Katzenangel und simulieren Sie so einen Vogel. Lassen Sie die Federn, oder was auch immer am Ende der Schnur baumelt, unbeschwert umherfliegen, und lassen Sie sie dann knapp außerhalb der Reichweite des Jägers auf dem Boden landen (→ Fotos, Seite 146).

Lassen Sie die Federn auf dem Boden hüpfen, bevor sie wieder nach oben flattern. Manchmal überkommt Sie der Übermut oder ein kurzer »Schwächeanfall« und die Beute verliert leicht an Höhe. Zack! Und schon wird sie von der Katze erwischt. Die Beute zappelt hektisch in ihren Klauen. Sie will sich in Sicherheit bringen. Manchmal gelingt es ihr in einem Moment, in dem die Katze kurz Kraft sammelt oder sich des Sieges sicher ist, und manchmal bleibt nur noch ein schwächer werdendes Zucken. Die Katze hat gewonnen!

1. Was bewegt sich denn da unter dem Spielteppich? Der kleine Jäger ist fasziniert.

2. Zack – das Spielzeug fliegt knapp an der Jägerin vorbei: ihr Moment, die Beute zu packen!

3. Der Jagdeifer ist geweckt. Der kleine Tiger stürzt sich auf die Beute.

Als Spielschlange mit einem oder mehreren Bändern am Ende der Angel schlängeln Sie in halbkreisförmigen Bewegungen auf dem Boden entlang. Sie sind dabei überwiegend langsam unterwegs und spüren die Anspannung förmlich in der Luft, wenn sich die »Schlange« schließlich einer Ecke nähert, um aus dem Blickfeld der lauernden Katze zu verschwinden. Genau jetzt wird der Moment sein, in dem es der kleine Jäger nicht mehr aushält und die Beute zu greifen versucht. Wieder liegt es an Ihnen, ob Ihr Minitiger sofort erfolgreich ist oder zum neuen Angriff ansetzen muss. Seien Sie aber nicht zu streng. Gönnen Sie ihm das Erfolgserlebnis. Die Schlangenjagd soll ja Spaß machen und kein frustrierender Fehlschlag werden.

ACHTUNG! Achten Sie beim Kauf und Benutzen von Spielangeln unbedingt auf Sicherheit. Es gibt leider sehr viele Angeln mit dünnen Gummibändern, die nur allzu leicht reißen oder sich um den Hals der Katze wickeln können. Das Tier gerät in Panik und kann sich in Windeseile strangulieren. Statt der Gummis greifen Sie lieber zu Angeln mit Kordel, oder Sie basteln selbst eine aus dickem Paketband bzw. Sisal, das nicht mit einem Biss zerteilt werden kann. Da selbst dann die Gefahr der Strangulation bestehen bleibt, bleiben Sie aufmerksam beim Spielen. Verwahren Sie die Angel im Anschluss an einem für die Katze unzugänglichen Ort.

Clickertraining

Die einen schwören drauf, die anderen empfinden es als unnatürliche Dressur. Die Rede ist vom Clickertraining. Dabei lernt die Katze, dass nach einem sogenannten Markersignal – ein Geräusch oder optisches Signal – eine Belohnung für sie folgt. Die Belohnung wiederum kann ein Leckerchen sein oder etwas anderes, worüber sich die Katze freut (→ Seite 174).

Hat Mieze die Verknüpfung zwischen Markersignal und Belohnung hergestellt, kann sie mit dieser Methode vieles auf positive Weise lernen. Einfache Tricks, beispielsweise sich auf Kommando hinsetzen oder ihrem Menschen die Pfote geben, freundliches Verhalten im Alltag, etwa ruhig zu warten statt laut maunzend beim Futterverteilen zu motzen bis hin zu einem »Medical Training«, zum Beispiel freiwillig in die Transportbox gehen oder das entspannte Verabreichen von Medikamenten.

Ob Sie mit Ihrer Katze Tricks üben oder helfen, den Tierarztbesuch angstfrei zu erleben – all diese Übungen haben eines gemeinsam: Ihre Katze wird über positive Verstärkung motiviert, etwas Bestimmtes zu tun, und erhält dafür eine Belohnung von Ihnen (→ Seite 206). Sie hat damit ein kleines Erfolgserlebnis, was einer schüchternen Katze dabei helfen kann, mehr Selbstvertrauen und eine engere Bindung zu Ihnen aufzubauen.

1. Langsam schlängelt sich der Fellpuschel über den Boden.

2. Gerade in Reichweite, setzt der flinke Jäger zum Sprung an.

3. Noch ist die gefangene Beute wehrhaft und versucht, dem Jäger zu entkommen.

Gleichzeitig strengt sie ihr Köpfchen an, denn sie überlegt, was Sie sich als Nächstes von ihr wünschen, um eine weitere Belohnung zu ergattern. Clickern ist eine hervorragende Möglichkeit, die Samtpfote geistig und – je nach Übung – körperlich auszulasten und zu beschäftigen.

Haben Sie einmal gemeinsam den Bogen raus, macht das Training zudem großen Spaß – Ihnen und der Katze! Sie werden schnell merken, dass es Übungen gibt, die dem Tier leichtfallen und Spaß zu machen scheinen, und andere, bei denen es sich richtig anstrengen muss oder die ihm schwerfallen. Mit etwa drei bis fünf Minuten Zeitinvestition pro Clickereinheit ist es zudem eine ideale Beschäftigung, wenn für mehr die Zeit oder eigene Energie fehlt.

Futterspiele

Sie können ein wertvoller Bestandteil des täglichen Beschäftigungsprogramms sein. Insbesondere wenn Sie für Ihre Katze nicht verfügbar sind, ist eine abwechslungsreiche Fütterung hilfreich, um die Zeit ohne Sie zu überbrücken.

Bedenken Sie, dass nicht nur Ihre körperliche Abwesenheit für Ihren vierbeinigen Liebling eine Herausforderung ist, sondern ebenso die Nacht oder längere Arbeitszeiten zu Hause, wo Sie zwar körperlich anwesend sind, aber trotzdem nichts Spannendes aus Sicht des Tiers passiert. Bei Futterspielen können Sie tief in die Trickkiste greifen. Es gibt im Handel Activity Boards, bei denen die Katze mit verschiedenen Techniken das Futter oder Leckereien herauspfoteln muss. Schauen Sie sich beim Kauf ruhig im Hundebedarf um, denn dort finden Sie häufig eine größere Auswahl an Intelligenzspielzeug. Die großzügigere Bauweise kommt den empfindlichen Samtpfoten meist entgegen.

Testen Sie verschiedene Varianten aus, denn manche Katzen pfoteln gern von oben ihre Beute aus Ritzen und Spalten. Andere wiederum ergattern sie lieber horizontal oder schnauben wie kleine Trüffelschweinchen mit der Nase durch eine Wühlkiste, um eine Leckerei zu ergattern. Finden Sie heraus, woran Ihre Katze besonders große Freude hat. Bieten Sie ihr verschiedene Varianten dieser Art der Futterspiele an. Wechseln Sie zudem – wie im Freigang bei der Mäusejagd – die Standorte und Tageszeiten, an denen es bei Ihnen in der Wohnung etwas zu erjagen gibt. Kaum etwas ist langweiliger, als jeden Tag an exakt der gleichen Stelle eine übergroße Menge Futter in immer der gleichen Weise zu »erarbeiten«. Neben käuflich zu erwerbenden Activity Boards können Sie ausgediente Eierkartons, leere Toilettenpapierrollen oder andere Kartonagen zu individuellen Food Puzzles umgestalten. Ein flaches Brett mit aufgeklebten Joghurtbechern, Holzstäbchen & Co. lässt nicht nur Heimwerkerherzen höherschlagen, sondern es bietet für Ihre Katze zudem eine weitere Möglichkeit der Futterjagd. Für ein besonders einfaches Futterspiel legen Sie einzelne Futterkroketten in der Wohnung aus, sodass Ihr vierbeiniger Liebling immer wieder über Futter »stolpert« und mit der Zeit gezielt danach sucht, wenn sich ein Hüngerchen breit macht.

Achten Sie bei allen Futterspielen darauf, dass Ihre Katze vor allem zu Beginn schnelle Erfolgserlebnisse hat. Sie dürfen ihr beim Herausfinden der benötigten Technik dafür gern helfen. Die Geduldsschnur der Samtpfoten ist nur dann besonders lang, wenn sie uns von ihren Wünschen überzeugen möchten. Ansonsten geben viele von ihnen nach nur wenigen Fehlversuchen frustriert auf – und genau das sollten Sie verhindern.

Legen Sie den Futterparcours zunächst mitten in den Weg der Katze. Sie stolpert förmlich über ihr Futter und knuspert es weg. Nun verschwindet ein Krokettchen hinter einem Stuhlbein oder halb unter dem Schrank. Hat Ihre Mieze diese Verstecke gefunden? Wunderbar!

Dann wechseln Sie in die nächste Ebene und legen ein Futterstück auf einen Stuhl, eine Kommode oder in einen minimal mit Papierschnipseln gefüllten Schuhkarton. Passen Sie den Schwierigkeitsgrad der Jagdambition Ihrer Katze an. Es geht nicht um ein besonders schweres Futterspiel, sondern um eines, das die Katze beschäftigt und ihr Spaß mit vielen kleinen Erfolgen macht. Sollten Sie bisher Trockenfutter zur freien Verfügung serviert haben, motivieren Sie die bequeme Sofakatze durch

1. Mithilfe des Clickertrainings kann man kleine Kunststücke einüben, wie hier das »High Five«.

2. Unmittelbar nach der Ausführung der Übung gibt es die wohlverdiente Belohnung.

langsame Reduzierung des gefüllten Napfs und verwenden Sie die entnommene Portion für die neuen Futterspiele. Bitte gehen Sie behutsam dabei vor, denn kaum etwas macht mehr schlechte Laune, als ein All-you-can-eat-Menü unter den Pfötchen weggezogen zu bekommen.

Geben Sie Ihrer gemütlich gewordenen Mieze Zeit, sich auf das neue Jagdvergnügen einzustellen, und vertrauen Sie darauf, dass die neue Beschäftigungsform mit der Zeit nicht nur selbstverständlich für die Fellnase wird, sondern ihr mehr und mehr Spaß macht.

HINWEIS: Achten Sie beim Einsatz von Futterspielen auf die tägliche Gesamtfuttermenge, damit der Kalorienbedarf nicht überschritten und Ihr Liebling nicht über kurz oder lang zum Schwergewicht wird.

Helfer im Alltag

Katzen zu beschäftigen muss nicht mit einem Beute- oder Futterspiel verbunden sein. Katzen sind zum Beispiel wunderbare Helfer beim Sortieren der Wäsche oder dem Ein- und Ausräumen von Schränken (Sie räumen ein, die Katze selbstverständlich aus). Mieze prüft auch Ihre Pasta gern auf Tauglichkeit, wenn Sie eine einzelne Nudel vor dem Kochen quer durch die Küche werfen und die Katze der hinterlistigen Spirelli hinterherrennen muss. Nehmen Sie den Job Ihrer Katze dabei unbedingt ernst, und testen Sie sich durch verschiedene Nudelformen und deren Flugeigenschaften – immerhin fliegt eine Spirelli-Nudel völlig anders als eine Rigatoni. Das wird Ihre Samtpfote sicher auch feststellen. Probieren Sie es aus!

3. Noch ist der Katze nicht klar, wie sie an die Futterhäppchen kommt. Frauchen hilft.

4. Der Minitiger hat verstanden: einfach das Fach aufschieben und schon liegt das Leckerchen frei.

FELINE SPIELMUFFEL UND ANDERE SCHIKANEN

Hat Ihre Katze bisher immer gern gespielt und stellt dies plötzlich ein, klopfen Sie bitte zunächst beim Tierarzt Ihres Vertrauens an und lassen klären, ob ein gesundheitliches Problem der Katze den Spielspaß verdirbt. Die Tiere zeigen Schmerzen und Unwohlsein sehr spät und üben sich von Klein auf darin, sich nichts anmerken zu lassen.

Ist die Katze fit und Sie haben die bisherigen Spieletipps berücksichtigt, versuchen Sie sich als Kameraprofi. Nehmen Sie sich und den felinen Spielmuffel bei Ihren Animationsversuchen mit dem Handy auf und schauen sich das Video im Nachgang ganz in Ruhe auf der Couch an. Achten Sie darauf, an welcher Stelle das Tier kurz gezuckt hat, um doch wieder zu verharren. Wann haben sich seine Pupillen geweitet, um schließlich wieder in Normalgröße zu wechseln? Oder wackelte in einer Sequenz der Katzenpopo? All das sind Anzeichen, dass Sie zwar schon erfolgreich den Jagdreiz aktivieren konnten, aber der letzte Schuss Aufregung zum Zupacken noch gefehlt hat. Analysieren Sie, was genau Sie gemacht haben, als diese Jagdimpulse zu sehen waren, und testen Sie beim nächsten Spielversuch aus, ob Sie mit einer kleinen Variation Ihres Spiels den entscheidenden Impuls setzen können. Liegt Ihr Problem weniger an der fehlenden Spielfreude Ihres schüchternen Minitigers, sondern vielmehr an der größeren Motivation einer zweiten Samtpfote, hilft ein Strategiewechsel. Konzentrieren Sie sich zuerst auf den spielfreudigen Frechdachs und spielen Sie ihn nach allen Regeln der Kunst müde. Erst dann wenden Sie sich der zurückhaltenden Fellnase zu und wechseln in der Folge immer wieder zwischen ihr und dem nicht mehr ganz so aktiven Haudegen hin und her. Denken Sie daran: Katzen sind solitäre Jäger! Sie jagen Beute nicht gemeinsam – im Zusammenleben mit uns jedoch mitunter parallel. Das heißt, dass Sie mehrere Katzen besser zu Zweit bespaßen.

Alternativ nehmen Sie jeweils ein Spielzeug in die Hand und bieten beiden Katzen mit ausgestreckten Armen ein Spiel an. Haben Sie eine besonders spielfreudige Katze, dürfen Sie sich glücklich schätzen – und Ihre Konzentration auf die Samtpfote legen, die etwas zurückhaltender ist. Klappt das parallele Spiel nicht, wechseln Sie immer wieder von einer zur anderen Katze und achten darauf, dass sich beide auf das Spiel konzentrieren können und sich dabei nicht zu nahekommen.

Der Beutefang, also das plötzliche Losschnellen auf die Beute, könnte sonst auf die gegenübersitzende Mieze bedrohlich wirken. Mehr Sicherheit vermitteln Sie, wenn Sie als menschliche Barriere, zum Beispiel mit ausgestreckten Beinen, zwischen den beiden Katzen auf dem Boden sitzen. Alternativ platzieren Sie die schüchterne Katze auf einer erhöhten Ebene, wie beispielsweise die Couch oder das Bett. Die oben sitzende Katze fühlt sich automatisch etwas sicherer und hat zudem mehr Distanz zwischen sich und dem forschen Jäger. Wenn Sie nun sagen: »Ja, das ist ja alles gut und schön, aber mein feliner Haudegen wird einfach nicht müde« – sollten Sie an Ihrem Spielangebot feilen. Das individuelle Aktivitätsbedürfnis der Katze können Sie durch ein vielseitiges und ausfüllendes Angebot befriedigen.

Spielangebote lenken

In meinen Beratungen ist es oft so, dass meine Klienten schon sehr viel für das Wohlbefinden der Katzen tun. Oft ist es die Unregelmäßigkeit eines Angebots und damit die fehlende Verlässlichkeit oder Dinge, die für viele Katzen wunderbar wären – nur nicht für die Katze im eigenen Haushalt. Schauen Sie daher genau hin, was Ihre feline Persönlichkeit ausgleicht und welche Eckpfeiler im Zusammenleben für sie wichtig sind.

Es ist nicht immer ein ein Mehr an Spielangeboten, sondern vielmehr ein passendes, um harmonisch miteinander leben zu können. Beherbergen Sie einen »Spiele-Nimmersatt«, kann es zudem hilfreich sein, ihm über ein Spielsignal Struktur zu geben. Vor jeder intensiven Beschäftigungszeit mit Ihnen laden Sie das Tier mit einem bestimmten Satz, zum Beispiel »Auf geht's, Spiiiiiielen«, ein, an Ihren gemeinsamen Spielplatz zu gehen. Dort wird ausgiebig getobt und ausgelassen gejagt. Am Ende des Spiels geben Sie den Hinweis »Feierabend« als Wort und eine Geste mit der Hand. Damit zeigen Sie Ihrer Fellnase, dass nun etwas anderes auf dem Tagesprogramm steht. Achten Sie darauf, dass die »Beute« zuvor langsamer geworden ist und – wie ein echtes Beutetier – mehr und mehr an Kraft verliert. Schließlich liegt es regungslos auf dem Boden. Je nach Veranlagung lassen Sie die Katze letztmalig auf die Beute eindreschen oder werfen ein Leckerchen außerhalb der Spielzone. Was immer Sie sich einfallen lassen: Seien Sie eindeutig und verlässlich, damit die Katze den Ablauf durch mehrere Wiederholungen erkennen und sich darauf einrichten kann.

Ein Video von der gemeinsamen Spielrunde kann zeigen, warum Mieze nicht motiviert ist.

DAS LEBEN MIT KATZE – EIN ETWAS ANDERER BLICKWINKEL

Der Weg zu einer glücklichen, von Vertrauen geprägten Gemeinschaft führt einerseits über eine katzengerechte Ausstattung. Andererseits ist es aber ebenso wichtig, auf die Persönlichkeit des kleinen Tigers einzugehen und sie zu respektieren.

DIE FELINE NETIQUETTE

Es ist mir wichtig, Ihnen nicht nur die Grundbedürfnisse einer Katze nahe zu bringen, sondern Ihnen auch Einblick in ihre Persönlichkeit zu geben. Lernen Sie die Verhaltensweisen Ihrer kleinen Gefährtin noch besser zu verstehen, um auf sie eingehen zu können und Ihnen beiden ein Leben auf Augenhöhe zu ermöglichen.

JEDE KATZE IST ANDERS

Schauen wir uns also an, wie Katzen ticken und wie es uns gelingt, eine tiefe Bindung zu ihnen aufzubauen. Ich möchte Sie einladen, Ihren Blick für die vielen unauffälligen Signale zu öffnen, die Ihnen eine Katze täglich aufs Neue zeigt, und Sie dafür sensibilisieren, auf die Veränderungen in Ihrem Miteinander zu achten. Gern stelle ich Ihnen dafür mein langjähriges Fachwissen und meine persönlichen Erfahrungen im Zusammenleben und Arbeiten mit Katzen zur Verfügung.

Denken Sie immer daran: Sie leben mit einer eigenen, individuellen Persönlichkeit auf vier Pfoten zusammen. Alles, was Sie hier erfahren, gilt es, an Ihr Zusammenleben anzupassen und in Ihr Leben zu integrieren. Es wird einige Bereiche geben, in denen sich Ihre Katze ähnlich verhält wie viele andere – vielleicht alle Katzen, die Sie vor ihr hatten. Umso spannender ist es, die Eigenheiten herauszufinden, die Ihren aktuellen Individualisten ganz besonders machen. Vielleicht hat er ein verstecktes Talent, ist ein kleiner Einstein, der blitzschnell Clickeraufgaben lösen kann, oder er hat einfach eine besondere Eigenschaft.

Zeigt Ihre Katze ein Problemverhalten, sollte Ihre erste Frage sein: »Was möchte sie damit ausdrücken? Welches Bedürfnis liegt ihrem Verhalten zu Grunde?« Es gibt für vermutlich jedes Problem verschiedene Lösungsansätze. Sie alle können nur funktionieren, wenn Sie verstehen, warum das Problem aufgetreten ist.

Zielgerichtet agieren Sie, wenn Sie sich zunächst mit Ihrer Katze beschäftigen und »erarbeiten«, was sie mit ihrem Verhalten auszudrücken versucht. Ihre Katze ist ein eigenständiges Wesen – suchen Sie also immer nach Lösungen für genau dieses Geschöpf an Ihrer Seite. Wenn Sie verstehen, was Ihre Katze auszudrücken versucht, ist das der Schlüssel für ein harmonisches Zusammenleben.

»HALLO MIEZE« – FREUNDLICHE KONTAKAUFNAHME

Selbst ich als ziemlich kleiner Mensch bin aus Sicht der Katze eine Riesin und könnte ihr potenziell gefährlich werden. Das Tier ist gut beraten, wenn es vor einer Kontaktaufnahme sichergeht, dass ich ihm nicht schaden möchte. Viele Katzen haben in ihrer frühkindlichen Sozialisierungsphase gelernt, dass Menschen meist freundlich sind, sodass wir uns in den wenigsten Fällen um ihre grundsätzliche Sympathie bemühen müssen.

Dennoch hilft es auch bei diesen menschenfreundlichen Katzen, die feline Netiquette zu beachten, um Missverständnisse zu vermeiden und eine gute Vertrauensbasis zu schaffen. Wohnen Sie mit einer schüchternen oder gar unzureichend sozialisierten Katze zusammen, ist ein bedachter Umgang mit dem Tier essenziell.

Von Katzen lernen

Kennen Sie Menschen, die nicht mit einem freundlichen »hallo« den Raum betreten, sondern gleich in jede Unterhaltung platzen? Man hat sofort das Bedürfnis, einen Schritt zurückzutreten. So ähnlich müssen sich Katzen fühlen, die mit sehr impulsiven Menschen konfrontiert werden. Menschen, die beim Anblick einer Katze frontal losstürmen und sofort versuchen, das Tier zu streicheln. Man muss schon dafür gemacht sein, diese Art der Kontaktaufnahme zu mögen …

Eine wesentlich freundlichere Art der Begrüßung können wir uns von Katzen untereinander abschauen – vorausgesetzt, sie finden sich sympathisch. Die kleinen Tiger gehen meist langsam oder freudig »tänzelnd« aufeinander zu, schnüffeln vorsichtig Nase an Nase und lassen dem Gegenüber Zeit, auf die Annäherung zu reagieren. Nicht selten ist ein direkter Kontakt eher kurz. Mögen sich die Katzen, folgt vielleicht ein kurzer Schlecker über das Köpfchen oder man geht dicht aneinander vorbei – die Flanken berühren sich leicht oder eine der beiden streift mit dem Schwanz ganz leicht über den Rücken der anderen.

Ein guter Start

Möchten wir die freundliche Begrüßung unter Katzen auf uns übertragen, müssen wir sie freilich etwas abwandeln. Zunächst ist es wichtig, sich auf Augenhöhe des Tiers zu begeben. Beugen Sie sich dabei nicht von oben herunter, denn das wirkt bedrohlich, sondern gehen Sie in die Hocke, knien sich hin oder setzen sich mit angewinkelten Beinen auf den Boden.

Schauen Sie die Katze nun mit einem freundlichen Blick kurz an, blinzeln ihr langsam zu und wenden den Blick zunächst wieder ab. Damit zeigen Sie, dass Sie das Tier zwar wahrgenommen haben, aber keine Bedrohung für es sind. Das langsame Blinzeln wird von einer Katze als freundliche Geste gewertet. Es gilt als »Lächeln der Katze« und ist ein sogenanntes Calming Signal, also ein Beschwichtigungssignal.

Kontktaufnahme am liebsten auf Augenhöhe. So wirkt der Mensch nicht bedrohlich auf die Katze.

Möchten Sie einer Katze zeigen, wie toll Sie sie finden, »lächeln« Sie ihr mit einem langsamen Augenblinzeln zu und warten auf ihre Reaktion. Blinzelt sie zurück, erwidert sie Ihr Lächeln. Hurra! Sie sind der Samtpfote offenbar nicht unsympathisch.

Ein Lächeln ist jedoch nur ein erster Schritt und keineswegs ein Freifahrtschein fürs Anfassen. Hierzu gilt es, eine neue Einladung auszusprechen, indem Sie mit Ihrer Hand einen Katzenkopf nachformen.

Dafür legen Sie Zeige- und Mittelfinger auf Ihren Daumen und winkeln Ring- und kleinen Finger an. Durch die Position der ersten drei Finger imitieren Sie die etwas vorangestellte Nase eines Katzenkopfes und können dem Tier gegenüber einen »Nasengruß« anbieten, indem Sie ihm die Hand entgegenhalten. Bleiben Sie dabei auf Bodennähe, um nicht über der Augenhöhe der Katze zu sein – das wäre wieder etwas unhöflich oder sogar bedrohlich. Kommt Mieze auf Sie zu, bleiben Sie zunächst in dieser Haltung und lassen das Tier entscheiden, wie weit dieser Kontakt gehen wird. Belässt es die Katze bei einem kurzen Beschnüffeln und wendet sich wieder ab, möchte sie vermutlich aktuell nicht näher von Ihnen berührt werden. Respektieren Sie diesen Wunsch, denn auch Sie möchten bestimmt nicht ungefragt angefasst werden.

Mit etwas Glück reibt das Tier seinen Kopf an Ihrer Hand, und Sie können bei entspannter Körperhaltung das Köpfchen der Katze vorsichtig streicheln. An Kinn und Wangen sind besonders viele Duftdrüsen, die für den Austausch des individuellen Geruchs und damit

AUS DER **PRAXIS**

Auch auf kleinste Warnsignale achten!

In nahezu jedem Seminar, das ich zum Thema »Katzeneinmaleins« leitete, kam das Beispiel der scheinbar unberechenbaren Katze auf.

Eben noch ließ sich Miezi schnurrend neben ihrem Menschen auf der Couch streicheln und plötzlich motzt sie nicht nur los, sondern springt mit einem beherzten Krallenschlag auf und hüpft empört davon. Was ist passiert?

Natürlich gibt es für dieses Verhalten verschiedene Gründe. Einer der häufigsten ist, dass der Mensch die kleinen – höflichen – Katzengesten übersehen oder ignoriert hat, mit denen der Flauschball signalisieren wollte, dass er zwar gern noch liegenbleiben würde, aber die Streichelei nun bitte aufhören sollte.

Ein leichtes Schlagen mit der Schwanzspitze, eine geringe Verlagerung des Körpergewichts vom Menschen weg oder ein intensiver Blick zu der streichelnden Hand – nichts wurde als »Jetzt-lass-bitte-gut-sein«-Hinweis verstanden, und so musste Miezi deutlicher werden.

Schlägt die Katze auch bei einer kurzen Kontaktaufnahme mit der Kralle zu, hat sie möglicherweise gelernt, dass höfliche Gesten grundsätzlich keine Wirkung zeigen, und geht direkt in der Eskalationsstufe weiter. Die gute Nachricht: Sie können wieder zu einem freundlichen Miteinander zurückkehren! Beobachten Sie bei Ihrer Kontaktaufnahme und dem Streicheln des kleinen Tigers künftig besonders genau, ob er Ihnen Warnsignale sendet.

Sind Sie sich nicht sicher oder ist die von Miezi eingeräumte Reaktionszeit zwischen »bitte stopp« und dem Pfotenschlag zu kurz, belassen Sie es bei einem einzigen Streicheln und entfernen Ihre Hand zunächst wieder.

Schaut Sie die Katze an, schmiegt ihren Kopf an Sie oder zeigt Ihnen auf ihre persönliche Art, dass sie gern weiter gestreichelt werden möchte, wiederholen Sie das Streicheln und beenden es kurz darauf wieder.

Tasten Sie sich vorsichtig an ein höfliches Miteinander – wie nach einem Streit mit einem Menschen, bei dem wir zunächst darauf achten müssen, die Grenze unseres Partners nicht direkt wieder zu überschreiten.

Ich kann Ihnen versprechen: Es ist ein unbezahlbar schönes Gefühl, zu merken, wie Ihnen die Katze (wieder) mehr und mehr vertraut und am Ende vielleicht sogar einen längeren Körperkontakt mit Ihnen genießen kann als zuvor, weil sie sich nun ganz sicher ist, dass Sie ihr Empfinden respektieren.

der »Familienerkennung« wichtig sind. Vielleicht wendet sich die Katze auch ab und streift nun um Ihre Beine (analog der Flanke einer anderen Katze). Lassen Sie sich überraschen, wie intensiv der Kontakt in diesem Moment wird und achten Sie auf eine entspannte, geöffnete Körperhaltung des Tiers.

Ein seitlich wegklappendes Ohr oder ein zuckender Schwanz gibt Ihnen erste Hinweise darauf, dass die Stimmung der Katze umschlägt. Sie wägt ab, ob sie die aktuelle Situation weiter toleriert oder den Kontakt abbrechen möchte. Beendet das Tier die Begegnung fürs Erste, respektieren Sie das. Uns Menschen ist es ebenso wichtig, dass unsere Grenzen im Miteinander toleriert werden. Das Gleiche gilt für eine Katze. Sie ist eines der eigenständigsten und individuellsten Haustiere überhaupt.

Mit scheuen Katzen Kontakt knüpfen

Leben Sie mit einer scheuen Samtpfote zusammen, sollten Sie bei der Kontaktaufnahme noch einen Schritt behutsamer vorgehen.

Betreten Sie vorsichtig den Raum, aber nicht schleichend (nur ein Raubtier schleicht), streifen Sie die Katze beim Eintreten mit einem kurzen Blick und wenden ihn unmittelbar wieder ab. Sie haben die Katze wahrgenommen, stellen aber keinerlei Ansprüche an sie. Sie überlassen es vollständig Ihrem Gegenüber, ob weiterer Kontakt gewünscht ist oder nicht. Gehen Sie dann entweder einfach Ihrem Tagesgeschäft nach oder – wenn Sie ein Kontaktangebot machen möchten – setzen sich in mindestens zwei Meter Abstand auf den Boden oder begeben sich in eine möglichst niedrige Position.

Streifen Sie das Tier erneut mit einen kurzen Blick und konzentrieren sich auf etwas anderes. Möchten Sie etwas lesen? Dann dürfen Sie dies gern mit leise säuselner Stimme tun – ein Tonfall, den Sie generell bei einer scheuen Katze beibehalten sollten.

Beobachten Sie aus den Augenwinkeln heraus, ob sich die Katze ein klein wenig entspannt. Wird ihr Körper etwas weicher oder macht sie sich bewusst klein, damit sie möglichst nicht entdeckt wird? Sind ihre Pupillen trotz hellen Lichtverhältnissen sehr groß? Das ist ein Zeichen von Angst – hier ist mehr Abstand und Zeit gefragt. Blinzelt Sie Ihnen zu und entspannt sich ein wenig? Klasse! Dann haben Sie ein erstes kleines Vertrauensanzeichen erringen können.

Bleiben Sie unbedingt zurückhaltend und geduldig – wiederholen Sie diese Art der Kontaktaufnahme mehrfach, bevor Sie sich ein wenig näher zu dem kleinen Tiger setzen. Gern dürfen Sie auch ein Mittagsschläfchen im gleichen Zimmer mit der Katze halten. Oder Sie lassen die Schlafzimmertür geöffnet. Viele scheue Katzen wagen die ersten Kontaktversuche, während wir schlafen, weil wir im Liegen weniger bedrohlich auf sie wirken.

Dürfen Sie sich der Katze auf etwa 1,5 Meter nähern, können Sie versuchen, langsam direkten Kontakt aufzunehmen. Besonders bei jüngeren Katzen ist ein Spielangebot aus der

Auf dem Boden sitzend etwas vorlesen, hilft einer scheuen Katze bei der Kontaktaufnahme mit uns Menschen.

Distanz häufig ein toller Eisbrecher. Wählen Sie vorsichtige Stocherspiele, bei denen Sie etwa einen Federpuschel an einem Stock oder eine Reitgerte ganz langsam unter einer Decke bewegen (→ Seite 144). So gewinnen Sie die Aufmerksamkeit des kleinen Jägers bei größtmöglichem Abstand zu Ihnen.

Ist die Katze futterorientiert, können Sie beginnen, ihr in wiederum größtmöglichem Abstand besonders unwiderstehliche Leckerchen anzubieten. Legen Sie die Leckerei zunächst auf den Boden – einerseits möglichst nah an das Tier, gleichzeitig jedoch so weit entfernt, dass es nicht mit Abwehr wie Fauchen, Pfoten heben oder Weglaufen reagiert. Machen Sie es der Katze einfach, an die Leckerei zu kommen.

Wiederholen Sie das Angebot einige Male und pausieren Sie schließlich. Jeder direkte Kontaktversuch sollte so kurz sein, dass sich die Katze gut dabei entspannen kann und nicht überfordert wird. Gestalten Sie die Begegnungen lieber kürzer und freundlich, als am Ende doch einen Faucher zu riskieren. Das letzte Gefühl Ihrer Begegnung sollte positiv sein. Umso besser sind Ihre Chancen bei der nächsten Begegnung. Dürfen Sie dem scheuen Tier die Leckereien schließlich auf dem Boden auslegen, gehen Sie einen Schritt weiter.

Bevorzugt die Katze eine cremige Schleckerei, klecksen Sie etwas auf ein Ende eines asiatischen Essstäbchens oder eines schmalen, längeren Stocks. Sind es trockene Snacks, eignen sich Strohhalme als ungefährliche Armverlängerung besser. Schneiden Sie den Strohhalm an einem Ende schräg an, sodass eine Art »Schaufel« entsteht, in die Sie sowohl trockene, als auch cremige Snacks platzieren können. Nun können Sie dem Tier das schmackhafte Angebot präsentieren.

Nähern Sie sich mit der Verlängerung langsam und halten Sie sie bodennah. Lassen Sie dem Tier die Zeit, die es braucht, um festzustellen, dass keine Gefahr droht. Achten Sie auf viele, mehr und mehr entspannte Wiederholungen, bis Sie das Hilfsmittel immer weiter kürzen, sodass Ihre Hand sich der Katze nähert. Haben Sie einen ausreichenden Vertrauensbonus, können Sie die Leckerei schließlich aus der Hand anbieten.

DAS KLEINE EINMALEINS DER KATZENSPRACHE

Die Sprache der Katze ist unglaublich faszinierend, vielschichtig und komplex – keine Frage! Sie ist facettenreich, bis ins Detail ausgeklügelt und für uns Menschen immer wieder ein Mysterium. Allein das Kommunikationsverhalten dieser starken Persönlichkeiten zu vermitteln, könnte ein ganzes Buch füllen – und dennoch hätten wir noch nicht alle Facetten beleuchtet. Frustrierend? Keineswegs! Es soll Ihnen vielmehr einen Eindruck vermitteln, dass wir uns sehr intensiv mit der Sprache unserer felinen Mitbewohner beschäftigen können und sollten … und dabei vermutlich nie auslernen werden. Katzen können – ähnlich wie wir Menschen – nicht nur blitzschnell ihre Gefühle wechseln und dies mit scheinbar winzigen Veränderungen in Mimik und Körperhaltung ausdrücken, sondern in ihrem Körper gleichzeitig widersprüchliche Emotionen fühlen und ausdrücken.

Machen Sie sich im Umgang mit Katzen stets bewusst, dass niemals nur ein einziger Aspekt entscheidend ist, sondern immer der Kontext, das Gesamtbild und die Erfahrungen des einzelnen Tiers die Summe seiner aktuellen Emotion ausmacht – und diese sich im nächsten Moment wieder ändern kann. Schwierig? Mag sein – aber könnte man so nicht auch unsere Gefühlswelt umschreiben?

Erneut darf ich Sie einladen, sich in die Welt Ihres kleinen Tigers hineinzuversetzen. Versuchen Sie zu verstehen, was in Ihrer Katze vorgeht und wie Sie ihr helfen können, mit einem überwiegend positiven Gefühl durch die Welt zu gehen.

Katzen sind in unserem Alltag vielen Herausforderungen ausgesetzt. Kein Wunder, dass sie auch mit den unterschiedlichsten Emotionen kämpfen. Es liegt an uns, dass diese überwiegend positiv sind!

OHRSTELLUNG, SCHWANZBEWEGUNG & CO. – WAS WILL MIEZ' MIR SAGEN?

Ohren-, Schwanz- und Körperhaltung, Pupillen und Stellung des Fells, Gerüche und optische Markierungen setzen sich bei der Katze einem Orchester gleich aus mehreren Komponenten zu einer wahren Symphonie zusammen. Dabei ist die Botschaft für Ungeübte nicht immer leicht zu erkennen.

Sicher, eine Katze mit hektisch schlagendem Schwanz, nach hinten verdrehten Ohren und lautem Knurren ist offensichtlich kampfbereit. Das Tier mit seitlich angelegten Ohren und großen Pupillen, das faucht, ja, regelrecht »spuckt«, macht ebenso einen aggressiven Eindruck. Tatsächlich ist diese Katze jedoch in größter Abwehrbereitschaft. Sie hat Angst und versucht, ihre Panik hinter Drohungen zu verbergen. Sie blufft, ist aber bereit, sich mit einer kurzen, heftigen Attacke in Sicherheit zu bringen. Weniger deutlich, und daher oft übersehen, sind die subtilen Signale, mit denen Katzen beispielsweise versuchen, uns auf Abstand zu halten. Ein leiser Seufzer, ein Abwenden von uns – wie schnell werden diese Abstandsgesten übersehen.

Unentschlossen

Betrachten wir zunächst die Ohren der Katze. Von ihrer Normalstellung ausgehend, können sie uns und vor allem weiter entfernten Artgenossen mit nur kleinen Veränderungen viel über ihre Stimmungslage aussagen. Ein seitlich abgeknicktes Ohr hört entweder ein interessantes Geräusch aus dieser Richtung oder verrät ein Abwägen der Katze. Sie ist sich unsicher, wie die aktuelle Situation zu bewerten ist. Abstand, Nähe, auf ein Spielangebot eingehen oder doch lieber nicht, soll sie dem Menschen vor sich vertrauen oder ist er ein wenig suspekt? Das Spiel mit nur einem Ohr zeigt die Unentschlossenheit des Tiers.

Ängstlich, aber zur Abwehr bereit

Bewegen sich beide Ohren waagrecht zum Köpfchen, klappen also in Richtung der Wangen, zeigt uns dies eine abwehrbereite, ängstliche oder sich verteidigende Katze. Je näher sich die Ohren zu den Wangen bewegen, desto stärker drückt das Tier seine Defensive aus. Parallel dazu vergrößern sich die Pupillen – je stärker sie geweitet sind, desto ausgeprägter die Emotion. Verlassen Sie sich jedoch nicht zu stark auf die Pupillengröße, denn sie verändert sich zudem mit dem Lichteinfall. Bei Dunkelheit sind die Pupillen tellergroß – ohne dass die Katze dabei ängstlich sein muss.

Neben Augen und Ohren verraten die seitlich an die Wangen angelegten Schnurrhaare zusätzlich den Grad der Defensive – und der Rest des Katzenkörpers stimmt in diesen Versuch, sich möglichst klein zu machen und die Peripherie zu schützen, mit ein. Die Katze wirkt gedrungen, gleichzeitig plustert sie das Fell am ganzen Körper auf und sie sieht etwas wuchtiger aus. Nähert sich das gruselige Etwas weiter, verlagert die Katze ihr Gewicht von der Bedrohung weg, um schließlich eine Pfote schlagbereit anzuheben. Spätestens jetzt kommt oft ein Fauchen dazu – auch das eine Geste für »Mehr Abstand, bitte«. Hat das Gegenüber diese Signale jetzt immer noch nicht verstanden, wird geschrien oder gespuckt. Es folgt eine Mischung aus Fauchen, Schreien und explosionsartigen Knalllauten – Letzteres ist ein artübergreifendes Signal der Abwehr. Selbst Reptilien verstehen diese Botschaft der absoluten Abwehrbereitschaft.

Haben Sie eine solche Reaktion einmal persönlich erlebt, fühlte es sich für Sie vermutlich nicht nur bedrohlich, sondern aggressiv an. Tatsächlich ist dieses Tier aggressiv, also kampfbereit – allerdings mit überwiegender Verteidigungsabsicht.

Es möchte nicht Ihnen ans Leder, sondern hat vielmehr das Gefühl, dass Sie es meucheln wollen, und droht mit allem, was es hat, um Sie wieder auf Abstand zu bringen.

Fühlt sich eine solche Katze in die Enge gedrängt, kann eine kurze und heftige Attacke folgen. Allerdings ist die Absicht des Tiers die Flucht vor Ihnen! Die Katze flitzt nach ihrem Angriff sofort in ein anderes Versteck und hofft, vermutlich wie Sie, keinen weiteren Schaden zu nehmen.

Alle Zeichen auf Angriff

Für die offensiv angreifende Katze besteht kein Grund zur Flucht oder zum Verstecken. Ihr ganzer Körper signalisiert Kampfbereitschaft. Die Ohren sind um 180 Grad gedreht – man kann von hinten in die Ohrmuscheln blicken. Die Natur hat sie als »Stoppschild« vorgesehen. Bei der Falbkatze, der Urahnin unserer Hauskatzen, sind Körperteile mit Signalwirkung deutlich hervorgehoben. So haben die Ohren einen kräftigen, fast orangefarbenen beziehungsweise rostbraunen Farbton und sind damit in Angriffsstellung schon von Weitem gut sichtbar. Wird der Schwanz im Zuge einer Angriffsdrohung aufgeplustert, betonen drei rabenschwarze Ringe an der Schwanzspitze der Falbkatze deutlich ihre Absicht.

Das seitlich leicht abgewinkelte Ohr zeigt Skepsis: Lumi ist die Kamera nicht geheuer.

Den berühmten »Klobürstenschwanz« zeigen auch unsere Hauskatzen deutlich sichtbar, wenn sie angreifen.

Eine offensive Drohung stellt das hoch aufgestellte Rückenfell der Katze dar. Sie steht aufrecht vor ihrem Widersacher, droht mit deutlich sichtbarem Nacken, gesenktem Nasenspiegel und knurrt grollend. Der Schwanz peitscht zackig oder hektisch und signalisiert die innere Erregung. Je nach Lichtverhältnissen sind die Pupillen zu kleinen Schlitzen geformt – um unmittelbar vor dem Angriff blitzschnell tellergroß zu werden und sich wieder zu verengen. Wird der Angriff ausgeführt, belässt die Katze es nicht bei einer kurzen Attacke: Sie führt ihn mit Beschädigungsabsicht durch, setzt nach und verleiht ihrer Absicht Nachdruck.

Unbedingt Abstand wahren!

Sowohl bei einer abwehrbereiten ängstlichen Katze, als auch bei einem wütenden Angriff ist man gut beraten, vorsichtig einen größeren Abstand zum Tier aufzubauen.

Entfernen Sie sich dabei langsam und der Katze seitlich zugewandt. Auch wenn alles in Ihnen jetzt schnellstmöglich weglaufen möchte, vermeiden Sie unbedingt hektische Bewegungen und wenden dem Tier nicht den Rücken zu: Sie würden zu einer übergroßen Beute, die es nun erst recht zu jagen gilt. Bleiben Sie im Kontakt mit dem felinen Irrwisch und erinnern Sie sich an die erlernten Beschwichtigungsgesten. Blinzeln Sie ihrer Katze langsam zu, schauen knapp an ihr vorbei und versuchen Sie, mehr und mehr Abstand zwischen sich und das Tier zu bringen.

Immer genau hinschauen

Viel häufiger als diese extremen Ausprägungen begegnen uns die verschiedensten Zwischenformen der beschriebenen Verhaltensweisen – und hier wird es etwas komplizierter mit der Deutung. Nicht selten klappen die Ohren, abweichend von der Normalstellung, abwechselnd seitlich Richtung Wangen, um sich als offensive Drohung aufzustellen. Die Katze faucht und knurrt abwechselnd, peitscht mit dem Schwanz oder zuckt nur gering mit dessen Spitze. Betrachten Sie die Gesamtsituation und fragen Sie sich, warum Ihre Katze so fühlt und wie Sie sie beruhigen können. Möchte sie mehr Abstand zu Ihnen? Streicheln Sie sie schon etwas zu lange oder an einer der Katze unangenehmen Stelle? Was passiert, wenn Sie Ihre Hand langsam entfernen? Hört das Fauchen auf oder entspannt sich ihr Köper?

Entfährt dem Tier ein scheinbar genervter Seufzer, meint es wahrscheinlich genau das, wonach es sich für uns anfühlt: »Muss das sein?« Wedeln Sie gerade übermotiviert mit einem Federwedel vor der Nase des Tiers herum? Was passiert, wenn Sie den Wedel stattdessen ganz vorsichtig unter dem Spielteppich bewegen? Richtet die Katze nun ihre Ohren zum Wedel gewandt aus, fokussieren die Schnurrhaare die potenzielle Beute und die ganze Katze macht sich sprungbereit?

AUS DER **PRAXIS**

Wie Sie Ihr Stresslevel senken

Ich selbst bin ein impulsiver Mensch, der in unvorbereiteten Situationen häufig nicht gelassen reagiert. In der Arbeit mit Katzen muss ich jedoch oft blitzschnell reagieren und mein Verhalten dem der Katze nicht nur anpassen, sondern möglichst vorausschauend und harmonisierend agieren, um den bestmöglichen Kontakt aufzubauen oder in kritischen Situationen deeskalieren zu können.

Für mich war und ist es deshalb wichtig, meine Reaktionen in den Griff zu bekommen. Was heißt das konkret? Bringen wir es auf den Punkt: Ich rege mich schnell auf! Mein Puls geht hoch, mein Herz rast. Ich atme stoßartig ein, halte unbewusst kurz den Atem an und gehe in eine flachere Atmung über. Mein ganzer Körper signalisiert Alarmbereitschaft, was für feinfühlige Lebewesen – wie Katzen – sofort in Stressindikatoren übersetzt wird. Keine gute Kommunikationsbasis!

Da ich diese Wesenseigenschaft aber nicht einfach abstreifen kann, wende ich in allen passenden Alltagssituationen immer wieder Techniken an, die meine impulsive Art abfedern. Unsere Atmung ist beispielsweise ein Kernelement, wie unser Körper An- und Entspannung steuert. Regen wir uns auf oder erschrecken uns, atmen wir rasch ein, halten kurz die Luft an und atmen (zu) schnell und flach weiter. In den ganzen Körper wird ein »Achtung« gefunkt – ob wir wollen oder nicht. Ist die Gefahr vorbei, schickt ein tiefes Ausatmen die Entwarnung in unseren Körper.

Diese Kettenreaktion nutze ich, indem ich beispielsweise beim Öffnen der Haustür aus- statt einatme. Das fühlt sich mehr als komisch an, weil man beim Öffnen normalerweise einatmet (man wird ganz automatisch wacher und kann sein Gegenüber begrüßen). Atmet man aus, geht der Körper ein klein wenig in Entspannung und zwar in einer Situation, in der das nicht »normal« ist. Man handelt entgegen seiner Natur und kann dabei üben, in angespannten Situationen mit unseren Katzen den Stresslevel etwas zu senken.

Üben Sie in möglichst einfachen und harmlosen Situationen eine bewusst entspannte Atmung, um in tatsächlich aufregenden Momenten (ein wenig) gelassener bleiben zu können und sich leichter daran zu erinnern. Ob Sie beim Tierarzt sind und schon beim Betreten der Praxis angespannt werden oder sich Ihre Katzen bei der Vergesellschaftung das erste Mal sehen: Atmen Sie ganz bewusst AUS und signalisieren damit Ihrem Körper und den anwesenden Katzen, dass es keinen Grund zur Aufregung gibt.

Testen Sie mit verschiedenen Bewegungselementen aus, was Ihre Katze immer mehr in Jagdfieber bringt oder wie sie sich beruhigen lässt. Es gibt kein Rezept, wie Katzen »funktionieren«. Präparieren Sie sich mit möglichst viel Wissen über die natürlichen Kommunikationsmittel und Verhaltensweisen der Tiere. Machen Sie es sich dann zur gemeinsamen Aufgabe, herauszufinden, wie IHRE Katze tickt! Lassen Sie sich auf das Tier ein, beobachten Sie seine Reaktion auf Ihr Interaktionsangebot und passen Sie es immer wieder an.

FUNKEN AUF ALLEN KANÄLEN – JEDES DETAIL ZÄHLT

Neben der Körpersprache und verschiedenen Lauten kommunizieren Katzen mit optischen und geruchsspezifischen (olfaktorischen) Markierungen. So werden verschiedene »Kurznachrichten« platziert. Zum Beispiel Kratzmarkierungen sind weit mehr als nur Krallenschärfen. »Schau mal, hier wohne ich!« könnte etwa die Übersetzung der hingebungsvoll zerschredderten Couch sein. Aus Katzensicht ist die Stoffcouch weitaus attraktiver als der teure Kratzbaum in der Zimmerecke.

Die häufig in meiner Verhaltenspraxis vorgestellten Urinmarkierungen an den bodentiefen Scheiben im Wohnzimmer oder unmittelbar an der Haustür kennzeichnen die Reviergrenze und zeigen oft, dass der feline Mitbewohner ein großes Bedürfnis zu haben scheint, sein Zuhause deutlich abzugrenzen. Es gilt zu hinterfragen, ob ein territorialer Nachbarskater unserer Katze das Leben schwer macht oder der Stress in den eigenen vier Wänden zu suchen ist.

Neben deutlich sichtbaren Kratzspuren sind es vor allem Gerüche, die für Katzen im Austausch mit Artgenossen eine große Bedeutung einnehmen. Über die sogenannten Pheromone tauschen die Tiere zahlreiche Kurzbotschaften über Gemütszustand, Gesundheit, Paarungsbereitschaft und vielerlei mehr aus. Für uns Menschen sind nur die wenigsten dieser Duftbotschaften wahrnehmbar – und wenn, dann meist im negativen Sinn ...

Das Orchester der Katzenkommunikation spielt mit zarter Piccoloflöte ebenso wie mit ohrenbetäubendem Paukenschlag – alles in allem in einer faszinierenden Komposition, die uns (noch) weitgehend verschlossen bleibt.

Beobachten Sie eine Katze – wertungsfrei –, wie sie die Urinmarkierung eines Artgenossen erschnüffelt und augenscheinlich in zahlreiche, hoch spannende Informationen für sich zerteilt, können wir erahnen, wie wichtig der Geruchsaustausch in der innerartlichen Kommunikation ist. Für eine Katze ist es entscheidend, ob die Urinmarkierung des Hauptrivalen bereits verblasst und man daher vermutlich mit sicherer Pfote weitergehen kann oder ob die Kennzeichnung frisch und mit Testosteron voll geladen ist. Ein Schritt weiter, und Miez könnte vor einem überaus schlecht gelaunten Revierchef stehen und sich eine Tracht Prügel einfangen.

AUS DER **PRAXIS**

Katzen mögen keine »Putzorgien«

Über Duftdrüsen, besonders an den Pfoten, Wangen, dem Kinn und der Schwanzwurzel, verteilen Katzen nahezu ständig Kurznachrichten. Wechseln sie von einem Zimmer ins nächste, reiben sie häufig ihr Köpfchen am Türrahmen und hinterlassen eine zunächst unsichtbare Duftmarke.

Leben wir dauerhaft mit Katzen zusammen, finden wir mit der Zeit dunkle Ränder an diesen Stellen, die durch das regelmäßige Reiben entstehen. Hüten Sie sich, diese Stellen vollständig und mit scharfem Reiniger zu beseitigen. Für Ihre Katze sind diese Markierungen essenziell, um sich zu Hause zu fühlen. Entfernen Sie mehr als etwa 20 Prozent der Markierungen auf einmal, zieht Ihre Katze quasi wieder neu bei Ihnen ein – zumindest riecht es für sie so. Unsichere, leicht gestresste Tiere reagieren darauf mitunter mit ihrem nächststärkeren Duft: dem Urinmarkieren.

Zu Beginn meiner Beratungstätigkeit biss ich mir an einem Fall von exzessivem Urinmarkieren fast die Zähne aus. Ich riet dies und jenes, hinterfragte und veränderte. Das Problem besserte sich zunächst, um nach einer gewissen Zeit aus dem Nichts heraus zu explodieren. Schließlich fiel in einem Nebensatz, dass die Halterin alle paar Wochen ihre Wohnung von Grund auf reinigte und dabei allen »Schubberflecken« an den Türrahmen mit einem scharfen Reinigungsmittel zu Leibe rückte. Sie »entfremdete« damit schlagartig das Revier des sensiblen und stressanfälligen Katers, der daraufhin mit Urinmarkierungen reagierte. Nachdem die Dame ihre Putzgewohnheiten änderte und die unschönen Stellen nur noch mit einem neutralen Reinigungsmittel beseitigte, verlegte sich der Kater zunehmend darauf, seinen »Wohlfühlduft« durch das Reiben seines Gesichts an den entsprechenden Objekten zu platzieren. Eine wesentlich angenehmere Verhaltensweise als das Urinmarkieren. Halterin, Kater und ich waren glücklich. Eine Win-win-Situation für alle!

Das Zuhause wird mit Duftmarken versehen, die der Katze Sicherheit geben.

KATZEN ERZIEHEN – (WIE) GEHT DAS?

Katzen und Erziehung – auf den ersten Blick zwei Dinge, die nicht so recht zueinander passen wollen. Die Tiere sind allgemein für ihre Eigenständigkeit, ja, mitunter auch Eigensinnigkeit bekannt und dafür gleichermaßen geschätzt wie verpönt. Tatsächlich lässt sich der Wille einer Katze nicht brechen und entsprechend den eigenen Vorstellungen formen. Eine Eigenschaft, die ich an diesen Tieren schätze und bewundere.

LERNEN DURCH POSITVE ERFAHRUNGEN

Zwingt man einer Katze seinen Willen auf, erntet man Ignoranz, Entzug oder Angst – meist eine Mischung aus allem. Niemals wird die Katze daraufhin ihr ureigenes Verhalten ablegen und etwas tun, um uns zu gefallen. Insofern widerspricht sie in dieser Hinsicht zumindest den »klassischen« Erziehungsmethoden, die auf Druck, Strafe und sogenannten aversiven Methoden beruhen. Bei aversiven Methoden wird auf eine Vermeidungsreaktion gesetzt. Es entstehen unangenehme, mitunter sogar verletzende Erfahrungen, welche das Tier über die Verknüpfung unangenehmer Wahrnehmungen und Gefühle lernen lassen. Fraglich ist jedoch, was genau das Tier dabei lernt – im Zweifel, dass man vor dem Menschen Angst haben muss und ihm nicht vertrauen sollte. Genau das ist es jedoch nicht, was wir uns im Zusammenleben mit unserer Katze wünschen. Aber wie »erzieht« man eine Katze, und worauf sollte man achten?

BEDÜRFNIS, MAROTTE ODER EIN ROHDIAMANT – UM WAS GEHT ES?

In meiner Beratungspraxis melden sich immer wieder Menschen, die einer Katze etwas abgewöhnen oder etwas beibringen möchten. Sie soll nicht auf die Küchenarbeitsplatte springen, nicht an den Tapeten kratzen. Sie soll auf Zuruf eigenständig in ihre Transportbox gehen und sich beim Tierarzt brav behandeln lassen. Nur ein paar Beispiele der Wünsche, die an mich in der Praxis und an die Katzen herangetragen werden. All diese Wünsche haben ihre Berechtigung – aber nicht alle haben etwas mit »Erziehung« zu tun.

Ein Bedürfnis kann man nicht aberziehen

Bevor wir uns näher mit dem Gedanken der Erziehung beschäftigen, lassen Sie uns nochmal kurz hinschauen, wo Erziehung überhaupt beginnen kann.

Eine Katze, die Ihren Tapeten eine ganz persönliche Note gibt, muss und kann nicht erzogen werden. Sie geht einem natürlichen Bedürfnis nach – wie dem Fressen, Ausscheiden, Putzen und allerlei mehr. Hier gilt es, das dahinter stehende Bedürfnis zu hinterfragen und dem Tier eine für alle Beteiligten angenehme Alternative anzubieten. Behält die Katze das unliebsame Verhalten bei, muss erneut geschaut werden, warum der von uns angebotene Ersatz nicht angenommen wird. Die Katze kann niemals ein Bedürfnis ablegen, sondern es – dank attraktiver Angebote – vielmehr lediglich anders ausleben.

Der Katze auf Augenhöhe begegnen

Die Katze, die immer wieder auf die Arbeitsplatte springt, während wir dort etwas zubereiten, könnte so großen Hunger haben, dass es ihr nicht mehr möglich scheint, auf dem Boden zu warten, bis wir endlich ihren Napf gefüllt und positioniert haben. Prüfen Sie also in diesem Fall zunächst, ob die angebotenen Fütterungsintervalle und die gewählte Form für Ihre Katze ausreichend sind (→ Seite 97).

Zusätzlich kann es sein, dass Ihr Abenteurer zu einer bestimmten Tageszeit noch einen Extra-Crunsh benötigt oder nach einem anstrengenden Ausflug besonders großen Hunger mitbringt. Sollte Ihr Fütterungsmanagement insgesamt schon passen, hilft es vielleicht, wenn Sie Ihre Katze direkt einladen, mit Ihnen in die Küche zu gehen und dort einen Mini-Snack in einem Activity Board zur Überbrückung Ihres – gefühlt – unendlichen Zubereitungsvorgangs erhält. Das Tier ist beschäftigt und Sie haben Zeit, sich um die geplante Portion zu kümmern (→ Seite 105).

Ist die Küchenarbeitsplatte besonders interessant, wenn Sie dort etwas für sich zubereiten, liegt es nahe, dass Ihre Katze schlichtweg vor Neugier platzt, was genau Sie dort Spannendes tun, und natürlich bei Ihnen sein möchte. Laden Sie das Tier zum Beispiel auf einem unmittelbar daneben platzierten Stuhl ein oder sogar auf ein freies Eck auf der Arbeitsplatte und lassen Sie es am Brokkoli schnuppern, bevor Sie ihn verarbeiten. Verwenden Sie Zutaten, die für die Katze verträglich sind, darf sie vielleicht sogar den Quarkbecher ausschlecken, nachdem sie so brav neben Ihnen gesessen und beobachtet hat.

Belohnen Sie das Tier in einem Moment, in dem es interessiert schaut, ohne fordernd mit den Pfoten zu angeln. Wird es zu aufdringlich, begrenzen Sie Mieze sanft, ohne laut zu werden – denn das ist nicht nur unnötig, sondern zudem unwirksam und unfreundlich. Gibt die Katze für einen Minimoment nach, folgt ein Lob und eine kleine Belohnung. Integrieren Sie die Küchenhilfe liebevoll und zeigen ihr, was sich lohnt – und was nicht.

Selbstbedienung – dieses »Angebot« ist zu verlockend, um zu widerstehen.

KOOPERATION STATT DRUCK – ANGEBOTE STATT VERBOTE

Die Erziehung von Katzen beruht im Wesentlichen auf Kooperation und freundlichen Angeboten. Einer Katze etwas zu verbieten, macht ebenso wie für uns Menschen das Verbotene unglaublich spannend. Darf die Katze – ungefährliche Dinge (!) – wiederum erkunden und testen, wägt sie schnell für sich ab, was wirklich interessant und lohnend ist, und lässt weniger Spannendes links liegen.

Nutzen Sie diesen Trick ganz gezielt im Alltag und integrieren Sie den kleinen Erkunder in Ihre Tätigkeiten. Wo es potenziell gefährlich wird, sorgen Sie unbedingt für höchstmögliche Sicherheit – und machen das Objekt der Begierde gleichzeitig so langweilig wie möglich. Hat Ihre Katze zum 100. Mal an Brokkoli, Karotte und Kartoffel geschnuppert, die Sie ihr beim Zubereiten des Essens angeboten haben, und bekommt beim freundlichen Zuschauen hingegen immer wieder eine tolle Leckerei oder einfach ein zerknülltes Papier der Küchenrolle zum Spielen, wird die giftige Avocado oder die heiße Herdplatte gleich nicht mehr ganz so interessant. Giftige Lebensmittel oder gefährliche Gegenstände dürfen Sie dennoch auf keinen Fall offen herumliegen lassen – das Risiko bleibt zu groß, dass der Katze ihre Neugier zum Verhängnis wird (→ Häufige Gefahren im Alltag, Seite 76).

Möchten Sie, dass eine Katze etwas anderes tut als aktuell, schauen Sie immer, welche Alternative ihr gefallen könnte – und für Sie okay ist. Ein Verbot sagt Ihrer Katze nur »tu das nicht« – aber es lässt die Frage offen »was stattdessen«.

Regel Nummer eins in der Erziehung: Eine Katze lässt sich nicht einfach etwas verbieten. Sie benötigt eine attraktive Alternative, um nachhaltig ein anderes Verhalten zu erlernen.

Die zweite, wichtige Regel in der Katzenerziehung: Die Katze entscheidet selbst – immer! Lösen Sie sich von dem Gedanken, innerhalb einer bestimmten Zeit mit einer bestimmten

Anzahl an Trainings immer genau das zu sehen, was Sie sich wünschen. Eine Katze zu erziehen, bedeutet stets, Kompromisse einzugehen, neu abzuwägen, genau zu beobachten, was ihr in diesem Moment überhaupt möglich ist zu tun, und ihre Grenzen, Vorlieben und Abneigungen nicht nur zu akzeptieren, sondern im Training zu berücksichtigen und darauf einzugehen.

Spürt die Katze, dass Sie ihr auf Augenhöhe und mit wertschätzendem Respekt gegenübertreten, freue ich mich schon jetzt mit Ihnen auf den Moment, in dem sie sich Ihnen in einer Weise öffnet, wie sie es sonst keinem Menschen dieser Welt gegenüber tut.

AUSFLUG IN DIE LERNTHEORIE – WAS SICH LOHNT, WIRD HÄUFIGER GEZEIGT

Allen Varianten der Lerntheorie gemeinsam ist ein Grundgedanke, der das Überleben eines Lebewesens sichert: Lohnendes Verhalten wird häufiger gezeigt. Verhalten, das keinen Nutzen bringt oder sogar schadet, wird seltener gezeigt.

Was heißt das in der Katzenerziehung? Bleiben wir bei dem bereits geschilderten Beispiel der hungrigen Katze. Sie krächzt, tänzelt wild um Sie herum und gibt alles, um die Zubereitung des Futters zu beschleunigen. Sie fühlen sich immer gestresster und manövrieren schließlich den Napf vor das Näschen des kleinen Raubtiers. Im Bewertungssystem der Katze hat ihr Tanzen und Maunzen dazu geführt, dass sie endlich gefüttert wurde. Prima! Mieze merkt sich: Wenn ich diesen Hungertanz vollführe, erhalte ich meinen Napf. Bei der nächsten Futterzubereitung legt sie sich also erneut ins Zeug. Sie fängt vermutlich auf einem ähnlichen Level wie das vorige Mal an und hofft auf Erfolg. Bleibt dieser (gefühlt) aus, wird sie nachdrücklicher. Immerhin konnte sie auf diese Weise beim letzten Mal ihren Hunger stillen. Sind Sie nun nur einen Hauch langsamer als bisher, legt Miezi noch eine Schippe drauf. Sie lernt: Je mehr ich mich bei der Fütterung ins Zeug lege, desto eher bekomme ich meinen Napf. Lohnendes Verhalten wird häufiger gezeigt – Sie erinnern sich bestimmt.

Drehen wir den Spieß um. Sie haben sich zuvor an die Fütterungsgewohnheiten des felinen Familienmitglieds herangetastet und sorgen regelmäßig für Futter. Theoretisch hätte die Katze also keinen Grund zum lautstarken Tanz. Der Napf ist gefüllt, die Katze tänzelt und Sie ... warten!

Beobachten Sie den hungrigen Fellpuschel genau und passen einen Moment ab, in dem das Tier kurz innehält. ZACK – der Napf wird sofort platziert. Sind Sie schnell genug gewesen, haben Sie die Katze in einem Moment in ihrem Verhalten bestätigt, das Sie sich von ihr wünschen, nämlich Ruhe bei der Fütterung. Über die Wiederholung lernt die Katze, dass es sich offenbar (mehr) lohnt, ein klein wenig Wartezeit auszuhalten, um an den Napf zu kommen. Gleichzeitig lernt sie, dass wilde Tänze vor der Fütterung offenbar keinen Effekt haben. Also zeigt sie dieses Verhalten weniger.

Achtung! Dieses Vorgehen funktioniert aber nur, wenn der Hunger der Katze nicht so groß ist, dass sie sprichwörtlich von Sinnen ist und ihr Köpfchen aktuell keinerlei Lernkapazitäten frei hat. Haben Sie zudem über einen langen Zeitraum bisher – wenn auch unbewusst – das aufgeregte Lamentieren bestätigt, wird die Katze vermutlich zunächst noch ein wenig intensiver mit Ihnen diskutieren und vielleicht weitere Verhaltensweisen ausprobieren, die zum Erfolg führen könnten.

Seien Sie geduldig und ruhig. Überlegen Sie, ob Sie die Fütterung umgestalten können, um einen Bruch in die gut eingeübten, wenn auch unerwünschten Verhaltensweisen zu bringen. Raus aus dem täglichen Trott könnte hier Ihr Motto lauten. So können Sie ein neues, entspannteres Verhalten effektiv üben.

DER MYTHOS WASSERFLASCHE UND ANDERE »STRAFMASSNAHMEN«

Wenn Sie mit Ihrer Katze kooperieren, ihr Angebote machen und immer wieder neu an Ihre individuelle Situation anpassen, werden Sie schnell feststellen, dass es gar keine Strafen braucht, um entspannt mit ihr zusammenzuleben. Dennoch möchte ich auf beliebte »Strafmethoden« eingehen, die ich allerdings weder unterstütze noch für zielführend halte. Vielleicht kommen Sie trotz aller Liebe und Fürsorge in eine Situation, in der Sie ein bestimmtes Verhalten Ihres felinen Querdenkers verändern möchten. Suchen Sie im Internet und fragen Bekannte nach Lösungsideen, stoßen Sie sicher auf die eine oder andere Strafmaßnahme, die »garantiert funktioniert«. Methoden, die sich trotz aller Gegenbeweise hartnäckig weiter verbreiten.

Deshalb möchte ich Sie mit aktuellem Wissen aus der Verhaltensberatung überzeugen, die einzig richtige Entscheidung zu treffen – in Ihrem und im Sinn Ihrer Katze.

Katze Füßchen hat mit Fingerzeig gelernt, sich zu setzen, bevor der Napf platziert wird.

CLICKERTRAINING: WARUM EIGENTLICH?

Eine wunderbare Methode, die kleinen Tiger zu beschäftigen, zu erziehen und über Medical Training vorzubereiten, ist das Clickertraining.

Clickertraining ist in aller Munde. Ursprünglich eher aus dem Hundetraining bekannt und dort seit Jahren fest etabliert, gibt es immer mehr Katzen, die ebenfalls »geclickert« werden.

Ob im Medical Training, also dem Üben medizinisch notwendiger Behandlungen, bei der Katzenerziehung allgemein oder zur reinen Beschäftigung sowie zum Stärken der Bindung zwischen dem Menschen und seinem Tier, ist diese Methode ein umfangreiches Werkzeug, die Katze positiv zu unterstützen und ihr das Zusammenleben mit uns zu erleichtern (→ Seite 206).

So funktioniert das Training

Um was geht es beim Clickern überhaupt? Clickertraining basiert auf Lernen durch positive Verstärkung. Die Katze lernt zunächst, dass nach einem bestimmten Signal (»Markersignal«), häufig ein »Click«, Zungenschnalzen oder kurzer Lichtimpuls, etwas Tolles für sie folgt. Das Signal wird zu einem Versprechen, dass gleich ganz sicher eine Belohnung folgt – häufig ein Leckerchen.

Achten Sie beim Einsatz eines Clickers auf eine leichte Handhabung für Sie und ein leises Geräusch für Ihre Katze. Viele Clicker sind für Katzenohren unangenehm und daher ungeeignet. Alternativ kann ein präzises und eindeutiges Geräusch wie etwa ein Zungenschnalzen genutzt werden.

Als Belohnung kommt in Frage, was toll und schnell einsatzbereit ist. Das kann ein Bürstenstrich oder ein Spiel sein oder eben ein Leckerchen. Wichtig ist, dass es Ihre Katze als Belohnung empfindet. Leckerchen wiederum teilen Sie am besten in winzige Stücke, die schnell geschluckt werden können. Langes Kauen wirkt sich nämlich negativ auf die Konzentration aus.

Die Belohnung folgt zunächst unabhängig vom gezeigten Verhalten, um die Katze auf das Signal als solches zu konditionieren. Ob die Katze steht, sitzt oder hüpft – nach dem Click kommt eine Belohnung. Wiederholen Sie »Click + Leckerchen« etwa zwölf Mal in einer Übungseinheit und entlassen Sie Mieze mit einem freundlichen »Fertig« in eine andere Beschäftigung.

Bei den nächsten drei bis vier Übungseinheiten wiederholen Sie diesen Schritt, bis die Katze das Signal zuverlässig als Ankündigung einer besonderen Leckerei erkennt. Erst im nächsten Schritt wird ein gewünschtes Verhalten bestätigt, indem Click und Leckerchen unmittelbar nach dem Verhalten gegeben werden. Das Signal muss das Tier direkt nach dem gewünschten Verhalten – maximal eine Sekunde später – bekommen. Nur dann kann die Katze ihr Verhalten richtig verknüpfen.

Stellen Sie sich vor, Sie wollten von dem Verhalten der Katze, das Sie üben, ein Foto machen. Der Moment, in dem Sie den Auslöser drücken würden, ist der exakte Zeitpunkt des Markersignals. Sind Sie zu schnell oder langsam, verwackelt Ihr Bild und die Information an die Katze, welches Verhalten zu Click und Belohnung führten. Stimmen Timing, Reihenfolge und Lernumgebung, können mit dieser Methode die verschiedensten Verhaltensweisen geübt, geformt und schließlich mit einem Kommando abgefragt werden.

Clickertraining ist keine Dressur

Die Möglichkeiten des Clickertrainings sind nahezu unbegrenzt, wobei Sie sich stets bewusst sein müssen und gleichzeitig im positiven Sinn sicher sein können, dass Ihre Katze weiterhin Herrin ihres eigenen Willens bleibt und nichts umsetzen wird, zu dem sie in diesem Moment nicht bereit ist. Genau hier unterscheidet sich Clickertraining von einer klassischen Dressur, bei der dem Tier der eigene Wille aufgezwungen wird und dessen Grenzen möglicherweise übergangen werden. Beim Clickertraining wird ausschließlich positiv und auf kooperativer Ebene gearbeitet. Sie teilen

Das »High Five« gehört zu den leicht zu lernenden Übungen beim Clickertraining.

eine Übung in so kleine Schritte ein, dass selbst unangenehme Dinge – was sich beispielsweise beim Medical Training manchmal nicht ganz vermeiden lässt – in einer für die Katze annehmbaren Weise trainiert werden.

Clickern als Eisbrecher

Zieht eine Samptpfote neu bei Ihnen ein, kann Clickern Sie darin unterstützen, Vertrauen aufzubauen und das erste Eis zu brechen. Haben Sie eine unwiderstehliche Belohnung für Ihren Schützling gefunden, verknüpfen Sie diese mit dem Markersignal und beginnen zum Beispiel ein Targettraining. Dabei wird die Katze für das Berühren eines Targetstabs (aus dem Zoofachhandel) oder einfach eines asiatischen Essstäbchens aus Holz, dünnes Stöckchen oder ähnliches belohnt und lernt, ein paar Schritte hin und her zu laufen, bevor es schließlich mit Click und Belohnung seine Bestätigung erhält. Bei dieser Übung geht es nicht so sehr darum, dass die Katze einem Stab hinterherläuft. Sie sammelt vielmehr viele kleine Erfolgserlebnisse durch ein einfaches Verhalten, dem Nasenstups an einen ungefährlichen Gegenstand.

Erfolgserlebnisse machen nicht nur Spaß, sondern stärken das Selbstbewusstsein. Das Tier wird mutiger und ausgeglichener. Die Bindung zu Ihnen wird gefestigt, denn gemeinsame Erfolge und Belohnungen schweißen zusammen.

1. Beim Targettraining lernt die Katze, dass der Nasenstups an den Ball eine Belohnung mit sich bringt.

2. Im Tricktraining ist Kreativität gefragt: hier lernt Katze Saga, mit einer Glocke zu klingeln.

3. Mit einem Tatzenhieb bringt Saga das Auto in Bewegung: Click + Leckerchen folgen prompt.

Rückschläge gelassen nehmen

Verschiedene Übungen können Ihnen helfen, Nähe (besser) zuzulassen. Sie können Berührungen ebenso wertschätzend trainieren wie Trickübungen, die Sie in Ihrem gemeinsamen Alltag als Beschäftigungsmöglichkeit integrieren können.

Eine Trainingseinheit ist mit etwa drei bis fünf Minuten kurz und lässt sich dadurch auch bei knapper Zeit »zwischendrin« gut umsetzen. Bereits bekannte Übungen können Sie zudem einfach spontan abfragen und damit die Aufmerksamkeit Ihrer Katze im Alltag positiv beeinflussen.

Sind Sie spätestens jetzt auf den Geschmack gekommen, gibt es nicht nur verschiedene Lektüre zum Thema, mit deren Hilfe Sie sich einlesen können, sondern auch hilfreiche Tutorials, Onlinekurse und Seminare. Hier lernen Sie die Basics und können unter fachgerechter Anleitung das Training umsetzen (→ Literatur, Seite 251).

Die Sorge, dass Sie etwas falsch oder kaputtmachen können, möchte ich Ihnen direkt nehmen. Können Sie sich bisher mit dem Grundtenor dieses Buches anfreunden, sind Sie wahrscheinlich ein einfühlsamer Mensch, der auf die Bedürfnisse seiner Katze eingehen und sie nicht überfordern möchte. Das ist die wichtigste Grundlage für ein positives Training.

Sie werden sicher zu Beginn Fehler machen. Ihr Timing wird nicht immer passen oder manchmal geben Sie zuerst eine Belohnung und clicken erst danach. Sie werden manchmal feststecken, und möglicherweise dreht Ihre feline Schülerin verwirrt ab. Machen Sie sich nichts draus! Sie lernen schließlich beide etwas Neues, und das benötigt Zeit und Übung – für Sie beide! Unsere Katzen sind meist gnädig mit uns und deutlich intelligenter als man glaubt. Gehen Sie mit Ruhe und Gelassenheit vor und erlauben sich und dem Tier den einen oder anderen Fehlversuch.

Kommen Sie nicht weiter, gibt es Experten, die Sie in der Umsetzung des Clickertrainings unterstützen können. Scheuen Sie sich nicht, diese einzubinden. Ist der Knoten erst einmal geplatzt, werden Sie feststellen, wie wertvoll diese Art des Miteinanders für Sie und Ihre Katze ist.

Und hier noch ein Tipp: Tun Sie sich am Anfang schwer, das Training praktisch umzusetzen, platzieren Sie ein Smartphone in der Nähe Ihres Übungsplatzes und nehmen Sie sich und die Katze während des Clickerns auf. Schauen Sie sich die Aufnahme im Nachhinein gegebenenfalls mehrfach an und prüfen Sie, ob Reihenfolge (Verhalten – Click – Belohnung), Timing (maximal eine Sekunde) passen und der Schritt, den Sie üben möchten, für die Katze nicht zu groß ist. Auf diese Weise können Sie viel besser erkennen, wo der Knackpunkt liegt. Vielleicht passen die Rahmenbedingungen nicht. Sie merken beim Anschauen der Aufnahme, dass ein eingeschaltetes Radio die Konzentration stört oder die Mitkatze so nah sitzt, dass sich die schüchterne Schülerin bedrängt fühlt.

Ein Video können Sie beliebig oft anschauen und dabei immer neue Details erkennen, was Sie verändern können oder sogar müssen. Ein Trainingstagebuch kann Ihnen ebenso Hinweise auf Ihre Trainingsgestaltung geben.

Clickertraining für alle

Einer der größten Vorteile des Clickertrainings ist seine universelle Einsatzmöglichkeit. Nicht nur, was Sie clickern möchten, sondern mit wem Sie üben, ist nahezu unbegrenzt. Sie können mit Kitten ebenso beginnen wie mit Katzensenioren. Sie können gesunde Katzen fördern oder blinde und taube Tiere konditionieren.

Haben Sie ein Handicap-Tier, sollten Sie natürlich umso mehr auf dessen körperliche oder geistige Grenzen achten und die Übungen entsprechend anpassen.

Eine taube Katze erhält zum Beispiel über einen Lichtimpuls ein Markersignal, während der eingerostete Katzensenior mit fließenden Bewegungsübungen etwas gelenkiger wird.

Damit wird das Training schließlich um einen weiteren Aspekt bereichert: Wer regelmäßig clickert, hält seine alternde Mieze körperlich und geistig flexibel und fit. Wie heißt es doch so richtig? Wer rastet, der rostet!

Die »clickersüchtige« Polly

Zum Schluss möchte ich Ihnen noch von meiner Katzenomi Polly erzählen. Sie war bis zuletzt eine begeisterte Clickerschülerin. Jede Übung war ihr recht – egal ob leicht oder anspruchsvoll.

Mir im Vorbeigehen ein »High Five« zu geben, also ihre Pfote in meine erhobene Hand zu schlagen, fiel ihr nicht schwer. Als immer willkommene Belohnung reichte ihr dafür ein verbales Lob. Und auch wenn wir uns abends gemeinsam auf ihre Medical-Training-Decke setzten, um das unangenehme Verabreichen ihrer Infusionen mit Clickertraining positiv zu verpacken, machte sie begeistert mit. Dafür gab es dann ein ganz besonderes Leckerchen.

Obwohl ich Polly von klein auf clickerte, beherrschte sie am Ende ihres 17-jährigen Lebens keine unzähligen Tricks. Ich kombinierte vielmehr lebenswichtige Übungen mit solchen, die einfach nur Spaß machten. Im Medical Training lernte Polly, dass ihre Transportbox ein Wohlfühlort ist (→ Seite 206). Sie ließ sich weitgehend entspannt Spritzen setzen und Blut abnehmen, beim Tierarzt untersuchen und problemlos mit dem Auto dorthin fahren.

Im Alltag konnte sie mir durch verschiedene Signale zeigen, was sie sich von mir wünschte. Ein Karton in der Küche zum Beispiel war der Platz, zu dem sie ging, wenn sie »wirklich Hunger« hatte. Für die

1. In sehr kleinen Schritten können die Tiere mit Medical Training lernen, uns zu vertrauen.

2. Am Ende kann die Behandlung entspannt und stressfrei durchgeführt werden.

3. Manche Katzen neigen zu Augenausfluss und benötigen unsere körperliche Pflege.

diversen Hüngerchen am Tag suchte sie diesen Karton nicht auf. War sie in Spiellaune, und ich stand bei ihren Aufforderungen auf dem Schlauch, ging sie auf ihre Spieldecke im Wohnzimmer, um mir auf die Sprünge zu helfen. Reine Trickübungen blieben auf »Sitz«, »High Five«, »Gangsterfaust« (geballte Pfote), »Drehen«, »Target- und Sitzplatztarget« und ein paar weitere Bewegungsübungen beschränkt.

Wichtig war mir bei Polly insbesondere, dass sie weniger Angst bei oder vor dem Tierarzt hatte. Hier sind unter anderem sogenannte Ankündigungssignale sehr hilfreich, mit denen das Tier lernt, dass nach einem bestimmten Signal dies oder das folgt und es damit die Unsicherheit im Ablauf verliert. Das Ankündigungssignal kann beispielweise ein Wort sein oder eine Handbewegung, aber auch zum Beispiel das Auslegen des Spielteppichs.

Außerdem sollte Polly mir auf freundliche Weise zeigen können, was sie sich wünscht. Ist es nicht schön zu wissen, dass die Katze eindeutig ausdrücken kann, was sie aktuell benötigt? Sicher wachsen wir im Laufe der Zeit mit den Tieren so eng zusammen, dass wir häufig erahnen, was dieses eine besondere Maunzen oder der bohrende Blick bedeuten könnte. Ist es dennoch nicht angenehmer für alle Beteiligten, sich sicher zu sein, dass wir nicht nur glauben, die Katze wolle dies oder das, sondern sie wirklich zu verstehen?

Der Strahl aus der Sprühflasche

Eine leider noch weit verbreitete »Erziehungsmethode« ist der Wasserstrahl aus der Sprühflasche. Springt Mieze auf den Tisch, soll ein gezielter Spritzer sie nicht nur vertreiben, sondern nachhaltig fernhalten. Die Katze erschreckt sich bei dem unangenehmen Nass und meidet künftig das auslösende Verhalten. Abgesehen davon, dass dies eine negative, frustrierende Lernerfahrung für das Tier ist, ist der Gedanke dahinter zu kurz gesprungen und unterschätzt die Intelligenz der Katze.

Der maximale Lernerfolg, den Sie mit dieser Methode erzielen, ist eine Vermeidung in Ihrer Anwesenheit. Die Katze verbindet die Strafe mit Ihnen und der Sprühflasche. Fehlt eine dieser Komponenten, bleibt die Strafandrohung für das Tier aus – der Tisch ist wieder freigegeben.

Nicht selten höre ich in diesem Kontext, dass Katze und Halterin einen immerwährenden Kampf ausfechten, bei dem die Katze exakt unterscheidet, ob die menschliche Hand in Reichweite der Sprühflasche ist oder nicht. Ist das hinter dem Verhalten der Katze stehende Bedürfnis aktuell »Aufmerksamkeit«, fördern Sie mit dem Griff zur Flasche unbewusst sogar ihr Verhalten. Es wird zum Spiel für das Tier, wie weit es den Tisch erreichen kann, ohne von Ihnen getroffen zu werden.

Ein ängstliches Tier dagegen wird Sie zunächst nur in der Nähe des Tisches oder der Flasche meiden und möglicherweise schließlich in größerem Radius, da es Ihnen immer weniger vertraut. Sie strafen schließlich ein aus Sicht der Katze völlig selbstverständliches Erkundungsverhalten. So oder so werden Sie Ihr Ziel – wenn überhaupt – spätestens dann verfehlen, wenn Sie oder die Sprühflasche verschwinden –, und Sie machen das verbotene Objekt umso interessanter.

Schläge & Co. sind absolut tabu!

Völlig indiskutabel sind Maßnahmen wie Schläge (auch nicht der »Klaps« auf den Po), der Nackengriff inklusive Schütteln der Katze, das Tunken des Näschens in eine Urinpfütze oder Liebesentzug durch Ignorieren etc. Diese Strafen sind grausam, ineffektiv und deplatziert. Sie schaden auf jeden Fall dem Grundvertrauen des Tiers in Menschen. Gleichzeitig ändert die Katze das beanstandete Verhalten nicht, sondern die Strafe lehrt sie lediglich, Angst vor Ihnen zu haben. Sie wird außerdem versuchen, nicht mehr von Ihnen erwischt zu werden. Kann das Tier Ihre Strafe nicht mit seinem Verhalten verknüpfen, meidet es Sie als unkalkulierbaren Aggressor. Zeitversetzte Strafen sind also sinnlos. Die Zeitspanne, in der eine Katze zwischen ihrem Verhalten und einer Konsequenz eine Verbindung herstellen kann, ist stark begrenzt. Im Clickertraining arbeiten wir mit einer Sekunde.

Bei zeitversetzten Strafen ist die einzige unheilvolle Botschaft an Ihre Katze: Mein Mensch ist vollkommen unberechenbar, weil er mir aus heiterem Himmel etwas Unangenehmes zufügt.

MISSVERSTÄNDNISSE

In meinen Seminaren begegnen mir immer wieder Missverständnisse und Fehlannahmen im Zusammenleben mit Katzen. Einigen besonders häufigen möchte ich mit Ihnen an dieser Stelle auf den Grund gehen.

Angenommen, Sie lümmeln bequem auf der Couch und Ihr Minitiger kommt in Ihre Nähe. Er wirft sich auf den Boden und schaut Sie keck an. Natürlich lassen Sie sich nicht zweimal bitten, stehen auf und hocken sich neben das Tier. Während Sie aufgestanden sind, hat sich die Katze auf den Rücken gedreht, rollt sich hin und her und lässt Sie nicht aus dem Blick. Hui, wie fein! Sie will kuscheln?! Ihre Hand gräbt sich freudig in das flauschige Bauchfell. Noch im gleichen Atemzug wird Ihre Hand mit allen Pfoten umschlossen, um mit großer Hingabe »vermöbelt« zu werden! Was ist passiert?

Während Sie den so schön präsentierten Flauschbauch der Katze als Streicheleinladung gewertet haben, signalisierte Ihnen die Katze vielmehr eine arttypische Spielaufforderung – der Sie ganz unbewusst nachgekommen sind, indem Sie ihr die Hand als Beuteobjekt zur Verfügung gestellt haben. Sie krallt die Hand mit den Vorderpfoten fest, um Ihnen mit den zutretenden Hinterpfoten das »Genick« zu brechen. Genau so täte sie es mit einer realen Beute und glaubt nun, exakt dies im Spiel mit Ihnen üben zu dürfen. Ein klassisches Missverständnis zwischen Mensch und Katze!

Konsequenz ist auch bei der Katzenerziehung wichtig. Einmal erlaubt, heißt immer erlaubt.

Natürlich gibt es auch Gelegenheiten, in denen Mieze wirklich von Ihnen am Bauch gekrault werden möchte. In diesen Fällen kommt Ihre Katze eher zu Ihnen auf die Couch oder lädt Sie vor Ihnen sitzend mit einem Blinzeln ein, sich zu ihr zu gesellen.

Ein ebenso weit verbreiteter Mythos ist die unterwürfige Katze, die sich in einer Auseinandersetzung mit einem anderen Tier auf den Rücken wirft und alle Pfoten von sich streckt. Im Verhaltensrepertoire der Katze gibt es zwar einige Beschwichtigungsgesten, die angespannte Situationen deeskalieren sollen. Eine Unterwerfungs- oder Demutsgeste aber gibt es nicht. Im Gegenteil: Die in einer Auseinandersetzung auf dem Rücken liegende Katze hat all ihre Waffen zur Verteidigung parat.

Einfach kann jeder – und wenn's kompliziert wird?

Nicht immer läuft das Zusammenleben mit den kleinen Tigern so reibungslos, wie wir es gerne hätten. Dann heißt es für uns, den Ursachen auf den Grund zu gehen. Die gute Nachricht: In den meisten Fällen gibt es eine Lösung des Problems.

STETS EIN CHECK-UP DURCH DEN TIERARZT

Haben Sie sich mit den Grundbedürfnissen und natürlichen Verhaltensweisen der Katze beschäftigt und bestmöglich in Ihr gemeinsames Leben integriert, ist das die halbe Miete für ein entspanntes Miteinander. Dennoch kann es trotz allem zu Situationen im Leben des Tiers kommen, in dem es zumindest temporär ein Problemverhalten zeigt.

RUHE BEWAHREN IST DAS OBERSTE GEBOT

Katzen sind komplexe Wesen, in denen alles in der einen oder anderen Weise zusammenhängt und manchmal scheinbar harmlose Veränderungen zum größtmöglichen Unglück für das Tier werden.

Gerade körperliche Probleme verschleiert es so lange, dass es nur noch den berühmten Tropfen benötigt, der das (Toleranz-)Fass zum Überlaufen bringt. Dann wird beispielsweise die schon immer doofe Toilette zum strikt zu vermeidenden Ort in der Wohnung.

Vielleicht war bisher alles tipptopp, aber seit Neuestem knirscht es bei schlechtem Wetter arg in den Gelenken, und der Einstieg in die reguläre Schalentoilette tut plötzlich weh. Die Katze kann Ihnen das schlecht verbal mitteilen – zumindest nicht so eindeutig, dass wir es auf Anhieb verstehen könnten. Also löst sie das Problem zunächst einmal auf ihre Art und sucht sich das für sie Naheliegendste. Möglicherweise ist das ausgerechnet der Badezimmerteppich, der in unmittelbarer Nähe der Toilette liegt.

Die Lösungsstrategien von Katzen sind nicht nur kreativ, sondern grundlegend anders als beispielsweise beim Hund. Ist der Familienhund gut in sein Rudel integriert, orientiert er sich bei aufkommenden Problemen an seinem »Leittier« , also idealerweise an seinem Halter. Stößt die Katze auf ein Problem, hilft sie sich zunächst in der Regel selbst. Orientiert sie sich bei auftretenden Problemen an uns, ist das einer der größten Vertrauensbeweise uns gegenüber.

Tritt ein Problemverhalten auf, sollten Sie zunächst eines tun: ruhig bleiben! Selbst bei bestem Verhältnis, luxuriösester Ausstattung und quasi 365 Katzensonnenscheintagen im Jahr kann ein Problemverhalten auftreten, das nicht in Ihrer Hand lag – oder Ihnen trotz größtmöglicher Vorsicht einfach durch die Lappen gegangen ist.

Das ist zunächst einmal kein Weltuntergang und kommt in den allerbesten Haushalten vor. In meiner Praxis spreche ich mit vielen verzweifelten Katzenhaltern, die sich häufig Vorwürfe machen, etwas »nicht richtig« gemacht zu haben oder dass sie »schuld« seien, dass es dem kleinen Schatz nicht gut geht. Dieses Schuldgefühl möchte ich Ihnen gern von Anfang an nehmen.

Negative Stimmungen vermeiden

Es wird immer wieder vorkommen, dass wir Fehler im Zusammenleben mit den Tieren machen, denn das ist nur allzu menschlich. Außerdem bringen uns Selbstvorwürfe nicht nur keinen Zentimeter näher an die Lösung, sondern bringen in die bestehende Schieflage noch eine ordentliche Portion »negative Stimmung«.

Geht es uns nicht gut, sind wir gestresst oder machen uns Vorwürfe, spürt die Katze, dass etwas nicht in Ordnung ist. Es fühlt sich für sie vielleicht bedrohlich an, bedrückend – in jedem Fall negativ. Ist Ihre Katze ohnehin in emotionaler Schieflage, verstärkt sich diese zusätzlich durch die Vorwürfe, die Sie sich machen oder zum Beispiel auch Ihre Wut über die x-te müffelnde Pipipfütze auf dem Boden. Das wiederum bringt Sie noch ein Stückchen weiter weg von der Lösung. Also, atmen Sie tief durch und schauen sich gezielt an, worin die Ursache des Verhaltens liegen könnte.

VIELE PROBLEME HABEN MEDIZINISCHE URSACHEN

Pieselt Ihre Katze in eine Ecke statt in ihr Katzenklo? Gehen Sie zum Tierarzt! Rennt Ihre Katze ungewöhnlich häufig aufs Katzenklo? Gehen Sie zum Tierarzt! Reagiert der Minitiger immer ungehaltener auf kleinere Spannungen mit Ihnen oder seiner Mitkatze? Gehen Sie zum Tierarzt! Maunzt Ihre Katze plötzlich immer wieder in den höchsten Tönen oder kläglichsten Gesangskünsten? Gehen Sie zum Tierarzt! Schläft Ihre Katze besonders viel? Sie ahnen schon die Antwort …

Was immer Sie im Verhalten Ihrer Katze stutzig macht, plötzlich auftritt, anders ist als sonst oder sich gar in einem Problemverhalten wie Urinmarkieren, Unsauberkeit, Beißen, Vokalisieren oder vielem mehr äußert, sollten Sie zunächst tierärztlich untersuchen lassen – und zwar gründlich!

In über der Hälfte meiner Beratungsfälle steht ein medizinisches Problem hinter der Verhaltensauffälligkeit, welche die Menschen in meine Praxis führt. Nicht selten stoßen wir dabei auf zusätzliche, medizinisch bedingte »Special Features«, welche den Haltern gar nicht aufgefallen sind oder sie als »besondere Macke« abgetan haben.

Katzen zeigen Schmerzen nicht, indem sie jammern, schlecht fressen oder mit einem traurigen Blick. Sie geben sich vielmehr die größtmögliche Mühe, dass wir Ihnen nichts anmerken, und stricken sich dabei sehr kreati-

Bei schmerzenden Gelenken ist solch eine Aufstiegshilfe zum erhöhten Ruheplatz Gold wert.

ve Eigenlösungen. Hat eine Fellnase jedoch den Punkt erreicht, an dem sie jammert, keinen Appetit mehr hat oder teilnahmslos in einer Ecke liegt, ist sie meist ein medizinischer Notfall – viel zu spät, um ein beginnendes Problem noch mit meist harmlosen Behandlungen abzufangen.

Medizinische Probleme zeigen sich häufig in kleineren Verhaltensänderungen, die zunächst kaum auffallen! Schauen wir uns zwei besonders häufige davon genauer an: Harnmarkieren und Unsauberkeit.

UNSAUBERKEIT: DIE TOILETTE ALS ORT DES GRAUENS

Nehmen Sie sich einen Moment Zeit, um sich nochmal die natürlichen Bedingungen anzuschauen, wie sich eine Katze löst (→ »Was rein kommt, muss auch wieder raus«, Seite 110).

Findet die Katze zu Hause optimale Toilettenbedingungen vor, tapst sie bei gefüllter Blase in ihr ausreichend großes Kistchen, schnuppert an ein oder zwei Stellen, gräbt eine kleine Mulde, dreht sich um und entleert ihre Blase in gehockter Position. Danach dreht sie sich wieder um, schnuppert erneut und verlässt in gemäßigtem Tempo die Toilette, nachdem sie ihren Urin – mehr oder weniger erfolgreich – verscharrt hat.

Alles in allem ist der Toilettengang in der Regel ein flüssig ablaufender Prozess, der weder langsam noch hektisch erfolgt.

Harnmarkieren im Haushalt – wenn das Teekesselchen explodiert

Neben der klassischen Unsauberkeit zählt Harnmarkieren zu einem weiteren häufigen Problemverhalten.

Das Markieren mit Harn gehört zum natürlichen Kommunikationsverhalten von Katzen und wird unter anderem zum Abgrenzen von Revieransprüchen und Wegerechten angewandt. Es ist zudem auch eine Art »Druckventil«, das Tiere bei einem erhöhten Erregungslevel zeigen, um sprichwörtlich »Dampf abzulassen« (→ Seite 191).

GUT ZU **WISSEN**

UNSAUBERKEIT UND IHRE URSACHEN

Ist die Toilette aus Sicht der Katze nicht optimal, kann sich das beispielsweise in folgenden, teilweise kleinen Verhaltensänderungen zeigen. Gehen Sie auf Ursachenforschung und schauen Sie dabei genau hin.

VERHALTEN	MÖGLICHE URSACHEN	LÖSUNGSANSÄTZE
* Die Katze schnuppert nach einem geeigneten Ort in der Toilette, scharrt gegebenenfalls kurz an einer Stelle und beginnt erneut mit der Suche. * Der Vorgang wiederholt sich mehrere Male.	* Die Toilette ist zu klein. * Die Toilette ist aus Sicht der Katze zu schmutzig. * Die Streu ist gegebenenfalls nicht hoch genug eingefüllt. * Eine (ungeliebte) Mitkatze war zuvor auf der Toilette.	* größere Toilette * häufigere Reinigung * andere (besser absorbierende Streu) * weitere Toiletten * höhere Streuhöhe
* Die Katze gräbt weder vorher eine Mulde, noch verscharrt sie hinterher die Ausscheidung. * Möglicherweise verlässt sie die Toilette und scharrt außerhalb oder von innen ausschließlich am Rand der Schale. * Die Katze scharrt nur vor oder nach der Ausscheidung.	* unangenehme Streu (zu grob, zu pieksig, unangenehm riechend ...) * Mobbing der Mitkatze (die Katze meidet Geräusche auf der Toilette, welche die andere Katze auf den Plan rufen könnte)	* feinere, geruchsneutrale, weiche Streu * weitere Toiletten an geschützten Standorten * Beziehungsverbesserung zur Mitkatze
* In beeindruckend akrobatischer Art balanciert das Tier auf dem Rand der Toilette und verlässt sie mit einem schnellen, beherzten Sprung wieder, möglichst ohne die Streu zu berühren.	* unangenehme Streu (zu grob, zu pieksig); jeder Kontakt zu der Streu soll vermieden werden * zu leichte Streu, bei der die Pfoten der Katze tief einsinken, was oft als unangenehm empfunden wird	* feinere, weiche Streu * gegebenenfalls andere Streuart (häufig ist Pflanzenstreu sehr leicht, während das Tier bei Mineralstreu weniger einsinkt)
* Kot und/oder Urin werden in unmittelbarer Nähe der Toilette platziert, aber nicht (immer) in die Schale.	* Die Toilette wird an dem gewählten Standort akzeptiert, passt aber in ihrer Ausstattung nicht (Größe, Bauart, Streu ...).	* Optimierung bzw. Anpassung der Toilettenausstattung * idealerweise schrittweise Veränderung und Test, ob das Problem damit behoben werden konnte

VERHALTEN	MÖGLICHE URSACHEN	LÖSUNGSANSÄTZE
* Urin wird über den Toilettenrand hinweg abgesetzt.	* Unbedingt sofortige medizinische Abklärung! * Möglicherweise liegt ein gesundheitliches Problem vor, das die Katze zwingt, stehend bzw. nicht vollständig gehockt Urin abzusetzen (Schmerzen, Infektionen ...). * Hoher Erregungslevel beim Urinabsatz kann zum Übergang zu Urinmarkieren führen. Die Katze leert zunächst ihre Blase, wechselt währenddessen jedoch ins Harnmarkieren und verändert die Körperhaltung. * Die Toilette ist zu klein, sodass der Urinstrahl außerhalb der Schale landet.	* **WICHTIG!** Der Austausch gegen eine Haubentoilette ist keine katzengerechte Lösung bzw. behebt lediglich die für den Menschen sichtbaren Symptome, jedoch nicht die Ursache dafür. * Häufig kombinierte Lösung aus medizinischer Behandlung (sofern notwendig), Optimieren der allgemeinen Haltungsbedingungen (→ Stressreduzierung bei der Katze, Seite 191) und Optimierung der Toilettenausstattung
* Die Katze setzt häufig kleine Urinmengen ab (in und/oder außerhalb der Toilette). * Möglicherweise geht sie mehrfach in die Toilette, hockt sich hin, ohne Urin abzusetzen. * Während des Urinabsatzes kneift die Katze die Augen zu, fiepst leise oder maunzt. * ACHTUNG! Die beschriebenen Symptome können einzeln oder in Kombination auftreten. In jedem Fall sollte der Ursache durch den Tierarzt auf den Grund gegangen werden!	* Die Katze hat mit großer Wahrscheinlichkeit Schmerzen beim Urinabsatz. * Als Ursache kommen eine Blaseninfektion, Harnkristalle, Probleme im Bewegungsapparat sowie weitere Erkrankungen in Frage, die unbedingt tierärztlich untersucht und entsprechend behandelt werden müssen.	* Medizinische Abklärung und Behandlung (inklusive Erfolgskontrolle durch eine Kontrolldiagnostik! Temporär nicht mehr sichtbare Symptome bedeuten nicht zwangsläufig eine Heilung). * Sollte aufgrund der Negativ-Verknüpfung (Toilette = Schmerzen) die Toilette nach der erfolgreichen Behandlung gemieden werden, kann sie durch ein möglichst andersartiges Aussehen (andere Streu, andere Farbe der Toilette etc.) ersetzt werden. * Bitte achten Sie in jedem Fall auf eine qualitativ mindestens gleichwertige Ausstattung.

AUS DER **PRAXIS**

Wenn mehrere Probleme zusammen kommen

Relativ zu Beginn meiner Tätigkeit wurde ich zu einem 14-jährigen Kateropi gerufen, der mit Auftreten einer Durchfallerkrankung seine beiden Katzentoiletten nicht einmal mehr für das kleine Geschäft nutzen wollte. Stattdessen löste er sich an verschiedenen Orten und begann zeitgleich, im ganzen Haus zu markieren. Was war geschehen? Bei meinem Hausbesuch offenbarten sich mir gleich mehrere Faktoren für das Problem. Der Kater stakste auf steifen Beinchen, setzte sich bedacht langsam und zeigte einen vermeintlich mürrischen Blick. Er hatte augenscheinlich Schmerzen. Um seine beiden nebeneinander stehenden kleinen Toiletten zu erreichen, die mit grobem Silikatstreu ausgestattet waren, musste er die gesamte Wohnung durchqueren. Das sei nie ein Problem gewesen, meinten die Halter. Ein Argument, das ich häufiger als Begründung höre, warum das Toilettenmanagement kein Problem sein könne. Tatsächlich arrangieren sich viele Katzen mit unzureichenden Ressourcen – so lange der Rest im Zusammenleben für sie stimmig ist. Kommen weitere Stressoren dazu – wie in diesem Fall der körperlich angeschlagene Zustand und die akut auftretende Durchfallerkrankung, kann das Fass buchstäblich überlaufen. Die ohnehin schwer zu erreichende, unangenehme Toilette wurde für das Tier zu einem unüberwindbaren Problem. So suchte es sich Orte, die ihm weniger schmerzhaft und besser zugänglich erschienen.

Leider kollidierten seine Lösungsansätze mit dem Hygieneempfinden seiner Menschen, die sehr ungehalten auf den Fund neuer »Unfälle« reagierten. Ihr Schimpfen und Hinterherlaufen verunsicherte den Kater und führte schließlich zum Harnmarkieren. Die Therapie fußte also auf drei Säulen: Optimierung des Toilettenmanagements, Behandlung der körperlichen Probleme und Wiederaufbau der Beziehung zu den Menschen und damit eine deutliche Stressreduzierung für alle Beteiligten. Der Kater erhielt neue, altersgerechte Toiletten in der Wohnung verteilt und nach einer weiterführenden Diagnostik schließlich ein dauerhaftes Schmerzmanagement wegen seiner ausgeprägten Arthrose.

Seine Menschen fokussierten sich wieder auf die schönen Gemeinsamkeiten mit ihrem Kater und begannen zudem, mit dem 14-jährigen Tier zu clickern, um es geistig und körperlich optimal auszulasten. Bereits mit den ersten Maßnahmen endete die Unsauberkeit umgehend, das Harnmarkieren nahm im Laufe der folgenden Wochen immer weiter ab und hörte schließlich ebenfalls vollständig auf.

Stress als Auslöser des Harnmarkierens

Steht eine Katze unter großem Stress und kann diesen nicht anderweitig auflösen, kann es zu Harnmarkieren kommen. Wie immer gilt es, die individuelle Ursache einzugrenzen und aufzulösen. In jedem Fall sind Sie gut beraten, indem Sie das Wohlfühllevel in Ihrem felinen Zuhause auf Herz und Nieren prüfen und – wo möglich – noch eine Schippe drauflegen.

Beim Thema Wohlfühlen liegen Sie mit einem Rat immer gut: Mehr ist mehr! Ungeachtet, ob es sich um revierbedingtes Harnmarkieren handelt oder Stress die (Haupt-)Ursache ist: Je optimaler die Katze ihren Bedürfnissen nachkommen kann, je besser die dafür verfügbaren Ressourcen sind, desto geringer ist das Risiko des Harnmarkierens.

Selbst wenn Sie das Problem mit einem »Level-Up« in Sachen »Happy Cat« nicht vollständig lösen können, zeigt eine rundum entspannte Katze deutlich weniger Harnmarkieren als eine, die sich in ihren eigenen vier Wänden nur »geht so« wohlfühlt.

Zeigt die Katze das Verhalten, um ihr Revier deutlich zu kennzeichnen, schauen Sie sich die feline Nachbarschaft genauer an. Gibt es weitere Katzen in Ihrer Wohnung, prüfen Sie genau, ob hier jeder so leben darf, wie er oder sie es möchte. Gibt es Spannungen? Laufen die Katzen in einem kleinen Bogen aneinander vorbei? Wird gefaucht? Gibt es vielleicht immer wieder Kabbeleien, wenn es um den einen großartigen Kratzbaum bei Ihnen geht?

Auch hier: Werten Sie die Umgebung der Tiere so auf, dass jedes einen kuscheligen Platz findet, sein großes und kleines Geschäft entspannt verrichten kann.

Ist das erledigt, ergänzen Sie an Ein- und Ausgängen, Wegpunkten und Engstellen punktuelle Kratzmöglichkeiten, an denen sich die Tiere mit Hingabe untereinander austauschen und ihren Stress abbauen können.

Urinmarkieren ist so gesehen eine Eskalationsstufe über dem Kratzmarkieren. Versuchen Sie also, mit attraktiven (!) Kratzangeboten – idealerweise besonders in unmittelbarer Nähe von den Urinmarkierstellen – wieder zu einem »freundlicheren« Umgangston zurückzukehren – und arbeiten Sie parallel an der Beziehungsverbesserung zwischen den Tieren.

Selbst Einzelkatzen können in der Wohnung ein revierbedingtes Harnmarkieren zeigen. Zu Hause sehen sie Rivalen von Fenstern, Balkonen oder Terrassen aus. Gerade bodentiefe Fenster oder Balkontüren können zu hart umkämpften Reviergrenzen werden, weil sich die Tiere dort Auge in Auge konfrontiert sehen, ohne ihren Konflikt 1:1 klären zu können.

Das Fensterglas zwischen ihnen verhindert zudem eine wichtige Komponente zur Einschätzung von sympathischem Nachbarn oder ätzendem Rivalen: den Geruch! Besonders über ihn wird eingestuft, ob es sich um Freund oder Feind handelt, und so kann es sogar dazu kommen, dass sich einander bekannte und sympathische Katzen an Fenstern anfauchen und sich mehr und mehr aufregen, weil das

Gegenüber einfach nicht einschätzbar scheint. Zack – hilft eine Urinmarkierung, das Revier abzustecken, und – uff – Miez' fühlt sich gleich automatisch ein wenig entspannter.

Neben den bereits genannten Maßnahmen ergänzen Sie an primär betroffenen Fenstern, Türen & Co. einen Sichtschutz für die aufgeregte Wohnungshüterin auf vier Pfoten. Platzieren Sie buschige, ungiftige Pflanzen, ungefährliche Dekorationsgegenstände oder bekleben Sie die Scheiben im unteren Bereich mit Milchglasfolie oder ähnlichem. Die davorsitzende Katze sollte entspannt über die Folie hinweg herausschauen können, sich aber gleichzeitig jederzeit durch Einziehen des Kopfes dem Blickfeld der Außenwelt entziehen können.

Das Motto: »Sehen, aber nicht gesehen werden« führt zu deutlicher Entspannung und gehört grundsätzlich zur Wesensart des gesamten Katzenvolks.

Gibt es Stress im Außenbereich, strukturieren Sie die unmittelbaren Hauszugänge ebenfalls dahingehend, dass die beteiligten Katzen vor allzu neugierigen Blicken geschützt rein- und wieder rauskönnen.

Wird das Näschen in die große, weite Welt gehalten, sollte das Tier nicht unmittelbar mit einem Angriff eines übermütigen Rivalen rechnen müssen. Vielmehr sollte es aus einem sicheren Versteck heraus die Lage einschätzen können. Ist die Luft rein, darf die Fellnase über den geschickt platzierten Strauch, Gartenstuhl oder eine kleine Hecke weiter in ihr Revier vordringen und erneut Ausschau halten.

Achten Sie auf besonders sichere Zugänge zu Ihrer Wohnung und ergänzen Sie in verschiedenen Entfernungen Möglichkeiten zum Kratzmarkieren.

Im Außenbereich eignen sich hierzu beispielsweise weiche Obsthölzer oder in überdachten Bereichen ausgelegte Kokosmatten. Helfen Sie den felinen Nachbarn, arttypisch über Kratzmarkierungen zu kommunizieren und sich durch unterschiedliche Versteck- und Ausweichmöglichkeiten sicher im Revier zu begegnen.

Unsauberkeit ist niemals willkürlich. Die Katze hat meist ein ernst zu nehmendes Problem.

EFFEKTIVE UND SCHNELLE REINIGUNG EINES MALHEURS

Gleich ob Urinmarkieren oder Unsauberkeit: Achten Sie auf eine effektive und sofortige Reinigung betroffener Stellen. Katzenurin ist sehr aggressiv und frisst sich schnell und nachhaltig durch unterschiedliche Untergründe. Verlassen Sie sich besser nicht auf die teilweise haarsträubenden Tipps aus dem Internet, womit Sie vermeintlich effektiv gegen Katzenurin vorgehen.

Je nach Oberfläche und Zeitpunkt des Entdeckens nehmen Sie noch flüssigen Urin mit einem Küchenkrepp auf und reinigen die Stelle zunächst gründlich mit einem Neutralreiniger möglichst ohne Duftstoffe, insbesondere keine Zitrusnoten. Auch ammoniakhaltige Reiniger sind ungeeignet.

Verwenden Sie einen Lappen oder Schwamm, den Sie anschließend entsorgen oder bei 90° waschen. Danach tränken Sie die betroffene Stelle mit einem Enzymreiniger speziell gegen Katzenurin, der im Fachhandel angeboten wird. Er zerlegt mithilfe spezifischer Bakterien und Enzyme den Urin in seine Bestandteile und beseitigt ihn so nachhaltig.

Handelt es sich um waschbare Stoffe, sollten Sie diese zunächst in einer Mischung aus Enzymreiniger und Wasser einweichen und anschließend bei höchstmöglicher Temperatur in der Waschmaschine mit einem zusätzlichen Schuss Enzymreiniger im Weichspülfach gründlich waschen.

Ähnlich sieht es mit Untergründen wie Holz, Möbeltextilien, Matratzen & Co. aus: nicht alle Materialien lassen sich nachhaltig reinigen oder sie überstehen die Anwendung nicht. Die bittere Wahrheit: Sie haben in diesen Fällen meist nur die Wahl, sich sofort von dem betreffenden Gegenstand zu trennen oder ihn beim Versuch einer Behandlung zu ruinieren. Eine Option steht in der Regel nicht auf dem felinen Plan: »irgendwie reinigen« und hoffen, dass die Katze von selbst wieder mit dem Problemverhalten aufhört.

Verlassen Sie sich dabei auf keinen Fall nur auf Ihre Augen und Nase, sondern rüsten Sie sich mit einer leistungsstarken UV-Lampe aus. Urin fluoresziert unter Schwarzlicht und so können Sie selbst geringe Urinreste, die für unsere Sinne nicht mehr wahrnehmbar sind, ausfindig machen und beseitigen.

Wenden Sie die UV-Lampe im abgedunkelten Raum an, sind selbst kleine Reste meist gut erkennbar. Ausnahmen: Manche Stoffe und Fäden fluoreszieren ebenfalls, wodurch nur größere und frische Urinflecken gut erkennbar sind.

Auf Polstern, Matratzen und anderen saugfähigen Untergründen ist zudem häufig das Problem, dass der Urin bereits tief eingezogen ist, bevor wir ihn entdecken. Die UV-Lampe kann hier nur oberflächliches sichtbar machen. Achten Sie bei der Reinigung in diesen Fällen auf eine ausreichende Menge und Einwirkzeit, um den eingedrungenen Urin auch in tieferen Schichten zu erreichen.

SPANNUNGEN IM MEHRKATZENHAUSHALT

Spannungen im Mehrkatzenhaushalt gehören mit zu den häufigsten Problemen in meiner Beratungspraxis. Der Haussegen kann aus verschiedenen Gründen und in unterschiedlichen Ausprägungen schief hängen. Unstimmigkeiten können im Rahmen einer Vergesellschaftung beim Kennenlernen auftreten, die Katzen kommen schon über einen längeren Zeitraum nicht gut miteinander aus oder es wurden von jetzt auf gleich aus zwei besten Kumpels wild gewordene Furien. Leider liegt der Kern des Problems meist auf unserer Seite.

JEDE KATZE HAT IHRE ANSPRÜCHE

Schauen wir uns das Sozialsystem der Katze an, wird schnell klar, warum es in den felinen Beziehungen unter unserem Dach so häufig knirscht. Aus der solitär lebenden Falbkatze, der Ahnin unserer heutigen Hauskatzen, wurde mehr und mehr ein durchaus geselliges Tier, das jedoch gleichermaßen seine Ressourcenansprüche hat und sich seine Sozialpartner sehr genau aussucht – wenn es denn die Möglichkeit dazu hat. Schaut man sich betreute Futterstellen verwilderter Hauskatzen an, leben die Tiere dort auf möglichst großer Fläche in lockeren Gruppen zusammen. Meist sind es drei bis vier weibliche Tiere (häufig verwandt) oder einzelne, kastrierte Kater, die eine engere Beziehung miteinander pflegen. Der Rest drapiert sich mehr oder weniger friedlich um die Futterstelle und achtet darauf, nicht in die Individualdistanz anderer zu geraten. Zuhause wiederum wählen wir die Katzen aus. Allzu viel Spielraum, sich aus dem Weg zu gehen, bieten die wenigsten Häuser oder Wohnungen.

Allen Ansprüchen gerecht werden

Umso wichtiger ist es, dass wir nach der Auswahl und sanften Vergesellschaftung der zueinander passenden Katzen darauf achten, dass jede ihre persönlichen Bedürfnisse im Haushalt störungsfrei ausleben kann und ausreichende, aus ihrer Sicht qualitativ hochwertige Ressourcen zur Verfügung hat.

In meinen Beratungen geht es bei Spannungen im Mehrkatzenhaushalt nahezu immer auch darum, dass sich die Tiere in ihren

Gibt es Spannungen im Mehrkatzenhaushalt, muss man den Ursachen unbedingt auf den Grund gehen.

Vorlieben und Abneigungen zu stark einschränken müssen. Es gibt zu wenig attraktive Plätze, ohne sich zu nahe auf den Pelz zu rücken. Die Zeit mit dem Menschen ist zu begrenzt, und sind es dann zwei oder mehr Tiere, hat häufig eines die Nase vorn beim Kuscheln, Spielen und der »Menschenzeit«.

Je weiter die Charaktere auseinanderliegen, desto anspruchsvoller ist es für Sie, allen gerecht zu werden. Es liegt in Ihrer Verantwortung, jeder Katze ausreichende Kontaktangebote zu machen – schließlich haben Sie für die Tiere entschieden, alles miteinander zu teilen.

Kam es in Ihrem kätzischen Haushalt völlig überraschend zu einem furchtbaren Streit, könnten die Katzen eine sogenannte »umgeleitete Aggression« erlebt haben. Sie verbinden dabei ein plötzliches, emotional erschütterndes Erlebnis und/oder einen Schmerz mit dem währenddessen anwesenden Artgenossen oder Menschen. In einem Moment chillen die Sofatiger noch miteinander. Dann knallt es draußen plötzlich laut, es fällt etwas herunter oder einer der beiden Best Buddies verknackst sich die Pfote beim Runterfallen vom Sofa: Und schon geht ein heftiges Gezeter zwischen

AUS DER **PRAXIS**

Macho oder Mimose?

Stoßen im Mehrkatzenhaushalt unterschiedliche Temperamente aufeinander, führt das nicht selten zu Spannungen. Nehmen wir das Beispiel Spielbedürfnis. Die eine Fellnase ist sofort parat, wenn der Mensch ein Spielzeug in die Hand nimmt und will nicht aufhören zu spielen. Selbst wenn die zweite Katze das Spiel begonnen hat, drängt sich der Spielflummi dazwischen, und die zurückhaltende Katze schaut in die Röhre. Die häufigste Reaktion des Menschen ist der Versuch, beiden Katzen gleichzeitig gerecht zu werden oder die aktivere Katze irgendwie davon zu überzeugen, sich zurückzuhalten. Beides gelingt in der Regel nicht.

Die Katze jagt in der Natur nahezu ausschließlich allein. Im Spiel mit uns und der Spielzeugbeute ist das ebenso. Mehrere Katzen spielen also nicht gleichzeitig mit uns, sondern im besten Fall abwechselnd. Insofern ist es zunächst logisch, dass eine Katze das Spiel unterbricht, wenn eine zweite die Regie übernimmt. Für uns wiederum bedeutet das, dass wir mit beiden Katzen nacheinander oder – sofern für die beiden Katzen entspannt möglich – parallel spielen (→ Seite 150). Gibt es eine schüchterne Samtpfote, hilft es, wenn sie erhöht sitzen darf, während der selbstbewusste Minitiger auf dem Boden bleibt.

Wir knien vielleicht auf dem Boden und lassen den kleinen Jäger dort hin- und herdüsen, während der schüchterne Artgenosse neben uns auf der Couch oder dem Bett sitzt und mit langsamen Stocherspielen bei Laune gehalten wird (→ Seite 144). Damit alle Beteiligten voll auf ihre Kosten kommen, sollten Sie zudem erst den Spielflummi auslasten – bis er müde ist. Erst dann widmen Sie sich dem zweiten, dritten ... im Bunde, um auch diesem Tier ein ausgiebiges Spielangebot zu machen.

Es liegt nicht an der Katze, ihre Grundbedürfnisse zu ändern, sondern vielmehr an Ihnen, diese zu erfüllen.

Das Gute: Es gibt viele Möglichkeiten, auf die unterschiedlichen Spielbedürfnisse der Katzen einzugehen! Nehmen Sie dieses Buch als kleine Anleitung, ergänzen Sie sie durch eigene Ideen, und testen Sie gemeinsam mit Ihren Tieren aus, was SIE glücklich und zufrieden macht.

Falls Ihnen die Ideen ausgehen, suchen Sie sich lieber früher als später professionelle Unterstützung. Spannungen im Mehrkatzenhaushalt sind meist komplex und Katzen in ihrer Lösungsstrategie für uns manchmal schwer lesbar. Sie verursachen jedoch immer Stress für die Tiere, und dieser schränkt nicht nur die Lebensqualität ein, sondern macht auch auf Dauer krank.

den beiden, eben noch friedlichen Katzen los. Sie scheinen sich von jetzt auf gleich den Krieg erklärt zu haben und gehen auf Sicht immer wieder und sehr heftig aufeinander los. Sie verbinden die stark negativen Gefühle dieser plötzlichen Situation miteinander.

ACHTUNG! Hier besteht eine erhöhte Verletzungsgefahr, sowohl zwischen den beiden Kontrahenten als auch für Sie, wenn Sie einschreiten. Bleiben Sie ruhig und bringen Sie schnellstmöglich einen Sichtschutz, etwa eine Decke oder ein größeres Stück Pappe, zwischen die beiden, sobald sie etwas Abstand zueinander haben. Je größer der Sichtschutz in der Fläche ist, desto wirksamer und sicherer ist es für Sie als Vermittler. Schieben Sie den Sichtschutz vorsichtig zwischen die Tiere, um sie aufgrund der Größe des Objekts nicht zusätzlich zu erschrecken. Versuchen Sie im nächsten Schritt, die beiden Katzen räumlich zu trennen.

Gibt es etwas, das die Streithähne besonders mögen, bieten Sie es ihnen – noch immer getrennt voneinander – an. Ein körperliches Spiel ist an dieser Stelle besonders hilfreich, da es durch die Bewegung und Konzentration die zuvor explodierenden Gefühle wieder stabilisiert. Unterstützen Sie, wenn möglich, aber bedrängen Sie bitte keines der Tiere. Je nachdem, wie stark die Auseinandersetzung war, kann es einige Stunden, manchmal auch Tage dauern, bis sich die Kontrahenten beruhigen. Dann – und erst dann (!) – sollten sie sich wieder begegnen, von Ihnen begleitet und den leckersten Belohnungen, die es in Ihrem Sortiment gibt. Mit etwas Glück ist der Horrortrip nach anfänglicher Skepsis schließlich vergessen. Je besser die Beziehung vorher war, desto höher die Chance dafür.

Manchmal überwiegen Schreck, Schmerzen und Aggression jedoch, und die Katzen reagieren weiterhin abwehrend aufeinander. Suchen Sie sich dann professionelle Unterstützung, um Stück für Stück daran zu arbeiten, dass die Tiere das traumatische Erlebnis miteinander aufarbeiten und wieder eine stabile Beziehung zueinander aufbauen können. Eine tierärztliche Kontrolle sollte hier ebenfalls auf Ihrer To-do-Liste stehen, da nicht selten versteckte körperlliche Probleme ein wesentlicher Faktor der Eskalation waren und sind.

FELINE OPERNSÄNGER UND RAUMDEKORATEURINNEN

Eigentlich ist es eine Schande: Da legt sich die stimmgewaltige Luna zu nächtlicher Zeit mit all ihrem Können ins Zeug, maunzt und jodelt in den abwechslungsreichsten Höhen und Tiefen und erntet nichts als »Beschwerden« ihres menschlichen Versorgers. Ebenso verkannt scheint das gestalterische Genie, das sich hingebungsvoll an Türrahmen kratzend verausgabt oder die Couch einer künstlerischen Umgestaltung unterzieht. Hinter diesem für uns meist belastenden oder nervenden Verhalten steht immer (!) ein Grund, den es zu suchen und berücksichtigen gilt. Selbst wenn es

AUS DER **PRAXIS**

Wenn der Partner Zeuge wird

Einer der nachhaltigsten Fälle einer umgeleiteten Aggression in meiner Beratungspraxis machte von einer Sekunde auf die andere aus zwei absoluten Kuschelmonstern völlig verfeindete Streithähne.

Die betroffenen Kater lebten in einer größeren Katzen-WG, in der es insgesamt sehr harmonisch untereinander zuging. Die beiden Kater liebten sich heiß und innig, kuschelten stundenlang miteinander und waren unzertrennlich. Doch dann kam der Moment, als das Unglück passierte.

Einer der beiden Kater fiel von der Fensterbank und verletzte sich vermutlich dabei. Der anwesende Partner erschrak sich mit dem Pechvogel, und es brach ein verbitterter Streit aus. In der Folge gingen die beiden sofort aufeinander los, wenn sie in Sichtweite kamen.

Die Menschen kontaktierten mich völlig verzweifelt. Wie konnte man zunächst wenigstens erreichen, dass sich die beiden Kater nicht mehr prügelten, wenn sie sich begegneten?

Da half im ersten Schritt nur eines: die räumliche Trennung, damit beide Tiere etwas zur Ruhe kommen konnten. Erst dann begannen wir, die Tiere im Grunde wieder neu miteinander bekannt zu machen, Ängste abzubauen und neues Vertrauen zu schaffen. Die stressfreie Begegnung wurde zunächst an einer Netztür geübt, die beide Kontrahenten vor einem weiteren Kampf schützte. Wir gestalteten die Begegnungen durch kurze Clickerübungen mit positiven Highlights, damit die Kater im ersten Schritt die negative Verknüpfung miteinander abbauen und den Anblick des Artgenossen wieder mit etwas Positivem verbinden konnten. Erst dann konnten wir in ebenso kleinen Schritten üben, dass die Bewegung des anderen Tiers keine unmittelbare Kampfandrohung bedeutet, sondern wiederum mit positiven Markern verbunden wurde – noch immer an der schützenden Netztür. Wir übten die Begegnungen stationär in einem Zimmer in großem Abstand zueinander und schließlich in jedem weiteren Zimmer und Stockwerk des Hauses. Dabei mussten wir sehr kleinteilig vorgehen und machten dennoch auch immer wieder Rückschritte.

Erst nach vielen Monaten kamen wir an den Punkt, dass wir den »Unfallort« betraten. Die Luft knisterte förmlich, als die beiden sich vorsichtig annäherten. Nochmal dauerte es mehrere Wochen mit gemeinsamen Übungen und einem etwas umgestalteten Wohnzimmer, bis die beiden schließlich wieder zueinander fanden. Eine solch innige Beziehung wie vor diesem Vorfall wurde es jedoch leider nicht mehr.

manchmal so scheinen mag, Katzen wären Meister darin, uns einfach ärgern zu wollen, handeln sie nach ihren ureigensten Bedürfnissen und Erfahrungen.

Insbesondere Wohnungskatzen haben keine Ausweichmöglichkeiten, und selbst für Freigänger ist es längst nicht mehr so einfach, in den immer dichter besiedelten Gebieten ein erfülltes und entspanntes Leben zu führen.

Läutet die Katze allmorgendlich – meist irgendwann zwischen drei und vier Uhr – ungefragt den Tag für Sie ein, liegt meist eine sehr lange, überaus langweilige und hungrige Zeit hinter ihr. Ihr Körper ist darauf programmiert, in kleinen Zeitabständen Nahrung zu jagen und diese zu verspeisen, auch nachts. Obgleich Katzen ein deutlich größeres Schlafpensum haben als wir, verteilt es sich in viele Einheiten über einen 24-Stunden-Tag hinweg. Gerade in der Dämmerung werden die Tiere jedoch aktiv, um Beute zu jagen. Sollten Sie also von Ihrer Katze regelmäßig früh geweckt werden, prüfen und optimieren Sie die Fütterungs- und Beschäftigungsintervalle (→ Richtig füttten, Seite 96). Im nächsten Schritt sollten Sie checken, ob der kleine Tiger ausreichend ausgelastet ist. Neben einer intensiven Beschäftigungseinheit kurz vor dem Schlafengehen, sollte die Nacht zusätzliche Erkundungsmöglichkeiten bereithalten (→ Futterspiele, Seite 104). Achten Sie bei diesen Maßnahmen aber darauf, dass Sie nachts, wenn Sie zum Beispiel auf die Toilette müssen, nicht über ungewohnte Hindernisse stürzen. Verändern Sie zudem nur Dinge, die für Ihre Katze an dem Originalstandort nicht essenziell sind. Die Katzentoiletten etwa bleiben immer dort, wo sie sind, und auch die strategisch aufgestellten Aussichts- und Kuschelkratzbäume sollten nicht verändert werden.

Operngesänge zu nachtschlafender Zeit.
Aber was steckt dahinter?

KATZE-MENSCH – WENN DIE BEZIEHUNG KRISELT

Ein immer häufigeres Thema in meiner Beratungspraxis sind Verhaltensveränderungen der Katze, die mit unserer Beziehung zu diesen sensiblen Tieren in Verbindung stehen. Unser Alltag scheint immer stressiger zu werden. Viele von uns leben allein, andere in turbulenten Familien, die sich durch Scheidung und neue Partnerschaften immer wieder verändern. Psychische Erkrankungen begleiten und belasten uns. Jobwechsel, finanzielle Sorgen – mit all dem müssen wir im Alltag kämpfen. Das beeinflusst unser persönliches Stresslevel (→ Seite 165). Gleichzeitig leben wir oft in einer engen Beziehung zu unseren Haustieren. Sie sind Teil der Familie, werden geliebt und umsorgt. Damit einher geht, dass sich die Tiere mehr an uns binden, sich an uns orientieren und natürlich ebenso fühlen, wenn uns etwas belastet. Im besten Fall stützen wir uns gegenseitig, schenken uns Trost und Mut und haben Spaß miteinander.

Gerade feinfühlige Menschen entwickeln oft eine intensive, tiefe Bindung zu einer Katze, die es schätzt, in ihrer Individualität wahrgenommen zu werden. Man nimmt Rücksicht aufeinander und gestaltet den Alltag respekt- und liebevoll.

Geraten wir als Menschen nun in eine emotionale Schieflage, kann sich das auf die Tiere auswirken. Katzen sind Meister in der Wahrnehmung von Stimmungen, Körperspannung und -haltung. Sie erkennen an unserer Stimme, wie es uns geht. Tatsächlich ist es für die kleinen Jäger in der Natur überlebenswichtig, ihr Gegenüber exakt zu beobachten und einzuschätzen. So ist es nicht verwunderlich, dass die Tiere, je nach persönlichem Charakter, auf Veränderungen unserer emotionalen Stabilität reagieren. Unsichere Katzen suchen vielleicht intensiv unsere Nähe, um sich zu versichern, dass wir weiterhin für sie da sind und ihnen Halt geben. Möglicherweise sind sie auch mit unserer Anspannung überfordert und distanzieren sich zusehends. Depressive Menschen berichten mir in Beratungen immer wieder, dass ihnen nahestehende Katzen ebenfalls Symptome einer Depression zeigen. Sie ziehen sich zurück und schlafen viel, andere scheinen ihren Kummer mit übersteigertem Fressen zu kompensieren. Sie lassen sich zu nichts motivieren – kein Spiel, kein Spaziergang. Alles scheint selbst für die Katze grau und traurig zu sein.

In der Verhaltensmedizin wird seit einigen Jahren erforscht, inwiefern Katzen und andere Tiere von psychischen Erkrankungen betroffen sein können und wie sich das Zusammenleben von psychisch erkrankten Menschen und ihren Katzen verändert. Ungeachtet belegbarer Studienergebnisse ist für mich klar, dass Katzen auf unser Verhalten reagieren. Kämpfen wir Menschen beispielsweise mit einer Depression oder sind wir besonders gestresst, verändern wir unbewusst zum Beispiel unsere Körperhaltung, unseren Gang, die Art, wie wir sprechen. Umso wichtiger ist in diesen belastenden Zeiten, dass wir gewohnte Routinen für die Fellnasen beibehalten und ihnen möglichst viele Wohlfühlmomente mit uns und – wo es möglich ist - mit weiteren Lieblingsmenschen bescheren.

Die alternde oder kranke Katze

Gesund und fit bis ins hohe Alter. Das wünschen wir unseren Samtpfoten. Gesundheitsvorsorge, artgerechte Ernährung, Pflege und ausreichend Beschäftigung schaffen gute Voraussetzungen für ein langes Leben. Und selbst im Krankheitsfall hat die moderne Tiermedizin inzwischen einiges zu bieten.

GROSSE & KLEINE INSPEKTION

Die Tiermedizin bietet umfangreiche Vorsorge-, Diagnostik- und Behandlungsmöglichkeiten, die, neben einer artgerechten Lebensweise, eine immer bessere Versorgung und damit verbundene Lebensqualität und Lebenserwartung ermöglichen können. Leider sind Katzen jedoch meist eher Notfallpatienten, und der Besuch beim Tierarzt ist für viele Horror pur. Doch das muss nicht sein. Es liegt in unserer Hand, ob und wie stressig die medizinische Versorgung unseres vierbeinigen Lieblings tatsächlich ist.

TIERARZTBESUCH LEICHT GEMACHT

Beginnen Sie unmittelbar nach der Eingewöhnung, Ihrer Katze die wichtigsten Basics im Medical Training näherzubringen – positiv verknüpft beispielsweise über Clickertraining (→ Seite 174). Üben Sie Schritt für Schritt, dass die »gruselige« Transportbox nicht nur harmlos, sondern ein richtig toller Ort ist, und man im Auto nicht immer zu Dr. Frankenstein gebracht wird, sondern nach einer kurzen Runde um den Block zu einer absolut leckeren Zwischenmahlzeit nach Hause kommt. Integrieren Sie das Training in Ihr tägliches Beschäftigungsprogramm. Streichen Sie das bisher verknüpfte negative Gefühl Ihrer Fellnase mit allem, was mit dem Tierarzt zu tun hat. Ersetzen Sie dieses mit der Aussicht, dass Ihr Training einfach eine weitere, schöne Beschäftigung ist, die Sie gemeinsam mit Ihrem Tier möglichst täglich oder zumindest regelmäßig in der Woche umsetzen. Ist Ihre Katze grundsätzlich gesund, haben Sie 365 Tage Zeit, um, wenn nötig, in winzig kleinen Schritten den Tag X zu trainieren und schließlich deutlich entspannter und gut gelaunt zum jährlichen Check-up in die Praxis zu fahren.

Die gute Nachricht: Selbst wenn es dort dann einmal unangenehm werden sollte, weil der Katze zum Beispiel Blut abgenommen wird, ist Ihre positive Vorarbeit so fest verknüpft, dass der Besuch weit weniger dramatisch abläuft als sonst. Zu Hause angekommen, wird am nächsten Tag direkt wieder mit der Transportbox geübt. War das Erlebnis zuvor arg unangenehm, beginnen Sie mit den Übungen besonders sanft und nehmen das Training spielerisch auf.

SPECIAL **BESCHÄFTIGUNG**

MEDICAL TRAINING – DIE TRANSPORTBOX

Bei diesem Training lernt die Katze, dass sie bisher Erschreckendes oder Unbekanntes, in diesem Fall die Transportbox, nicht fürchten muss, sondern ihr sogar Spaß beschert.

Für den entspannten Gang in die Transportbox rüsten Sie sich zunächst mit einem Modell aus, das Sie in Unterschale und Deckel trennen können, sowie mit einer kuscheligen und rutschfesten Unterlage für den Boden.

Formulieren Sie nun das Ziel des Trainings. Zum Beispiel: Die Katze geht gern in ihre Transportbox und lässt sich darin ohne Stress zum Tierarzt bringen. Teilen Sie die einzelnen Trainingsschritte in möglichst kleine Etappen ein.

Nun halten Sie fest, an welchem Punkt Ihre Katze bei dieser Aufgabe steht und wie mutig sie ist. Diese Informationen bestimmen den Startpunkt und wie kleinteilig Sie beim Üben vorgehen sollten.

Bei einer neugierigen mutigen Katze können Sie mit attraktiven Angeboten häufig etwas größere Schritte gehen als bei einem insgesamt ängstlichen Tier.

Flüchtet Ihre Katze bereits, sobald sie die Transportbox sieht, könnte es hilfreich sein, eine Box zu erwerben, die anders aussieht als die bisherige. Das kann ein anderes Modell oder eine andere Farbe sein. In jedem Fall sollte sie wiederum teilbar sein, sich aber von der bisherigen deutlich unterscheiden.

Das Training beginnt

Damit Ihre eingeschüchterte Katze die neue Transportbox als entspannten Ort kennenlernen kann, wird sie in eine gemütliche Ecke Ihrer Wohnung gestellt und mit einer neuen kuscheligen und rutschfesten Einlage ausgestattet. Die eine oder andere Leckerei oder ein Duftkissen verirrt sich im Alltag gelegentlich darin und macht dieses neue Ding interessant und für einen Besuch lohnenswert. Damit sich das Tier gut auf das aktive Training einlassen kann, sollten die Umgebungsbedingungen mög-

1. Beim Transportbox-Training teilen Sie die Box in ihre Einzelteile, beginnend mit der Einlage.

2. Ist die Einlage zum tollsten Ort der Welt geworden, wird sie in die Unterschale gelegt.

3. Selbst scheue Katzen können so lernen, eigenständig in die Box einzusteigen.

lichst störungsfrei sein. Es ist besonders wichtig für Katzen, dass sie sich sicher fühlen und wenig Außenreize verarbeiten müssen.

Üben Sie immer am gleichen Ort im Zimmer, laden Sie das Tier in der gleichen Art und Weise dazu ein und achten Sie darauf, dass keine Störungen zu erwarten sind. Schließen Sie das Fenster, schalten Sie das Radio oder den Fernseher aus und bitten Sie andere Familienmitglieder, die nächste Viertelstunde nicht in den Raum zu kommen und sich möglichst ruhig zu verhalten. Wenn Ihre Katze Angst vor der Türklingel hat, schalten Sie diese nach Möglichkeit aus, oder wählen Sie eine Tageszeit, in der die Wahrscheinlichkeit für Besuch gering ist.

Im ersten Schritt vermitteln Sie Mieze, dass die Einlage für die Box der tollste Ort überhaupt ist. Die Transportbox bleibt zunächst außen vor. Positionieren Sie die Einlage auf dem Fußboden (ohne Box) und belohnen die feline Schülerin, wenn sie sich der Unterlage nähert und schließlich mit einem oder gar mehreren Pfötchen darauf steht. Haben Sie ein besonders vorsichtiges Samtpfötchen, bestätigen Sie zunächst den neugierigen Blick in Richtung der Box. Es kommt nicht darauf an, dass Ihre Katze schon beim ersten Training komplett auf der Unterlage steht oder sitzt. In manchen Fällen sitzt die Skepsis so tief, dass der Blick zur Einlage aus zwei Metern

Entfernung oder ein gereckter Hals in ihre Richtung schon einen großen Schritt für das Tier darstellt und unbedingt bestätigt und gefestigt werden sollte.

Was immer die Katze anbietet, es folgt sofort eine Belohnung – und Sie beginnen wieder von vorne. Ist die Katze über Clickertraining auf ein Markersignal konditioniert, binden Sie es unmittelbar vor der Belohnung ein, um dem Tier zu signalisieren »Das war richtig klasse – das lohnt sich für dich!« (→ Seite 174).

Nach maximal zwölf Belohnungen beenden Sie die Übungseinheit mit einem immer gleichen Abschluss. Ich zeige beispielsweise häufig meine geöffneten Hände und sage »Finish«. Hat eine Katze Angst vor den Händen oder ist zu forsch, werfen Sie die letzte Leckerei mit einem Signalwort (»Fertig«, »Feierabend« etc.) durch den Raum, stehen auf und packen die Trainingsutensilien weg.

Wiederholen Sie die Übung in mehreren Einheiten – idealerweise täglich, aber ohne sich selbst damit unter Druck zu setzen –, bis die Katze gern auf die Unterlage geht, weil sie gelernt hat, dass es dort immer etwas Tolles für sie gibt. Die Belohnung darf eine Leckerei sein, eine Bürsteneinheit oder etwas anderes, das dem Tier Freude bereitet.

Gestalten Sie jede Einheit kurz und positiv und setzen Sie auf viele Wiederholungen über mehrere Tage oder sogar Wochen – je nachdem, an welchem Punkt Sie beginnen und wie vorsichtig sich Ihre Schülerin zeigt. Im nächsten Schritt legen Sie die Einlage nun in das Unterteil der Box

1. Mit freudig erhobenem Schwanz geht Batida in die Box mit Deckel.

2. Noch ohne eingehängte Tür wird der entspannte Aufenthalt gefestigt.

(ohne Deckel und Tür). Sie beginnen erneut: Jede Annäherung oder gar ein Schritt in die Unterschale mit Einlage werden mit Click und einer Belohnung gefördert. Schnuppert die Katze an der Box oder reibt ihr Köpfchen an deren Rand, ist auch das ein Verhalten, das Sie belohnen können. Grundsätzlich: Alles, was in die Richtung des Verhaltens geht, das Sie am Ende sehen möchten, ist (be-)lohnenswert! In dieser Form bauen Sie die Transportbox Schritt für Schritt zusammen.

Die Katze bestimmt das Tempo

Wie schnell oder langsam, wie klein oder groß die Übungsschritte sein dürfen, bestimmt einzig Ihre Katze. Sicherlich wird Ihnen manches einfacher erscheinen, und an anderen Punkten bleiben Sie zunächst stecken. Hinterfragen Sie, ob der Schritt zu anspruchsvoll für das Tier ist oder die Anforderungen zu schnell erhöht wurden. Ist die Belohnung noch attraktiv oder sollten Sie ein anderes Highlight einsetzen? Sind Ihre Übungseinheiten zu lang oder setzen Sie sich und die Katze ganz unbewusst unter Druck?

Es gibt viele Stolpersteine beim Medical Training, die sich in den meisten Fällen gut aus dem Weg räumen lassen. Kommen Sie allein nicht weiter, lassen Sie sich von einer ausgebildeten Katzenverhaltensberaterin unterstützen. Medical Training soll Spaß machen und dabei ganz nebenbei den Tierarztbesuch oder medizinische Behandlungen stressfrei oder zumindest so stressarm wie möglich machen. Probieren Sie es aus.

3. Ist die Tür eingehängt, wird sie zunächst in kleinen Schritten und nur kurz geschlossen.

4. Erst wenn die Katze entspannt darin sitzt, kann das Anheben der Box trainiert werden.

DER JÄHRLICHE CHECK

Ob Kitten oder Senior, mindestens einmal jährlich sollten Sie Ihre Katze vom Tierarzt durchchecken lassen. Dabei macht er sich ein Bild des Allgemeinzustands Ihres Schützlings. Je nach Status, erfolgt eine Auffrischungsimpfung, und der kleine Patient darf wieder heimreisen. Diese »kleine Inspektion« gibt einen ersten Eindruck des Zustands der Katze. Zeigen sich Auffälligkeiten, wird eine weiterführende Diagnostik nötig. Selbst der hochqualifizierteste Tierarzt hat dabei nur ein sehr begrenztes Beurteilungsvermögen und ist auf Ihre ergänzenden Beobachtungen und Aufzeichnungen angewiesen.

DIE FELINE PATIENTIN – DETEKTIVARBEIT IN GEHEIMER MISSION

Aus tierärztlicher Sicht ist die Katze keine leichte Patientin. Eine vor Angst erstarrte oder sich wie eine Furie wehrende Katze verrät während der Untersuchung nahezu nichts über ihren realen Gesundheitszustand. Ihr Körper ist viel zu sehr auf ALARM eingestellt. Doch selbst eine entspannte Katze verhält sich in einer fremden Umgebung anders als zu Hause. Als sei dies noch nicht anspruchsvoll genug, verbirgt sie selbst zuhause einen Großteil ihrer körperlichen Probleme so lange und so gut sie kann. Bis wir auf den ersten Blick sehen, dass Kater Louis bei jedem Schritt ein stechender Schmerz durch die Glieder fährt, können wir sicher sein, dass es bereits sehr lange in seinem Körper ruckelt. Es benötigt einen geübten Blick und Aufzeichnungen, um Veränderungen frühzeitig zu erkennen. Dann gibt es bei vielen Erkrankungen gute Chancen, sie zu heilen, zumindest zu verlangsamen oder zu lindern.

Sie lieben Katzenfotos? Wunderbar! Dann beginnen Sie damit, in regelmäßigen Abständen (vier bis sechs Wochen sind ein guter Richtwert) Bilder zu machen, die das Tier von vorn (Porträt), von beiden Seiten und von oben zeigen. Achten Sie bei diesen Aufnahmen auf möglichst neutrale, ähnliche Körperhaltungen und Tageszeiten, um die Bilder im Zeitverlauf miteinander vergleichen zu können. Gehen Sie immer mehrere Etappen im Vergleich zurück, damit Sie die langsamen Veränderungen, die uns im täglichen Zusammenleben entgehen, über diese Aufnahmen erkennen und den Arzt gezielt darauf ansprechen können. Machen Sie sich fit im Lesen der Katzenmimik, um Hinweise zu sammeln, ob das Tier Schmerzen hat oder ihm übel ist. Vergleichen Sie das Fell und schauen nach Unregelmäßigkeiten darin. Wirkt es fettiger oder stumpfer als früher? Auch hier hilft es Ihnen, Aufnahmen, Hinweise und Vergleiche zu sammeln. Behalten Sie das Gewicht Ihrer Katze im Auge. Bleibt die Fütterung konstant und nimmt das Tier an Gewicht ab oder zu, können Stoffwechselerkrankungen die Ursache sein. Ein entsprechendes Tagebuch bietet eine

AUS DER **PRAXIS**

Gesundheits-Check bei Tierheimkatzen

In der Regel wird eine allgemeintierärztliche Untersuchung kurz vor der Abgabe des Tiers von der Tierschutzeinrichtung übernommen.

Aus Kostengründen gibt es nur in besonderen Fällen weiterführende Untersuchungen, wie zum Beispiel eine Blutuntersuchung bei älteren Katzen. Fragen Sie deshalb am besten vor der Übernahme nach dem Gesundheitsstatus des Tiers, um eventuelle weitere Untersuchungen abzustimmen oder aber selbst durchführen zu lassen.

Da ich mich selbst seit über 20 Jahren im Tierschutz engagiere, kenne ich beide Seiten der Medaille. Als Tierhalterin möchte ich noch vor der Übernahme möglichst genau wissen, wie es meinem neuen Familienmitglied geht. Gleichzeitig weiß ich, dass die Tierschutzvereine – selbst mit der höchsten Schutzgebühr – nicht annähernd die Kosten der übernommenen Pfleglinge decken können. Es fallen schließlich Ausgaben für die Versorgung der Tiere bis zur Adoption für Impfungen, Wurmkuren, Mikrochip und den EU-Haustierausweis an.

Es ist den Vereinen deshalb finanziell und mitunter personell leider nicht möglich, jedes Tier weiterführend untersuchen zu lassen. Die allgemeintierärztliche Untersuchung wird jedoch fast immer durch einen Test auf FIV (Felines Immundefizitvirus) und FeLV (Felines Leukämievirus/Leukose) ergänzt. Der Test prüft zwei weit verbreitete, ansteckende und bei Ausbruch tödlich verlaufende Krankheiten.

Sind die getesteten Tiere positiv, können sie bei guter Haltung dennoch ein »normales« Alter erreichen, sollten jedoch nicht mehr in den ungeschützten Freigang oder in einen Haushalt mit nicht infizierten Katzen vermittelt werden, um die Viren nicht zu verbreiten.

Es gibt nur noch wenige Tierheime, die diese Infektionen nicht eigenständig prüfen. Fragen Sie dennoch besser nach, sollte diese Information offen bleiben.

Jede Katze, die vermittelt wird, wird allgemeintierärztlich untersucht.

objektive Stütze im Verlauf, die Sie zum Tierarztbesuch mitnehmen sollten. Eine Blutuntersuchung und bei Bedarf weiterführende Diagnostik können dann Klarheit bringen.

Ein Tipp: Verwenden Sie zum Wiegen einer Katze immer eine Waage, die in mindestens Zehn-Gramm-Einheiten exakt wiegt. Waagen für den Menschen sind selbst als digitale Modelle zu ungenau, um diese Veränderungen zuverlässig ermitteln zu können. Küchen-, Kleintier- oder Babywaagen sind nicht nur deutlich genauer, sondern, mit einer kleinen Leckerei versehen, zudem höchst attraktiv für den felinen Feinschmecker.

Ist Ihre Katze sieben Jahre und älter, dürfen Sie neben einer Karriere als Katzenfotograf nun auch zum Filmprofi werden. In diesem Alter wechselt das Tier langsam in eine etwas ruhigere Lebensphase, die mit dem einen oder anderen Zipperlein verbunden sein kann. Arthrose, der normale Verschleiß von Gelenken, ist eine Alterserkrankung, mit der nicht nur wir Menschen uns plagen. Uns sieht man diese in der Regel allerdings früher an. Bei der Katze zeigen sich verschiedene, schmerzhafte Erkrankungen des Bewegungsapparats, wie so oft, in kleinen Details. Nach einem tiefen Schläfchen braucht sie einige Schritte, um so rund und geschmeidig zu laufen wie wir sie kennen. Beim Hochspringen verharrt sie einen kleinen Moment, als müsse sie sich zunächst sammeln und ihre Kraft konzentrieren, und Treppenstufen werden einzeln genommen, statt sie flink hinaufzuflitzen. Die hoch gelegenen Kuschelplätze werden mit eher tieferen Varianten ergänzt und schließlich ganz abgelöst. Halten Sie die Augen auf, notieren Sie sich Veränderungen und ergänzen Sie Ihre Dokumentation mit Filmaufnahmen des Gangbilds. Sie können all Ihre Aufzeichnungen als Basis zur Tierärztin/zum Tierarzt mitnehmen und erleichtern ihnen damit die weiterführende Diagnostik. Sie haben konkrete Anhaltspunkte, mit denen sie bei Bedarf weitere Untersuchungen einleiten oder Sie beruhigen können.

IMPFUNGEN, RÖNTGEN, KAFFEESATZLESEN: WAS IST WANN SINNVOLL?

Unabhängig vom Lebensalter, schützen Impfungen das Tier vor lebensbedrohlichen Erkrankungen wie der Katzenseuche, dem Katzenschnupfen, der Felinen infektiösen Peritonitis (kurz FIP – eine Mutation von Felinen Corona-Viren) oder auch der Leukose (FeLV – eine durch Viren ausgelöste Blutkrebsvariante). Welche Impfungen generell sinnvoll sind und in welchen Intervallen, hängt unter anderem mit der Haltungsform zusammen.

Eine reine Wohnungskatze benötigt beispielsweise keinen Schutz gegen Tollwut, da diese Erkrankung nur über den Biss eines infizierten Lebewesens möglich ist. Genau genommen gilt die tödliche Krankheit in Deutschland seit einigen Jahren als ausgerottet. Dennoch sollten Freigänger geimpft sein, da im Falle eines erneuten Ausbruchs alle nicht geimpften Tiere aus Seuchenschutzgründen euthanasiert werden könnten. Ebenfalls bei den meisten Wohnungskatzen unnötig ist der Schutz gegen Leukose (FeLV), da diese Krankheit nur über den Austausch von Körperflüssigkeiten übertragen wird. Ein Schutz ist daher nur bei solchen Katzen sinnvoll, die über ein Außengehege oder andere infizierte Partnertiere in direkten Kontakt kommen könnten.

Bleiben Katzenseuche, Katzenschnupfen und FIP. Katzenseuche und Katzenschnupfen sollten in jedem Fall unsere Beachtung finden, da wir dessen Erreger jederzeit mit unseren Schuhen, unserer Kleidung usw. mit nach Hause bringen können, selbst wenn die Wohnungskatze nie ein Pfötchen vor die Tür setzt.

Besonders sorgfältig sollten Sie die Grundimmunisierung durchführen. Sie legen hier die Basis aller weiteren Impfungen bzw. den tatsächlichen Schutz gegen die Erkrankungen. Nach der Grundimmunisierung unterscheiden sich die Auffrischungsintervalle je nach Impfstoff und Tier.

In der Regel gilt der Impfschutz mittlerweile mindestens drei Jahre als gesichert, kann jedoch mitunter deutlich länger sein. Die Wirksamkeit der Katzenseuche-Impfung können Sie im Zweifel über eine sogenannte Titer-Bestimmung prüfen und das Tier nur bei einem zu niedrigen Wert nachimpfen lassen. Insbesondere bei älteren und/oder chronisch kranken Katzen kann dies sinnvoll sein, um den Körper nicht unnötig mit einer Impfung zu strapazieren. Viren, die Katzenschnupfen verursachen, unterliegen einer höheren Mutationsrate – ähnlich den Grippeviren von Menschen – und müssen daher meist häufiger aufgefrischt werden.

Die Impfung gegen FIP ist ein Sonderling, wie die Erkrankung als solche auch. Ausgelöst wird die Krankheit durch ein zunächst harmloses Virus, das Feline Corona-Virus, mit dem viele Katzen im Laufe ihres Lebens konfrontiert werden. In Privathaushalten kann beinahe jede zweite Katze infiziert sein.

Impfungen gegen lebensbedrohliche Erkrankungen können das Leben der Katze retten.

Bei großen Beständen wie etwa in Tierheimen können mitunter 80 Prozent der Katzen und sogar mehr betroffen sein. Die Tiere reagieren – wenn überhaupt – nur beim ersten Kontakt mit milden Durchfällen oder grippeähnlichen Symptomen. Das Virus als solches bleibt daraufhin lebenslang im Körper und kann über den Kot ausgeschieden werden, worüber dann die Neuinfektion anderer Katzen erfolgt.

Unter noch nicht eindeutig geklärten Umständen kann das Virus jedoch im Körper mutieren und die lebensbedrohliche Feline infektiöse Peritonitis (FIP) auslösen. Der einst harmlose Untermieter verursacht dann, je nach Ausprägung, Fieberschübe, neurologische Ausfälle, Flüssigkeitsansammlungen im Bauchraum und weitere lebensbedrohliche Symptome. Die Erkrankung verläuft ohne Behandlung in jedem Fall tödlich, und selbst mit intensivmedizinischer Betreuung waren die Tiere bis vor kurzem in den meisten Fällen dem Tod geweiht. Hoffnung liefert mittlerweile ein noch nicht zugelassenes Medikament, das in Studien bisher hervorragende Überlebenschancen lieferte.

Als Prävention gegen FIP könnte man nun auf die Impfung hoffen. Diese kann jedoch – wenn sie erfolgreich ist – nur gegen das harmlose Feline Corona-Virus schützen. Die Tiere müssen zuvor zwingend getestet werden, da die Impfung bei einer bereits infizierten Katze wirkungslos ist, im schlimmsten Fall durch die ausgelöste Immunreaktion zur Mutation sogar zum Ausbruch der Krankheit führen kann. Ist das Tier noch nicht in Kontakt mit dem Virus gekommen, wird die Impfung in die Nase getropft. Die tatsächliche Wirkung ist allerdings umstritten, da sie in Studien keine vergleichbaren Schutzraten wie bei anderen zugelassenen Impfstoffen erreichen konnte.

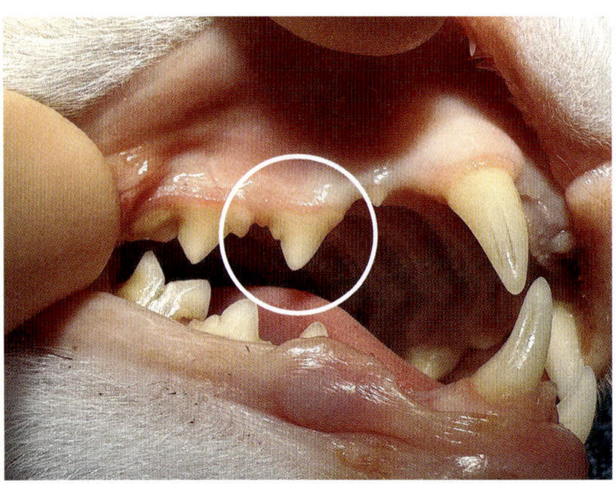

1. Ein typischer Anblick bei der schmerzhaften FORL: Von Außen sieht alles top aus.

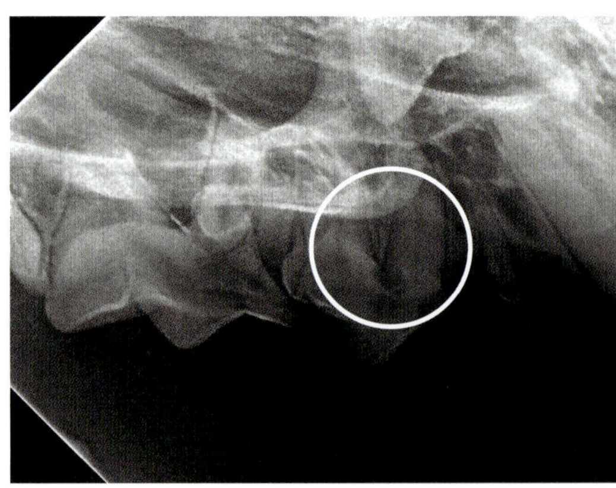

2. Ein Dentalröntgen bringt die Wahrheit ans Licht: An der Zahnwurzel wütet die Krankheit.

Wenn die Zähne Kummer machen

Statistisch gesehen leidet etwa jede zweite Katze ab fünf Jahren an einer sehr schmerzhaften und leider oft übersehenen Erkrankung des Gebisses: FORL (Feline Odontoklastische Resorptive Läsionen), mittlerweile häufig nur noch RL (Resorptive Läsionen) genannt.

Die Ursachen für FORL sind noch weitgehend unbekannt. Man geht jedoch von einer Störung des Kalziumhaushalts aus, durch welche sich die betroffenen Zähne von der Zahnwurzel ausgehend auflösen. Man unterscheidet drei Formen der Erkrankung.

FORL Typ 1 ist mit entzündlichen Prozessen des Zahnhalteapparats und Zahnfleischs sowie Zahnbelag und Zahnstein verbunden. Da bei dieser Form die Zahnwurzel durch den sogenannten Parodontalspalt vom Kieferknochen getrennt ist, muss der gesamte Zahn inklusive der Wurzel entfernt werden.

FORL Typ 2 entsteht ohne entzündliche Prozesse und ist damit lange von außen nicht erkennbar. Hierbei kommt es zur Ankylose – einer Auflösung des Parodontalspalts und einer somit starren Verbindung zwischen Wurzel und Kieferknochen – daher kann hier nach Amputation der Zahnkrone auf eine komplette Entfernung der Wurzel verzichtet werden.

FORL Typ 3 wiederum ist eine Kombination aus FORL Typ 1 und 2.

Allen Varianten gemein sind starke Zahnschmerzen, welche die Katze weitgehend verbirgt, was sehr häufig zu einer ausbleibenden Behandlung führt. »Die Katze frisst doch noch«, höre ich häufig in meinen Beratungen. Tatsächlich fressen selbst stark von FORL geplagte Katzen weiterhin nahezu unverändert.

Um sicherzugehen, dass Ihnen nichts entgeht, ermitteln Sie ab einem Alter von fünf Jahren regelmäßig über ein Dentalröntgen den

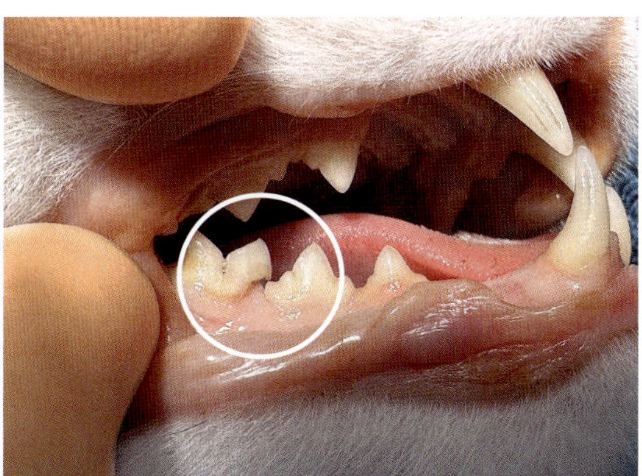

3. Auf den ersten Blick ist nicht mal Zahnbelag zu sehen – die Zähne »strahlen«.

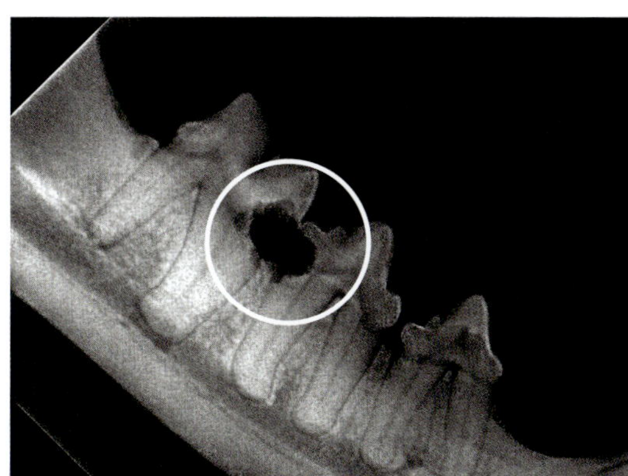

4. Bei der Röntgenaufnahme ist dagegen ein riesiges Loch zu sehen, das große Schmerzen verursacht.

Zahnstatus – und lassen Sie sich bitte nicht einreden, Ihre Tierärztin könne über das reine Anschauen des Fangs erkennen, ob eine weitere Diagnostik nötig ist. Selbst der beste Tierarzt hat keinen Röntgenblick, über den die Veränderungen an den Zahnwurzeln erkennbar wären. Im Gegenteil, sollte Ihre Tierärztin von außen gerötetes Zahnfleisch oder andere Indizien einer Erkrankung feststellen, müssen Sie davon ausgehen, dass die Katze bereits längere Zeit mit Zahnschmerzen zu kämpfen hat.

Ebenso sinnlos wie die reine Sichtprüfung ist das Entfernen des Zahnsteins ohne vorheriges Dentalröntgen. Die Zahnsteinentfernung ohne Dentalröntgen kommt einer rein kosmetischen Behandlung gleich. Liegt eine unerkannte FORL vor, hat die Katze nach der Behandlung blütenweiße Zähne, aber weiterhin massive Zahnschmerzen, da das Kernproblem nicht behoben wurde. Hat Ihr Tierarzt kein solches Gerät, lassen Sie diese Untersuchung in einer entsprechend ausgerüsteten Praxis oder Klinik mit ausgebildetem Fachpersonal durchführen.

Den Gang zum Spezialisten möchte ich Ihnen im Bedarfsfall insgesamt ans Herz legen. Analog zur Humanmedizin gibt es Fachtierarztrichtungen, die sich auf verschiedene Funktionsbereiche konzentrieren. Es gibt Spezialisten für Zahnerkrankungen, Internisten, Kardiologen.

Habe ich einen Schnupfen, gehe ich natürlich zunächst zu meinem Hausarzt. Entpuppt sich der vermeintliche Schnupfen jedoch als schwerwiegende Lungenerkrankung, überweist mich ein kompetenter Allgemeinmediziner zum Facharzt.

Bei Tieren scheinen Allgemeintierärzte alles abdecken zu müssen, weil man es gewöhnt ist, dass der Tierarzt um die Ecke einfach alles macht. Aber mal ehrlich, würden Sie von Ihrem Hausarzt eine Wurzelbehandlung an Ihrem seit Wochen schmerzenden Zahn durchführen lassen?

Ab einem Alter von etwa sieben Jahren sollte neben der jährlichen allgemeintierärztlichen Untersuchung ein Blutbild auf dem Check-up-Programm stehen. Über ein geriatrisches Profil erkennt der Tierarzt Ihres Vertrauens schon früh typische Alterserkrankungen wie beispielsweise Nierenfunktionsstörungen, Schilddrüsenerkrankungen oder andere bei der alternden Katze oft auftretende Zipperlein. Früh erkannt und begleitet, sind viele Krankheiten zwar nicht heilbar, aber gut in Schach zu halten.

Je früher Sie von einer gesundheitlichen Schwäche wissen, desto früher können Sie nicht nur in einer Therapie dagegensteuern, sondern haben zudem die Möglichkeit, sich und das Tier behutsam auf anstehende Behandlungen vorzubereiten.

Ist die Katze erst in einer akuten Krise, fällt ein Training, eine Ernährungsumstellung oder ein anderer Umgang im Alltag umso schwerer, da Ihnen die Zeit davonläuft, wenn sich das Allgemeinbefinden der Katze nicht weiter verschlechtern darf.

MEIN **PERSÖNLICHER TIPP**

Von Zahnschmerzen geplagt

In meinen Beratungen geht es vor allem um Verhaltensauffälligkeiten und/oder ein entspanntes Miteinander im Alltag. Tatsächlich entpuppen sich viele Anfragen im Kern als gesundheitliche Probleme, die selbst bei regelmäßigem Tierarztbesuch unerkannt und unbehandelt blieben. Nicht oder unzureichend behandelte Zahnerkrankungen nehmen dabei den traurigen ersten Platz ein.

In den meisten Fällen sind es eher unauffällige Verhaltensveränderungen, die darauf hinweisen, dass die Katze Schmerzen hat. Sie spielt weniger, ist gereizter bzw. dünnhäutig gegenüber Veränderungen oder lässt sich nicht mehr so gern streicheln. Vielleicht zeigt sie keinerlei Veränderungen und wird dennoch täglich von massiven Zahnschmerzen geplagt. Ein furchtbarer Gedanke, nicht wahr?!

Bei Vergesellschaftungen kommen wir in der Beratung häufig an einen Punkt, an dem es nicht mehr weiterzugehen scheint. Die Tiere haben sich angenähert, aber irgendwann kippt die Stimmung immer wieder, oder eine der Beteiligten reagiert von Anfang an trotz sanftem Zusammenführen mit Abwehrverhalten, für das es keinen Grund zu geben scheint. Die unsaubere Katze sucht sich trotz bestem Toilettenmanagement und optimalen Haltungsbedingungen immer wieder ein anderes Örtchen für ihre Ausscheidung. Es gibt so viele Arten, wie sich Schmerzen – allen voran Zahnschmerzen – im Verhalten der Katze zeigen, und alle können nur mit der Behandlung der Schmerzursache nachhaltig gelöst werden.

Immer wieder erhalte ich nach der Zahnsanierung über Dentalröntgen die verblüffte Rückmeldung, dass die Katze nun eine ganz andere ist. In der Vergesellschaftung scheint sich ein Knoten gelöst zu haben, die Toilette ist plötzlich annehmbar und, und, und …

Starker Mundgeruch, einseitiges Kauen oder Sabbern können auf Zahnprobleme hinweisen.

SCHMERZ LASS NACH!

Vielleicht ist Ihnen beim Lesen dieses Buches aufgefallen, dass ich das Thema »Schmerzen der Katze« immer wieder aufgreife, um Ihnen die verschiedenen Facetten dieser Geißel aufzuzeigen. Katzen sind Meister darin, Schmerzen zu verbergen. Diese sind jedoch oft Ursache für ein verändertes Verhalten und führen häufig zu Problemen im Zusammenleben mit uns Menschen.

Bei meiner Arbeit als Verhaltensberaterin begegnen mir nahezu täglich Katzen, die mitunter bereits seit Jahren unter unerkannten Schmerzen leiden und dies erschreckend gut zu verstecken wussten. Immer wieder treffe ich auf engagierte und aufmerksame Katzenhalterinnen, die sich große Vorwürfe machen, wenn das Ausmaß der Schmerzen ihres vierbeinigen Lieblings festgestellt wurde. Nachdem diesen Katzen der zermürbende und einschränkende Begleiter genommen oder zumindest gelindert wurde, blühten die Tiere richtig auf. Selbst für ein geschultes Auge ist es nicht leicht, Schmerzen und Unwohlsein bei unseren felinen Gefährten zu erkennen. Je enger Sie mit dem Tier zusammenleben, desto besser verstehen Sie sich zwar mit ihm, laufen aber gleichzeitig Gefahr, etwas zu übersehen, das sich über einen längeren Zeitraum schleichend verändert hat. Es scheint, als sei die Katze eben noch ein Kitten gewesen, um im nächsten Moment zum Katzenopa zu transformieren.

Erinnern Sie sich bitte immer wieder daran, dass die Tiere von der Natur als zähe kleine Kämpfer gemacht sind, die sich möglichst nichts von einem körperlichen Leiden anmerken lassen. Es ist wie so oft an uns, genau hinzusehen und durch regelmäßige, tierärztliche Untersuchungen zu prüfen, ob der kleine Springinsfeld dieses tatsächlich noch schmerz frei tun kann.

ÜBERLEBENSSTRATEGIE: KEINE SCHWÄCHE ZEIGEN

Um besser zu verstehen, warum man Katzen körperliche Probleme nur schwer oder gar nicht anmerkt, müssen wir erneut einen kurzen Blick in ihr natürliches Umfeld werfen. Katzen sind spezialisierte Jäger, die sich bis ins hohe Alter über die Jagd zahlreicher Beutetiere selbst versorgen können und das manchmal

Schmerzen sind die Ursache Nummer 1 für viele Probleme – beobachten Sie Ihre Katze aufmerksam.

auch müssen. Gleichzeitig sind sie jedoch potenzielle Beute für andere Raubtiere. Es wäre für die Katze fatal, könnte man ihr die beginnende Niereninsuffizienz, die plagenden Zahnschmerzen oder die bei nasskaltem Wetter besonders ziepende Arthrose auf den ersten Blick ansehen.

Kranke und verletzte Tiere werden zur leichten Beute für Feinde und unerbittlich zu Fall gebracht. Zudem gibt es im Sozialverhalten der Katze wenige Pflegekomponenten. Selbst harmonisch miteinander lebende Gruppen versorgen verletzte oder kranke Partnertiere nicht. Im Gegenteil: Die solitär jagende Katze ist auf sich selbst gestellt und wird größtenteils von der Gruppe ausgesondert, wenn sie Krankheitssymptome erkennen lässt. Jede Katze muss deshalb in der Lage sein, sich selbst zu versorgen, und darf möglichst keine körperliche Schwäche zeigen. Auch im Zusammenleben mit uns bleibt die Katze eine eigenständige Jägerin! Mich fasziniert diese Mischung aus Eigenständigkeit und Selbstschutz. Kaum ein anderes Tier hat so viel Willensstärke in sich und kann gleichzeitig den Moment zu 100 Prozent für sich genießen. Eine wunderbare Kombination aus Stärke und Genuss!

Leider mischen sich die viel bewunderten Eigenschaften der Samtpfoten oft unglücklich mit überholten Grundeinstellungen von uns Menschen. Neben der häufig lückenhaften Gesundheitsvorsorge der Tiere sind es immer wieder die gleichen Gedankenmuster, die bei genauer Betrachtung schlicht Fehlannahmen sind und dem Tier unnötiges Leid bescheren.

Fehleinschätzungen, die viel Leid verursachen

Wie schon mehrfach gesagt, sind Katzen Meister im Verbergen von Krankheitsanzeichen und Schmerzen. Und ich bin immer wieder erstaunt, zu welchen Fehlinterpretationen es in diesem Zusammenhang kommt. Hier nur zwei Beispiele:

1. »Die Katze frisst ja normal und sie hat einen guten Appetit. Sie kann keine Zahnschmerzen haben.«

Höchste Priorität des Tiers ist, sein Überleben und das seiner Nachkommen zu sichern. Um zu jagen, muss es regelmäßig Energie aufnehmen – egal, ob dies mit Schmerzen verbunden ist oder nicht. Verhungern ist schließlich keine Option!

Bei Zahnschmerzen können wir zudem mitunter beobachten, dass die Tiere Trockenfutter zu bevorzugen scheinen. Hintergrund könnte sein, dass die kleinen Kroketten kaum gekaut und oft im Ganzen geschluckt werden. Sie berühren daher die Zähne weniger als Nassfutter, das den ganzen Mundraum durchspült und durch seine oft kühle Temperatur zusätzlich schmerzt – gerade bei offen liegenden Zahnnerven. Kroketten können zudem im Maul besser in weniger schmerzhafte Areale verschoben werden als Nassfutter.

Nicht zuletzt könnte es gerade das Druckgefühl der gecrunshten Kroketten sein, die von dem bohrenden Dauerschmerz ablenken. Kennen Sie den scherzhaften Spruch »Ich kann dir auf den Fuß treten. Das lenkt von deinem anderen Schmerz ab«? Ein ähnliches Phänomen könnte hinter dem vermeintlich unlogischen Verhalten stehen.

2. »Wenn sie möchte, springt unsere Katze noch ganz oben auf den Kratzbaum« oder »Wenn sie ihre verrückten fünf Minuten hat, rennt unsere Katze immer noch wie ein geölter Blitz hin und her«.

Daraus schlussfolgern nicht wenige Katzenhalter, dass Arthrose, eine Arthritis oder andere schmerzhafte Krankheiten keinesfalls vorliegen können. Viele, wenn nicht alle Schmerzursachen unterliegen Schwankungen. Sie sind manchmal stärker und zu anderen Zeiten weniger einschränkend. Veränderungen im Bewegungsapparat sind beispielsweise häufig wetterfühlig. Bei nasskaltem Wetter zwickt und zwackt es besonders arg, während trockene, warme Tage wie Balsam wirken.

Springt die Katze auf den Kratzbaum oder rennt sie wie wild für ein paar Minuten durch die Wohnung, hat sie vielleicht in genau diesem Moment weniger oder gar keine Schmerzen. Das schließt jedoch nicht aus, dass sie in der übrigen Zeit sehr wohl leidet.

Steht im Raum, ob Ihre Katze ein körperliches Problem hat, sollten Sie keine Indizien suchen, warum die Katze keine Schmerzen haben könnte. Richten Sie Ihren Blick vielmehr auf die Verhaltensweisen und Tage, an denen das Tier weniger aktiv ist als früher oder es eben nicht mehr seinen Lieblingsplatz auf der Fensterbank in Anspruch nimmt, sondern die Ebene darunter vorzieht. Achten Sie darauf, wenn die Fellnase jede Treppenstufe einzeln nimmt oder eine kurze Pause einlegt, bevor sie hinaufspringt, weil sie dafür eine extra Portion Kraft oder Mut gegen den anstehenden Schmerz sammeln muss.

Beobachten Sie Ihre Katze genau auf mögliche Krankheits- oder Stresssymptome und schließen diese gegebenenfalls aus – nicht umgekehrt. Sind Sie unsicher, ob Ihre Katze ein gesundheitliches Problem hat, beantworten Sie sich Ihre Frage lieber mit einem »könnte sein« und lassen es tierärztlich abklären.

Wiegelt der Tierarzt Ihre Sorge ab, hinterfragen Sie, warum er keine Notwendigkeit für eine weitere Diagnostik sieht. Liefert er Ihnen stichhaltige Argumente, betrachten Sie seine Empfehlung als Entwarnung, beobachten aber Ihre Katze im gewohnten Umfeld weiter.

Kommen von dem Tierarzt eher fragwürdige Aussagen wie zum Beispiel »Im Maul ist nichts zu sehen«, »dafür ist sie noch zu jung« oder Ähnliches, schauen Sie sich nach einem Kollegen um, der Ihre Beobachtung ernst nimmt und Ihnen hilft, Ihre Zweifel durch weitere Indikatoren zu untermauern oder zu entkräften.

Schmerzen den Kampf ansagen

Niemals sollten Sie sich einreden lassen, dass eine Katze kein Schmerzmittel benötigt, wie etwa bei einer Kastration, Zahnextraktion oder Blasenentzündung. Es ist erschreckend, wie häufig Katzen unversorgt nach Hause geschickt werden, obwohl sie – ebenso wie wir Menschen – Schmerzen empfinden. Nur weil sie dem nicht unentwegt jammernd Ausdruck verleihen, haben sie gleichermaßen ein Recht auf eine adäquate Schmerztherapie! Die heute verwendeten Medikamente sind zudem in der Regel keine reinen Schmerzmittel mehr wie zum Beispiel Opiate. Es werden stattdessen meist Entzündungshemmer verabreicht, beispielsweise mit dem Wirkstoff Meloxicam, der den Schmerz zumindest lindert oder im besten Fall völlig ausschaltet.

Schmerz bedeutet Stress

Schmerz ist immer mit Stress verbunden. Er nimmt einen Teil der Lebensqualität, und letzten Endes verkürzt er die Lebensdauer. Zahlreiche Studien im Humanbereich belegen mittlerweile die weitreichenden Auswirkungen von Schmerzen – und sind sicherlich teilweise ebenso auf Katzen übertragbar.

Leider gibt es immer noch viele Tierärzte, die scheinbar kein oder nur ein einziges Schmerzmedikament kennen und dieses grundsätzlich bei fest definierten Anwendungsgebieten einsetzen.

Auf der anderen Seite haben viele Katzenhalter Angt vor Nebenwirkungen oder Organschäden, wie zum Beispiel der Nieren, bei ihrem Tier und lehnen deshalb eine Schmerztherapie mit Medikamenten ab. Tatsächlich gibt es jedoch nicht nur verschiedene Schmerzmittel, die – je nach Diagnose – hervorragende Ergebnisse erzielen, sondern zudem organschonend wirken.

Am Ende sollten wir uns immer die Frage stellen, welche Wahl unsere Katze treffen würde: akute oder chronische Schmerzen auszuhalten, weil das dagegen hochwirksame Medikament vielleicht ein anderes Organ angreifen könnte, oder sich doch lieber hier und jetzt besser zu fühlen mit dem Risiko, dass ein Medikament nicht nur positive Eigenschaften mit sich bringt. Diese Frage muss jeder Halter für sich beantworten.

Einen Gedanken möchte ich Ihnen für Ihre persönliche Abwägung dennoch mitgeben: Für mich gibt es kaum ein anderes Tier, das so sehr im Moment lebt wie die Katze. Sie scheint jede Sekunde auszukosten, in denen das Leben für sie lebenswert ist. Wie wahrscheinlich ist es also, dass sie auf das Konto für mehr Lebenszeit einzahlen würde, wenn der Preis hierfür weniger Genuss im Moment wäre?

ZURÜCK AUF ANFANG – DIE ALTERNDE KATZE

Obgleich die Katze als überaus eigenwilliger, manchmal störrischer und sturer Geselle bezeichnet wird, geht sie im Zusammenleben mit uns gleichermaßen viele Kompromisse ein. Sie lässt uns – bei entsprechender Grundversorgung – in der Regel für sie acht furchtbar langweilige Stunden schlafen, richtet ihren

Im Alter tut eine Extrarunde Schlaf auf weichem Untergrund im wohlig warmen Zimmer besonders gut.

Biorhythmus in großen Teilen auf unseren Alltag ein – während sie eigentlich besonders in den Dämmerungszeiten aktiv wäre, wo wir Menschen meist schlafen oder unseren Feierabend genießen möchten. Sie quetscht sich täglich auf zu kleine oder schlecht erreichbare Toiletten, begnügt sich mit der von uns angebotenen Anzahl Mahlzeiten und geht tagein, tagaus auf unsere, aus ihrer Sicht merkwürdige Lebensweise ein.

Irgendwann schreitet die feline Lebensuhr immer weiter voran und aus dem wunderbar in unser Leben integrierten Kätzchen wird an der einen oder anderen Stelle ein scheinbar widerspenstiger Kateropi, dem plötzlich sein Katzenklo nicht mehr passt oder der in aller Frühe lauthals vor sich hin kräht, bis der Futternapf endlich gefüllt wurde. Was ist passiert? Warum funktionierte alles über viele Jahre wunderbar und wird nun zum Problem?

Die Antwort ist in vielen Fällen: So »wunderbar« war es aus Sicht der Katze noch nie, aber im Laufe ihres Alterungsprozesses wird so manches einfach unaushaltbar.

Was sich im Alter verändert

Im Alter wird die Katze wieder mehr Katze, und wir sind gut beraten, wenn wir uns spätestens jetzt die natürliche Lebensweise der kleinen Jäger ins Gedächtnis rufen.

Viele, kleine und warme Mahlzeiten über 24 Stunden verteilt, eine bequeme, gut erreichbare Toilette, verschiedene Schlafplätze auf unterschiedlichen Höhen, kurze Spieleinheiten mit viel Kopfarbeit und weniger Umherspringen und eine angenehme Temperatur um sie herum sind wohl das Minimum an »Wohlfühlatmosphäre« der alternden Katze.

Was früher schon doof war, wird für die alternde Katze mehr und mehr zum absoluten No-Go, denn das Leben wird für sie insgesamt beschwerlicher und unüberschaubarer. Feste Routinen und gut erreichbare Ressourcen werden immer wichtiger. Mit nachlassenden Sinnen wird es für die Katzenomi schwerer, ihr Futter in »gut« oder »absolut ungenießbar« einzuteilen. Sie ist gut beraten, wenn sie im

Oh, wie angenehm, wenn Frauchens Finger sanft durchs Fell streichen.

Der erhöhte Napf ist das richtige Tafelgeschirr für Katzensenioren.

Zweifel die Schnute davon lässt. Wärmen wir das Futter etwas an, duftet es stärker und die feline Seniorin kann besser beurteilen, dass wir ihr einen Gaumenschmaus gönnen wollen. Ein leicht erhöhter Napf sorgt dafür, dass sich Mieze nicht zu weit hinunterbeugen muss, was gerade im Alter schmerzhaft sein oder durch aufsteigende Magensäure zu Sodbrennen und damit Futterverweigerung führen kann.

Weckt uns der Katzenoldie mitten in der Nacht durch lautes Rufen, könnte seine bisher so gute Nachtsicht nachlassen. Einfache Nachtlichter oder solche mit Bewegungsmelder für die Steckdose helfen zu einer schnelleren Orientierung durch eine verbesserte Sicht.

Hört das Maunzen daraufhin nicht auf, beobachten Sie die Katze, ob sie gelegentlich plötzlich stehenbleibt und bedröppelt ins Leere blickt, als würde sie überlegen, was sie eigentlich tun wollte. Je älter die Katze wird, desto wahrscheinlicher wird eine Demenz. Orientierungslosigkeit, eine erhöhte Schreckhaftigkeit oder ein gestörter Tag-Nacht-Rhythmus sind Symptome der degenerativen Erkrankung. Sie ist wie im Humanbereich nicht heilbar.

Sie können jedoch auf Verhaltensebene mit einer starken Ritualisierung im Alltag Sicherheit vermitteln, das Tier sanft geistig fördern – zum Beispiel mit Clickern oder anderen Köpfchenspielen – und Clickertraining medikamentös unterstützen, um die Symptome der Demenz zu mildern.

Bei körperlichen Einschränkungen helfen Tierarzt, Tierheilpraktiker, Physiotherapeut & Co. Auf der Verhaltensebene können Sie Experten dahingehend unterstützen, den Alltag auf den neuen Lebensabschnitt einzustellen, und Ihnen helfen, ein neues Verständnis für Ihre kleine Begleiterin zu entwickeln.

Die Art, wie wir mit dem Alterungsprozess der Tiere umgehen, hat entscheidenden Einfluss darauf, wie gelassen die Katze auf ihre langsam nachlassenden Kräfte und Fähigkeiten reagiert.

Abschied nehmen

Auch wenn wir den Tod gern ausblenden – er steht unweigerlich am Ende eines jeden Lebens. Stirbt die geliebte Katze, ist die Trauer oft grenzenlos. Halten Sie sich an dem Gedanken fest, dass Sie das Beste für Ihren Liebling getan und ihm zuletzt ein würdevolles Sterben ermöglicht haben.

DIE LETZTE LEBENS-PHASE BEGINNT

Abschied zu nehmen ist selbst für mich als »Profi« immer eine Herausforderung. Es fällt mir schwer, mich der Endlichkeit des Lebens zu stellen und den Schmerz zuzulassen, den der Verlust eines Fellpuschels in mir auslöst – selbst noch Jahre, nachdem er mich verlassen hat. Ich habe unzählige Male angesetzt, dieses Kapitel zu schreiben. Meist kam ich über das Anstarren der Überschrift nicht hinaus, während meine Gedanken sich überschlugen und von zahlreichen Erinnerungen überflutet wurden.

Ich dachte an Polly, die sich vor fast genau einem Jahr auf ihren letzten Weg begeben und seither eine unendlich große Lücke in meinem Herzen und Leben hinterlassen hat. Oft noch kullern meine Tränen, wenn ich unvermittelt über eine Erinnerung an sie stolpere. Polly war nicht mein erstes Haustier, das ich verabschieden musste, und doch war und ist sie bis heute etwas ganz Besonderes unter meinen kleinen Gefährten mit Fell oder gefiederten Freunden. Jeder Abschied war so individuell wie das Tier, das mein Leben zuvor bereicherte. Nicht alle verliefen jedoch so friedlich, wie ich es mir für sie und für mich gewünscht hätte.

WENN DER ABSCHIED NAHT

Leben wir eng verbunden mit einer Katze zusammen, wachsen wir in vielerlei Hinsicht zu einem wundervollen Team zusammen. Wir verstehen einander, akzeptieren unsere Eigenheiten und schätzen die gemeinsamen Momente. Die Vorstellung, dass unser kleiner, flauschiger Plüschball die ersten Schritte für seine letzte Reise begonnen hat, löst die unterschiedlichsten Emotionen in uns aus. Nicht wenige verdrängen zunächst die Anzeichen des Sterbeprozesses. Andere ertragen die Sorge kaum, dass der vierbeinige Liebling unnötig leiden könnte, und setzen sich früh, manchmal zu früh, mit dem Gedanken der Euthanasie auseinander.

Ob und wann wir einer Katze den letzten Gang erleichtern sollten, ist individuell. Sich mit den Sterbephasen des Körpers auseinanderzusetzen, kann uns helfen, die richtige Entscheidung zu treffen. Die Natur hat viele erstaunliche Prozesse, sich selbst zu helfen oder mit unserer Unterstützung einen stimmigen Weg zu finden. Nähern wir uns nun behutsam dem Thema »Abschied nehmen«.

Die Sterbephasen verstehen lernen

Wird ein Lebewesen nicht unvermittelt, zum Beispiel durch einen Unfall, aus dem Leben gerissen, bereitet sich der Körper am Ende seines Lebens darauf vor, loszulassen. Die Organe arbeiten langsamer, es werden Prozesse in Gang gesetzt, die schmerzlindernd und beruhigend wirken. Das Tier durchläuft verschiedene Phasen, in denen es beispielsweise aus einem sehr großen Schlafbedürfnis plötzlich in eine, für uns vielleicht überraschend lebensfrohe Aktivität wechselt, um so die nicht mehr benötigte Energie abzubauen. Appetitlosigkeit kann mit Heißhunger wechseln, der Wunsch nach Nähe wiederum mit dem Bedürfnis nach Rückzug und Distanz.

Von außen betrachtet, ändert die Katze scheinbar willkürlich ihr Verhalten. Sie macht in einem Moment den Eindruck, als würde sie aufblühen und voller Lebensfreude alles neu entdecken. Am nächsten Tag oder nur einen Moment später finden wir ein völlig erschöpftes oder ruheloses Wesen, dem alles schwerzufallen scheint und das für nichts mehr zu begeistern ist. Dieser Wechsel kann es uns schwer machen, die Situation richtig einzuschätzen. Wir fühlen uns während dieser Phasen oft unsicher und hilflos. Einerseits möchten wir nicht, dass unser Schatz leidet. Auf der anderen Seite wollen wir der Katze keine Sekunde ihres Lebens stehlen. Was also tun?

Die Sterbephasen eines Tiers zu verstehen, kann uns helfen zu erkennen, an welchem Punkt unsere Katze steht und was wir jetzt für sie und uns tun können. Es gibt zu diesem Thema spezielle Literatur, Seminare und professionelle Sterbebegleitung, die ich Ihnen ans Herz legen möchte. Beschäftigen Sie sich idealerweise zu einer Zeit damit, in der Ihr persönlicher Abschied von einem geliebten Haustier noch weit entfernt ist. Nehmen Sie sich für diesen Prozess so viel Zeit, wie Sie brauchen. Legen Sie die Literatur zur Seite, um das Gelesene zu verarbeiten und für sich zu bewerten. Das Sterben ist – je nach persönlichem Wertesystem – ein komplexes und vielschichtiges Thema, das ich in diesem Buch nur anreißen kann. Umso mehr möchte ich Sie ermuntern, sich damit auseinanderzusetzen.

Mein erstes Sterbeseminar nahm ich mehrere Monate nach Pollys Tod wahr. Das Seminar riss erwartungsgemäß meine Trauer wieder auf, öffnete mir aber gleichzeitig einen neuen Zugang, schmerzhaft und ebenso heilsam. Polly durfte nicht friedlich einschlafen, wie ich es mir für sie von Herzen gewünscht hatte. Aufgrund einer akut lebensbedrohlichen Situation wählten wir den Weg der Euthanasie, an dem es einen Punkt gab, der mir noch heute zusetzt. Die Aufarbeitung half mir, den Schmerz anzunehmen und mir zu verzeihen, dass es mir nicht gelungen war, meinem kleinen Schatz den Frieden zu schenken, den sie ganz sicher verdient gehabt hätte.

Ich wünsche Ihnen von Herzen, dass Sie für sich und Ihr geliebtes Familienmitglied den richtigen Weg finden und diesen gemeinsam gehen können.

Die einen Katzen suchen in ihren letzten Stunden die Nähe ihres Menschen, die anderen die Distanz.

AKZEPTANZ UND UNTERSTÜTZUNG

Macht sich Ihre Katze langsam auf ihren letzten Weg, bereiten Sie sich und das Tier möglichst behutsam auf ihren Abschied vor. Leidet die Katze an einer fortschreitenden Erkrankung, besprechen Sie mit Ihrem Tierarzt, welche Symptome auftreten können und wie diese zu bewerten sind.

Je besser Sie verstehen, was auf Sie und Ihren Liebling zukommen kann, desto besonnener reagieren Sie im akuten Fall. Fragen Sie offen, mit welchen Symptomen das Tier zu einem Notfall wird und wie Sie einschätzen können, wann eine Euthanasie sinnvoll ist, um einen qualvollen Tod zu vermeiden. Gestehen Sie sich zu, dass diese Fragen für Sie schmerzhaft und deren Antworten nur schwer auszuhalten sind. Stellen Sie sich ihnen dennoch, denn kaum etwas ist schlimmer als Ungewissheit oder die Unsicherheit, was Sie für Ihren Schutzbefohlenen tun können und müssen. Wissen Sie jedoch, was auf Sie zukommt und wie Sie reagieren sollten, gewinnen Sie das sichere Gefühl, Ihren geliebten Schatz bestmöglich begleiten zu können. Sie gewinnen zudem die Möglichkeit, sich rechtzeitig Unterstützung zu suchen, wenn ein Aspekt des Abschieds für Sie unvorstellbar ist.

Können Sie eine notwendige Behandlung nicht eigenständig durchführen, ist es völlig legitim, eine andere Person darum zu bitten oder zu beauftragen. Das kann eine medizinisch ausgebildete Catsitterin, eine gute Freundin oder die medizinisch-technische

Assistentin Ihres Tierarztes sein, die das als zusätzlichen Service der Praxis anbietet. Scheuen Sie nicht, aktiv zu fragen – nur so kann Ihnen die Unterstützung zuteil werden, die Ihnen die Kraft gibt, die Ihre Katze nun von Ihnen benötigt.

Braucht das Tier regelmäßige Medikamente, erfragen Sie deren Funktion, mögliche Nebenwirkungen und Konsequenzen bei einem eventuellen Absetzen. Stimmen Sie eng mit dem Tierarzt ab, unter welchen Umständen Sie gegebenenfalls auf einzelne Gaben oder das Medikament insgesamt verzichten können, ohne dass das Tier leidet. Im Zuge des Sterbeprozesses kann es dazu kommen, dass der Wunsch nach Distanz und eine eventuelle Futterverweigerung eintreten. An diesem Punkt sollten Sie die Katze nur noch mit unbedingt notwendigen Maßnahmen behandeln und ihr ansonsten in erster Linie freundliche Angebote machen. Wahren Sie aber stets die Grenzen des Tiers.

Dazu gehört es zu respektieren, wenn sich Ihre ansonsten verkuschelte Schmusekatze zurückzieht – eine Veränderung, die mir persönlich bei Polly sehr schwergefallen ist. Die sonst sehr anhängliche Katzenomi suchte an ihrem letzten Tag zusehends die Distanz. Ging ich zu ihr, um bei ihr zu sein, rappelte sie sich sichtbar mühsam auf, um sich einige Schritte

Wie schön, wenn man im Angesicht des Todes auf eine gemeinsame wunderbare Zeit zurückblicken kann.

entfernt wieder hinzulegen und mich von dort intensiv anzusehen. Rückte ich nach, begann das Spiel von vorn. Es war schwer für mich zu verstehen, dass sie mich unbedingt bei sich haben, aber dennoch Abstand wahren wollte. Ich wünschte mir nichts mehr, als mit Polly zu kuscheln, sie zu berühren, ihre Wärme und Atmung zu spüren – und genau das konnte sie in ihren letzten Stunden nicht zulassen. Es war meine Aufgabe, dies zu respektieren – und so akzeptierte ich den von ihr gewünschten Abstand.

Bei der Einschätzung und Akzeptanz, wie es Ihrer Katze aktuell geht, können Freunde und Therapeuten, die Sie und das Tier bisher begleitet haben, unterstützen. Sie sind emotional nicht so stark involviert und können mit dem nötigen Abstand Ihre Beobachtungen ergänzen oder korrigieren. Ihre Außenperspektive kann uns dabei helfen, die Situation objektiver zu betrachten und die Bedürfnisse der Katze besser zu verstehen.

EMOTIONALE HERAUSFORDERUNGEN ANNEHMEN

Der Abschied von unseren Samtpfoten bringt eine Vielzahl von emotionalen Herausforderungen mit sich, die uns ordentlich aus der Bahn werfen können. Die Bindung, die wir zu dem Tier aufgebaut haben, unabhängig davon, wie lange oder kurz das kleine Wesen schon bei uns lebt, macht den Verlust umso schmerzhafter.

Trauer, Verlust, Angst und Hilflosigkeit sind nur einige der Emotionen, die uns oft in dieser Phase begegnen können. Gestehen Sie sich diese Gefühle zu, nehmen Sie sich die Zeit, die Sie für deren Verarbeitung benötigen, und achten Sie darauf, sich selbst etwas Gutes zu tun. Jeder Mensch trauert auf seine eigene Weise – und jede Form ist völlig in Ordnung, weil es unsere Art ist, mit dem Verlust eines Familienmitglieds umzugehen. Vielleicht fühlen Sie sich von Schuldgefühlen geplagt, obwohl Sie alles in Ihrer Macht stehende getan haben, um der Katze ein gutes Leben zu ermöglichen. Möglicherweise fühlen Sie sich überwältigt von dem Gedanken, das Tier loslassen zu müssen. All diese Gefühle sind Teil des Trauerprozesses , und Sie dürfen sich erlauben, diese zu fühlen und zu verarbeiten.

Sprechen Sie mit Freunden oder Familienmitgliedern über Ihre Gedanken, Ihre Sorgen und Ängste ebenso wie über Ihre Gefühle bei dem Gedanken an den nahenden Tod Ihrer geliebten Katze. Suchen Sie Menschen, die Ihre Situation nachempfinden können, und nehmen Sie bewusst eine Zeit lang Abstand von Kontakten, die vielleicht »nur« eine Katze sehen, die eben (bald) nicht mehr da ist und Ihre Gefühle negieren möchten.

Es ist ein Zeichen Ihrer persönlichen Liebe gegenüber diesem Tier, dessen Verlust Sie schmerzt und der Gedanke daran schier unerträglich für Sie ist. Es sind Ihre Gefühle, zu denen Sie stehen sollten und für die Sie niemandem eine Erklärung schuldig sind ...

EINE STERBENDE KATZE BEGLEITEN

Wenn möglich, verbringt Ihr kleiner Liebling seine verbleibende Lebenszeit in seiner gewohnten Umgebung. Achten Sie darauf, dass das Tier weiterhin leichten Zugang zu frischem Wasser, seinem Lieblingsfutter – egal, wie »ungesund« es sein mag – und seiner Toilette hat. Natürlich darf es sich in seinem kuscheligen Bettchen ausruhen. Sucht es allerdings gezielt kühlere oder härtere Flächen auf, überlassen Sie ihm bitte diese Entscheidung, auch wenn Sie Ihren Schatz am liebsten buchstäblich »in Watte« packen möchten. Gleiches gilt für das Angebot von Futter, Wasser und dergleichen.

VERSTÄNDNIS UND RÜCKSICHT

Im natürlichen Sterbeprozess stellt der Körper ab einem gewissen Zeitpunkt das Bedürfnis nach Nahrung und Wasser ein und setzt gleichzeitig Stoffe frei, die das Hunger- und Durstgefühl mindern. Das Tier leidet in diesem Fall nicht. Es weiß in diesem Moment genau, was es braucht, um seinen Körper für den letzten Weg vorzubereiten. Machen Sie der Katze gern gelegentlich das Angebot, doch noch einmal ihr Lieblingsleckerli zu genießen. Respektieren Sie jedoch ebenso ihre Entscheidung dagegen. Sind Sie unsicher, ob sie nur kurzfristig keinen Appetit hat oder eine andere Ursache hinter der Nahrungsverweigerung steht, sprechen Sie mit Ihrem Tierarzt.

Geht es in Ihrem Haushalt eher turbulent zu, ist nun der Zeitpunkt für etwas mehr Ruhe gekommen. Verzichten Sie auf den permanent laufenden Fernseher im Hintergrund und bitten Sie die Familienmitglieder um etwas Rücksicht und Ruhe. Gleichzeitig sollten sich jedoch nicht alle nur »auf Zehenspitzen« bewegen. Bieten Sie der Katze ihr gewohntes Ambiente – nur insgesamt ein wenig ruhiger –, denn das vermittelt ihr die größtmögliche Normalität und lässt sie entspannen.

In ihren letzten Momenten dürfen Sie Ihrem kleinen Fellpuschel selbstverständlich sagen, dass es Ihnen unendlich leid tut, dass er gehen muss, und, dass Ihnen der Gedanke sehr weh tut. Die Katze spürt Ihre Traurigkeit. Geben Sie Ihrer Trauer Raum – achten Sie jedoch gleichzeitig darauf, dass es jetzt in erster Linie darum geht, Ihrer Katze beizustehen

Den letzten Weg in ihrer gewohnten Umgebung anzutreten, gibt der Katze Ruhe und Entspannung.

und Trost zu spenden. Ihrer eigenen Trauer können Sie nach dem letzten Atemzug Ihrer Katze freien Lauf lassen. Jetzt ist es am wichtigsten, für Ihre Samtpfote da zu sein und ihr den Frieden zu geben, den sie von Ihnen mitnehmen soll. Sagen Sie ihr, wie sehr Sie sie lieben und vermissen werden.

Teilen Sie noch einmal Ihre schönsten Erinnerungen miteinander und lachen Sie über den Schabernack, den Ihnen Ihr kleiner Tiger nur zu gern gespielt hat. Vielleicht schaffen Sie es, Ihrer Katze zu sagen, dass sie gehen darf und Sie ohne ihre wundervolle Art zurechtkommen werden. Es wird Ihnen unendlich schwerfallen, aber ich bin mir ganz sicher, dass Sie das schaffen! Das Tier versteht zwar Ihre Worte nicht – aber es wird fühlen, was Sie ihm auf die Reise mitgeben möchten.

EUTHANASIE – DER SANFTE TOD

Das Wort »Euthanasie« kommt aus dem Griechischen und setzt sich zusammen aus eu=gut und Thanatos=Tod. Über das Verabreichen von Medikamenten wird ein schmerzloser Tod herbeigeführt, um dem Tier unnötges Leiden zu ersparen. Es ist eine schwere Entscheidung, ob und wann wir unser Tier einschläfern lassen. Das hängt sowohl von den medizinischen Umständen, aber auch Ihren persönlichen Möglichkeiten ab, das Tier zu begleiten. In einem plötzlich lebensbedrohlichen Fall kann eine Euthanasie die einzig tierschutzgerechte Entscheidung sein. Leidet Ihre Katze dagegen an einer Krankheit oder steht in ihrem natürlichen Alterungsprozess am Ende ihres Lebens, können sich verschiedene Möglichkeiten auftun. Nicht immer ist dann Euthanasie die einzige Möglichkeit, Leid zu verhindern oder zu mildern. Besprechen Sie möglichst frühzeitig mit Ihrem Tierarzt, wie Sie Ihren Liebling am besten an seinem Lebensende unterstützen können.

Informieren Sie sich eingehend über den Ablauf der Euthanasie. In Kliniken und Tierarztpraxen gibt es häufig einen abgelegenen Raum, um fernab des Praxisalltags Abschied zu nehmen. Für manche Menschen ist es tröstlich zu wissen, dass die Euthanasie zu Hause durchgeführt werden kann. In diesem Fall können Sie einen ruhigen und vertrauten Raum schaffen, in dem sich Ihre Katze sicher und entspannt fühlt. Die Lieblingsdecke des Tiers oder ein getragenes Shirt von Ihnen mit Ihrem persönlichen Duft können zusätzlich unterstützen.

Die Euthanasie sollte immer und ausschließlich im Sinn des Tiers getroffen werden, um ihm unnötiges Leiden zu ersparen. Das heißt einerseits, dass die Katze nicht uns zuliebe länger leiden sollte, und andererseits, dass sie nicht auf nur einen einzigen Tag ihres Lebens verzichten muss, weil sie zum Beispiel nicht mehr ganz so schnell auf den Pfötchen ist. Sofern keine akut lebensbedrohliche Situation vorliegt, lassen Sie sich niemals zu dieser Entscheidung drängen. Je besser Sie sich informiert und sicher in Ihrer Entscheidung fühlen, desto mehr Ruhe können Sie Ihrer Katze auf ihrem letzten Weg schenken.

ABSCHIEDSRITUALE

Hat der kleine Schatz seinen letzten Atemzug getan, ist die Lücke in unserem Herzen riesengroß. Manchmal bricht die Trauer unmittelbar mit dem letzten Herzschlag aus uns heraus, und manchmal scheinen wir zunächst wie betäubt zu sein und nicht zu realisieren, was passiert ist. Vielleicht möchten Sie Ihre Katze noch eine Weile bei sich behalten und ihr alles sagen, was Sie bewegt. Nehmen Sie sich diese Zeit. Schämen Sie sich nicht für Ihre Gefühle!

Bei der Trauer können Abschiedsrituale und das Schaffen von Erinnerungen uns helfen, mit dem Verlust umzugehen und unserer Katze auf besondere Weise zu gedenken. Abschiedsrituale können unterschiedlich gestaltet werden. Unmittelbar nach dem Ableben zünden viele Katzenhalter eine Kerze an oder öffnen ein Fenster, um der Katzenseele Raum zu geben. Vielleicht hilft es Ihnen auch, Ihrem Liebling einen Abschiedsbrief zu schreiben und diesen zusammen mit ein paar Erinnerungsstücken in einer hübschen Schatulle aufzubewahren.

Darüber hinaus kann es tröstlich sein, mit anderen über unsere Erinnerungen und Gefühle zu sprechen. Teilen Sie Geschichten und Anekdoten über den Clown auf vier Pfoten oder den kleinen Grantler, der zum Lachen stets in den Keller zu gehen schien. Erinnern Sie sich an die Eigenheiten und Schrulligkeiten der Katze. All dies reinigt unser Herz von der sonst so erdrückenden Trauer.

NACHWORT

Eine Portion Wissen, eine Wagenladung Geduld und eine Prise Humor

Wenn Sie dieses Buch durchgelesen und sich die eine oder andere Anregung herausgepickt haben, sind Sie bestens gerüstet, sich und Ihrer Katze eine glückliche und erfüllte Zeit miteinander zu schenken. Sie haben einen einzigartigen Einblick in das wundervolle Wesen und die Individualität unserer geliebten Gefährten erhalten und können ihr Verhalten besser verstehen. Sollte ein Problemverhalten auftreten, wissen Sie, dass dies selbst bei größter Umsicht passieren kann und Sie mit Nachdruck nach der Ursache der Stolpersteine suchen sollten, um das Problem schnell und nachhaltig zu lösen. Lassen Sie sich nicht von gut gemeinten, aber wenig durchdachten Ratschlägen in eine Richtung leiten, die der Persönlichkeit Ihrer Katze nicht gerecht werden, auch nicht von ausgewiesenen Fachleuten.

Hinterfragen Sie Ratschläge, Untersuchungen und Behandlungen. Fragen Sie, welches Ziel und welche Ursachenannahme dahinterstehen, und sprechen Sie Zweifel offen an. Glauben Sie vor allem einem Wesen: Ihrer Katze! Zeigt sie weiterhin ein fragliches Verhalten, zieht sie sich zurück, spielt sie weniger oder gar nicht, geht es ihr – aller Wahrscheinlichkeit nach – nicht gut. Sie sind also nach wie vor nicht an der Wurzel des Problems angekommen. Hören Sie nicht auf, nach der Ursache und Lösung zu suchen! Sie möchten glücklich sein – Ihre Katze ebenso!

Mit den Augen einer Katze sehen

Orientieren Sie sich immer an dem natürlichen Verhalten des Tiers. Hinterfragen Sie, WARUM die Katze dieses oder jenes tut und welche Emotionen dem Verhalten gegebenenfalls zugrunde liegen. Sehen Sie das Problem mit den Augen der Katze, um jenseits unseres menschlichen Wertesystems verstehen und handeln zu können. Ihre Katze agiert niemals aus Schikane, Protest oder sonstigen Unterstellungen, die wir ihr nur allzu schnell machen, wenn etwas gegen UNSER Wertesystem verstößt. Sehen Sie sich selbst als Anwältin der Katze – beim Tierarzt, in Ihrem Umfeld und letzten Endes sogar sich selbst gegenüber.

Erweitern und aktualisieren Sie Ihr Katzenwissen regelmäßig durch Literatur, Seminare oder eine Beratungsstunde bei einer Katzenexpertin, um nicht nur auf dem Laufenden zu bleiben, sondern ebenso die Gefahr zu minimieren, in festgefahrene Muster zu geraten, die Ihnen und dem Tier nicht gerecht werden.

In unserem hektischen Alltag schleichen sich nur allzu oft Gewohnheiten ein, die uns das Leben zu erleichtern scheinen, aber gleichzeitig auf Kosten der Tiere gehen. Es wird weniger gespielt, dafür mehr gefüttert oder zu lange an der falschen Stelle gekrault, weil unsere Aufmerksamkeit nicht bei der Katze ist.

Das Leben der kleinen Persönlichkeiten ist begrenzt – genießen Sie jeden Moment, jedes Spiel, jede Clickereinheit und einfach jeden Atemzug, den Sie gemeinsam mit ihr erleben dürfen, und nutzen Sie eine – aus Katzensicht – sorgenfreie Zeit, um das sensible Wesen auf medizinische Behandlungen vorzubereiten und ihr Vertrauen zu gewinnen. Dann sind Sie beide bestens gewappnet, sollte es zu einer Erkrankung oder anderen sorgenvollen Situationen kommen.

Gerade über das Wesen der Katzen wissen wir im Vergleich zu anderen Haustierarten noch wenig. Gleichzeitig verändert sich die Lebensweise der kleinen Jäger zusehends – vom freiheitsliebenden Freigänger bis hin zu Mehrkatzenhaushalten in balkonfreien Großstadtwohnungen. Stellen Sie sich vor, Sie zögen von einer Villa mit großem Garten in eine winzige Einzimmerwohnung in der Stadt, die Sie nicht mehr verlassen dürfen. Wie wichtig ist da eine spannend gestaltete Umgebung, in der man Spaß mit freundlichen Sozialpartnern hat und jeden Tag etwas Neues erleben darf?

Rüsten Sie sich mit aktuellem Wissen über das Verhalten, die Ernährung und Gesundheitsvorsorge von Katzen aus, stellen Sie sich auf deren Bedürfnisse ein und unterstützen Sie sie in ihrem Leben mit uns. Die Fellnasen sind auf uns angewiesen. Und die Belohnung ist unbezahlbar: Jeden Tag können Sie in kleinen, unscheinbaren Momenten erleben, wie sich Ihre feline Begleiterin entwickelt. Die schüchterne Katze traut sich etwas mehr, der verschnarchte Couch-Potato spielt ein wenig ausgelassener und Madame Rührmichnichtan zwinkert Ihnen aus einem Meter Entfernung zu. Lassen Sie sich von Ihren Beobachtungen motivieren, noch besser hinzuschauen und noch besser auf das einzugehen, das Ihre Katze so einzigartig macht: ihre Persönlichkeit!

»Hier geht's mir gut, hier bleibe ich gern.« Vertrauensvoll präsentiert Cleo ihr Bäuchlein.

Veränderungen in kleinen Schritten

Für Katzen ist es nicht leicht, sich auf Veränderungen einzustellen. Alles, was sie bisher nicht oder anders kannten, könnte aus ihrer Sicht potenziell gefährlich für sie sein. Es wird mit Skepsis begutachtet, und je nach Charakter, oft zunächst abgelehnt. Hat sich ein bestimmtes Verhalten bisher gelohnt, gibt es aus Sicht der Katze zudem keinen Grund, etwas daran zu ändern – es sei denn, die neue Option ist noch besser. Möchten Sie eine Verhaltensveränderung erreichen, haben Sie in der Regel zwei Möglichkeiten: Gestalten Sie das Angebot so unwiderstehlich super, dass es um mindestens drei Level toller ist als das Verhalten, das Ihre Katze aktuell an den Tag legt – und zwar drei Level toller aus Sicht der Katze. Die schlechte Nachricht von mir an dieser Stelle: Was Ihre Katze in diesem Fall als »noch toller« empfindet, ist meist genau das Gegenteil von dem, was Sie sich wünschen. Diese Option trägt daher nur in wenigen Fällen ohne weitere Maßnahmen Früchte.

Bei der zweiten Möglichkeit gestalten Sie die Veränderungen in kleinen Häppchen – natürlich weiterhin angenehm und aus Sicht der Katze lohnend. Funktioniert nicht? Gehen Sie kleinteiliger vor und überlegen Sie, warum Ihr bisheriges Vorgehen bei Ihrem felinen Revolutionär nicht so gut ankommt, wie Sie es sich wünschen. Was ist der Grund, warum die Katze ihr Verhalten beibehält? Widerspricht Ihr Angebot dem natürlichen Verhalten der Katze? Haben sich ihre Lebensumstände verändert, etwa durch den natürlichen Alterungsprozess, in dem viele Dinge einfach schwerer zu ertragen oder durchzuführen sind als in jungen Jahren? Hat Ihre Katze Angst oder ein anderes negatives Gefühl? Selbst von uns Menschen verurteilte Gefühle wie Eifersucht sind berechtigt und schlichtweg vorhanden. Geben Sie dem süßen Tyrannen das Gefühl von Sicherheit, dass er in seinem Wesen wahr- und angenommen wird, und üben Sie dann in kleinen Schrittchen, wie man teilt, ein kleines bisschen warten kann oder wo immer der Schuh drückt. Ihre Katze muss sich zunächst darauf verlassen können, dass es ihr an nichts fehlt. Erst dann kann sie in ihrem persönlichen Umfang Kompromisse eingehen.

Lachen ist gesund

Zu guter Letzt möchte ich Ihnen noch eines von Herzen wünschen: Haben Sie Spaß mit Ihrer glücklichen Katze! Machen Sie bei jeder sich bietenden Gelegenheit Quatsch mit ihr und lachen aus ganzem Herzen über den Schabernack, den sie sich einfallen lässt! Katzen haben ganz sicher einen ebenso individuellen Humor, wie sie selbst einzigartig sind. Zugegeben, die einen scheinen eher »sauertöpfisch« zu sein. Andere wiederum scheinen fast ausschließlich aus Schabernack zu bestehen und lassen sich immer wieder etwas einfallen, worüber wir Menschen nur staunen können. Lachen Sie darüber und freuen sich über den Einfallsreichtum Ihres Clowns.

Wenn Sie sich nichts weniger als das »Glücklichsein« Ihrer Katze zum Ziel gemacht haben, gehört eine Portion Humor auf jeden Fall dazu. Das Schöne und Wichtige daran ist, dass Sie ganz sicher nichts tun werden, das nur für Sie lustig ist. Die kostümierte Katze mit Bienchenkostüm wird es bei Ihnen nicht geben, denn das würde Ihren Grundsätzen der Beziehung auf Augenhöhe widersprechen.

Respektieren Sie die Katze als eigenständiges und fühlendes Wesen, dann werden Sie in Momenten mit ihr lachen, in denen sie herausgefunden hat, wie die Toilettenspülung funktioniert oder wie eine ganze Toilettenpapierrolle auf einmal zerschreddert wird.

Dennoch ist es völlig in Ordnung, wenn Sie Regeln für Ihr Zusammenleben aufstellen. Das Tier erhält damit einen Rahmen, in dem es sich geschützt und verlässlich ausleben darf. Wichtig ist, dass der Rahmen – Sie ahnen es – den Bedürfnissen der Katze entspricht. Es macht keinen Sinn, etwas von Ihrer Katze zu verlangen, das gegen ihre Natur ist – nur weil es in Ihren Wertvorstellungen anders aussieht. Es verlangt auch niemand ernsthaft von Ihnen, nicht mehr zu atmen. Es gehört zu Ihrem Leben. Der Vergleich scheint weit hergeholt, ist jedoch leider bei vielen Verhaltensweisen, die uns mitunter an Katzen »stören«, Realität. Bauen Sie die Beziehung zu Ihrer Katze, der Persönlichkeit auf vier Pfoten, auf Respekt und Wertschätzung auf! Das wird sie beide glücklich machen – versprochen!

Mit herzlichen Grüßen,
Carmen Schell

DANK

»Klassische« Danksagungen in Büchern finde ich unsäglich langweilig und muss gestehen, dass ich sie nicht selten einfach überlese. Deshalb möchte ich Sie auf eine kleine Reise mitnehmen, wie dieses Buch entstanden ist. Ich lasse Sie einen Blick in mein Herz werfen, wo all die Menschen – oder besser Lebewesen – wohnen, die mich unterstützt haben.

Von meiner Seelenkatze Polly habe ich Ihnen bereits erzählt. Sie legte gemeinsam mit ihrer Schwester Cleo den Grundstein für meinen heutigen Beruf als Katzenpsychologin und Verhaltensberaterin und meinen Blick auf die Persönlichkeiten auf vier Pfoten.

Sie waren die perfekten »Anfängerkatzen«, die mir vieles gezeigt haben, wofür ich noch heute dankbar bin.

Niemals hätte ich zu Beginn meiner Ausbildung gedacht, dass ich mit diesem Beruf meinen Lebensunterhalt bestreiten könnte. Oft wurde ich belächelt. Meine Eltern geben heute gern zu, dass auch sie ihre Zweifel hatten. Umso dankbarer bin ich, dass sie mich das nie haben spüren lassen, sondern mich vielmehr unterstützt haben, meinen Traum zu verwirklichen.

Mit Petra Decken, der Tierheimleiterin des Tierschutzvereins Schwalbach und Frankfurt West e. V. kreuzte ein Mensch meinen Weg, der mich von der ersten Minute an fachlich ernst nahm und Rat bei mir suchte. Durch die vielfältigen praktischen Erfahrungen mit den Tierheimtieren konnte und kann ich meinen Erfahrungsschatz in unvergleichlicher Weise erweitern, wofür ich sehr dankbar bin.

Das Schreiben als solches war schon immer mein Ding. Von der Schülerzeitung über einen klassischen Blog gibt es allerlei »frühe Werke«, die ich zunächst in Fachartikeln auf professionelle Füße stellte und schließlich in meinen beiden selbst publizierten Ratgebern erstmals als Bücher veröffentlichte.

Die liebe Birgit Femppel ist hieran nicht unschuldig. Wir lernten uns vor etwa zehn Jahren über ihre Arbeit als Journalistin kennen und schätzen. Sie führte verschiedene Interviews mit mir und prägte den Satz »Carmen, du sprichst druckreif«, der mich ermutigte, das Gesprochene doch auch einmal auf Papier zu bringen. Diesen Satz wiederholte sie in ähnlicher Form während meiner Arbeit an diesem Buch immer wieder, wenn ich daran zweifelte, auch nur ein einziges sinnvolles Wort tippen zu können. Danke, geschätzte Freundin! Du hast vermutlich nicht die leiseste Ahnung, wie sehr du mich stützt.

Schon immer war mir bei meiner Arbeit die medizinische Versorgung der Katzen ein großes Anliegen. Nach meiner Überzeugung leiden Katzen viel zu häufig an unerkannten Schmerzen und zahlreichen Zipperlein, weil wir Menschen nicht genau hinsehen und auch

Jede Katze ist eine Persönlichkeit, der man mit Respekt und Wertschätzung begegnen sollte.

Tierärzte oft nur das Oberflächliche behandeln. Umso dankbarer war ich, als ich den Tierarzt Sebastian Goßmann-Jonigkeit kennenlernte – und dabei feststellte, dass ich ihn nicht nur fachlich, sondern auch menschlich großartig finde! Zunächst folgte ich ihm in sozialen Medien, teilte seine Beiträge und lernte darin immer wieder Neues über die medizinischen Herausforderungen bei Katzen. Es ist mir eine Ehre, dass er die tiermedizinischen Passagen in diesem Buch fachlich überprüft hat und Sie damit sicher sein können, dass diese Informationen fundiert sind. Als ich mich durch das eine oder andere Kapitel quälte, weil es mich emotional aufwühlte oder in einer Zeit entstand, in der mir das Schreiben schwer fiel, hatte er immer ein aufmunterndes Wort für mich – stets mit einer Prise seines einzigartigen Humors gewürzt.

Und während ich überlege, wem ich an dieser Stelle noch unbedingt danken möchte, merke ich, dass die Liste einfach zu lang ist, um alle zu berücksichtigen.

Enge Vertraute wie Bernd Kloos oder Ulrike Lahr, die mir regelmäßig »den Marsch blasen« durften, wenn ich mich in Ausreden übte, warum Schreiben gerade jetzt nicht so gut klappt. Oder meine wunderbaren Kunden, die unendlich viel Geduld mit meiner Terminvergabe hatten und dabei immer wieder aufbauende Worte für mich fanden wie die Familie Günder-Schick, die Deyls und viele, viele mehr.

Natürlich auch Sandra und Manu, die ich mit der einzigartigen Fotografin dieses Buches, Bine Bellmann, gleich an mehreren Tagen heimsuchte, um unzählige Bilder mit ihren Katzen für dieses Buch zu kreieren. Das war der absolute Wahnsinn, Ladys! Ihr wart der Hammer – ja, ganz besonders du, liebe Bine! Stefanie, meine langjährige Kundin, stellte mir ihren Workingspace zur Verfügung, als ich erzählte, dass ich während des Schreibens zu Hause unglaublich viele Ideen entwickelte – nur nicht zum Buch als solchem. So schloss ich mich tageweise in ihre Büroräume ein und trank literweise die Wiener Melange ihres Kaffeeautomaten.

Nicht zuletzt feuerte mich mein Partner Sebastian immer wieder an, diesen Ratgeber zu schreiben. Bei dem Gedanken, dass Sie nun dieses Buch lesen, hüpft mein Herz – weil ich Ihnen dankbar bin, dass Sie sich näher mit dem Wesen der Katzen beschäftigen und hinter die Fassade des eigenständigen und manchmal eigensinnigen Wesens schauen möchten. Zu guter Letzt danke ich all jenen, die sich schon immer für Katzen einsetzten.

Ab geht die Post – mit einem Katzenlaufrad bringen Sie Schwung ins Leben der Fellnase.

REGISTER

Halbfette Seitenzahlen verweisen auf Fotos

D

E

F

G

H

I

J

K

ADRESSEN, DIE WEITERHELFEN

VERBÄNDE/VEREINE

Fédération Internationale Féline (FIFe),
L–2015 Luxembourg,
www.fifeweb.org

1. Deutscher Edelkatzenzüchter-Verband e. V. (1. DEKZV),
Mühlweg 4, 35614 Asslar,
www.dekzv.de

Deutsche Rassekatzen-Union e. V. (D.R.U.),
Geschäftsstelle: Hauptstr. 56,
56814 Landkern,
www.dru.de

Österreichischer Verband für die Zucht und Haltung von Edelkatzen (ÖVEK),
Liechtensteinstr. 126,
A–1090 Wien,
www.oevk.at

Fédération Féline Helvetique (FFH),
Alfred Wittich (Präsident),
Büntacher 22,
CH–5626 Hermetschwil,
www.ffh.ch

Deutscher Tierschutzbund e. V.,
In der Raste 10,
53129 Bonn,
www.tierschutzbund.de

Schweizer Tierschutz (STS),
Dornacherstr. 101,
CH–4008 Basel,
www.tierschutz.com

Österreichischer Tierschutzverein,
A–1210 Wien,
Berlagasse 36,
www.tierschutzverein.at

Tierärztliche Vereinigung für Tierschutz e. V. (TVT),
Geschäftsstelle:
Bodelschwinghweg 6,
49191 Belm,
www.tierschutz-tvt.de

Gesellschaft für Tierverhaltensmedizin und -therapie e. V. (GTVMT),
Saselbergweg 32,
22395 Hamburg,
www.gtvmt.de
(mit bundesweiter Liste praktizierender Tierverhaltensmediziner)

BPT – Bundesverband Praktizierender Tierärzte e. V.,
www.smile-tierliebe.de

Gesellschaft für ganzheitliche Tiermedizin e. V. (GGTM),
Mooswaldstr. 7,
79227 Schallstadt,
www.ggtm.de

Gesellschaft für Tierverhaltensmedizin und -therapie (GTVNT),
www.gtvmt.de
(mit bundesweiter Liste praktizierender Tierverhaltensmediziner)

Berufsverband der Tierverhaltensberater und -trainer e. V. (VDTT),
Achtern Dieck 6,
24576 Bad Bramstedt,
www.vdtt.org

Tierschutzverein Schwalbach & Frankfurt-West e. V.
Tierschutzanlage Nied
Nieder Kirchweg / unter der Schwanheimer Brücke,
65934 Frankfurt am Main,
www.tierheim-nied.de

Tierschutzverein für Berlin und Umgebung Corporation e. V.
Hausvaterweg 39
13057 Berlin
www.tierschutz-berlin.de

Tierarztpraxis Dr. med. vet. Jonigkeit
Olpener Str. 25
51766 Engelskirchen
www.tierarzt-jonigkeit.de

Cattalk – Verhaltensberatung rund um die Katze
Friedrich-Ebert-Straße 16
64807 Dieburg
www.cattalk.de

ATN AG Akademie für angewandte Tierpsychologie und Tierverhaltenstraining
Kreuzstr. 10
CH-8635 Dürnten
www.atn-akademie.com

REGISTRIERUNG VON KATZEN

Deutsches Haustierregister, Deutscher Tierschutzbund e. V., Baumschulallee 15, 53115 Bonn, www.deutsches-haustierregister.de

TASSO e. V., Haustierzentralregister, Otto-Volger-Str. 15, 65843 Sulzbach/Taunus, Tel. (06190) 93 73 00, www.tasso.net, E-Mail: info@tasso.net

Internationale Zentrale Tierregistrierung (IFTA), Nördliche Ringstr. 10, 91126 Schwabach, Tel. (00800) 43 82 00 00 (kostenlos), www.tierregistrierung.de

KRANKEN-VERSICHERUNG

Uelzener Versicherung, Postfach 2163, 29511 Uelzen, www.uelzener.de

AGILA Haustierversicherung AG, Breite Str. 6–8, 30159 Hannover, www.agila.de

Allianz, Königinstr. 28, 80802 München, www.katzeundhund.allianz.de

Für Haftpflichtfälle: Katzen sind in Ihrer Privathaftpflichtversicherung beitragsfrei mitversichert.

ZEITSCHRIFTEN

die edelkatze.
Illustriertes Fachmagazin für Katzenfreunde, Verbandszeitschrift des 1. Deutschen Edelkatzenzüchter-Verbands (→ Verbände/Vereine)

katzen.
Zeitschrift der Deutschen Rassekatzen-Union (→ Verbände/Vereine)

our cats.
Minerva Verlag, Mönchengladbach

Geliebte Katze.
GeraNova Bruckmann Verlagshaus München

KATZEN IM INTERNET

www.feline-senses.de
Verhalten und Bedürfnisse von Katzen

www.haushueter.de
Angebote zur Betreuung von Haus und Tier

www.katzen.de
Themenbereiche: Aufzucht, Erziehung und Haltung von Katzen

www.miau.de
Umfangreicher Service mit Tipps für den Katzenalltag

www.netz-katzen.de
Service und Gesundheit, interaktiver Treffpunkt für Katzenfreunde

www.tierarztblog.com
Wissensportal für Katzenfreunde

www.tierheimlinks.de
Linkliste der Tierheime und Tierschutzvereine

www.tierklinik.de
Tiermedizin

www.welt-der-katzen.de
Katzen von A bis Z. Neben Haus- und Rassekatzen werden auch wildlebende Katzen vorgestellt.

Informationen über giftige Pflanzen erhalten Sie unter:
www.botanikus.de
www.giftpflanzen.ch

LITERATUR, DIE WEITERHILFT

Bradshaw, John: **Cat Sense: The Feline Enigma Revealed.** Penguin-Verlag, München

Halls, Vicky: **Katzen und ihre Menschen: Wege zu einer harmonischen Beziehung.** Franckh-Kosmos Verlag, Stuttgart

Hauschild, Christine: **Tierarzttraining für Katzen: Einfühlsam und spielerisch zu mehr Gelassenheit.** Books on Demand

Hofmann, Helga: **Katzensprache.** Gräfe und Unzer Verlag, München

Leyhausen, Paul: **Katzenseele: Wesen und Sozialverhalten.** Franckh-Kosmos Verlag, Stuttgart

Klauka, Martin: **Einmal mit der Katze um die halbe Welt: Meine unglaublichen Erlebnisse mit Mogli.** Gräfe und Unzer Verlag, München

Kok, Bettina: **Katzen sterben: Auch die, die wir lieben.** epubli Verlag, 1. Edition, Berlin-Kreuzberg

Linke-Grün, Gabriele: **Die unglaublichen Fähigkeiten der Katze.** Gräfe und Unzer Verlag, München

Linke-Grün, Gabriele: **Wohnungskatzen.** Gräfe und Unzer Verlag, München

Ludwig, Gerd: P**raxishandbuch Katzen.** Gräfe und Unzer Verlag, München

Rödder, Birgit: **Katzen Clicker-Box.** Gräfe und Unzer Verlag, München

Schell, Carmen: **Second Hand Katze: Aufnahme einer Katze mit Vergangenheit.** Books on Demand

Schell, Carmen: **Umzug mit der Katze.** Books on Demand

Schroll, Sabine: **Katzen-Kindergarten.** Books on Demand

Carmen Schell ist zertifizierte Katzenpsychologin und Verhaltensberaterin und bringt zudem eine langjährige Qualifikation im Schulungsbereich und Qualitätsmanagement mit. Ihre Laufbahn begann sie 2010 als ehrenamtliche »Katzenkuschlerin« in einem Tierheim und berät seit 2014 Privathalterinnen und Privathalter sowie Tierheimpersonal bei Problemen und Fragen rund um die Katzenhaltung. Ihre Ausbildung zur »Tierpsychologin Katze« absolvierte sie an der renommierten ATN – Akademie für angewandte Tierpsychologie und Tierverhaltenstraining in der Schweiz. Nach ihrem Abschluss 2014 machte sie sich mit dem Unternehmen »Cattalk« selbstständig, wo sie persönliche Haltungs- und Problemberatung sowie Online-Coaching anbietet. Zugleich ist sie seit vielen Jahren als TV-Expertin bekannt. Seit 2015 arbeitet Carmen Schell als Dozentin, gibt Fortbildungsseminare für Fachkräfte. Seit 2017 ist sie Referentin des Landestierschutzverbandes Hessen mit einer eigenen Fortbildungsreihe »Katzenkunde« sowie seit 2019 auch Dozentin an der ATN AG.

DIE WERDEN SIE AUCH LIEBEN.

ISBN 978-3-8338-4147-7

ISBN 978-3-8338-8789-5

ISBN 978-3-8338-3641-1

ISBN 978-3-8338-3592-6

ISBN 978-3-8338-2875-1

ISBN 978-3-8338-7123-8

e Auch als eBook erhältlich.

Mehr von GU auf **gu.de** | **gu.verlag** | **gu.verlag**

LIEBE LESERINNEN UND LESER,

wir wollen Ihnen mit diesem Buch Informationen und Anregungen geben, um Ihnen das Leben zu erleichtern oder Sie zu inspirieren, Neues auszuprobieren. Wir achten bei der Erstellung unserer Bücher auf Aktualität und stellen höchste Ansprüche an Inhalt und Gestaltung. Alle Anleitungen und Rezepte werden von unseren Autoren, jeweils Experten auf ihren Gebieten, gewissenhaft erstellt und von unseren Redakteur*innen mit größter Sorgfalt ausgewählt und geprüft.

Haben wir Ihre Erwartungen erfüllt? Sind Sie mit diesem Buch und seinen Inhalten zufrieden? Wir freuen uns auf Ihre Rückmeldung. Und wir freuen uns, wenn Sie diesen Titel weiterempfehlen, in Ihrem Freundeskreis oder bei Ihrem Online-Kauf.

Sollten wir Ihre Erwartungen so gar nicht erfüllt haben, tauschen wir Ihnen Ihr Buch jederzeit gegen ein gleichwertiges zum gleichen oder ähnlichen Thema um.

KONTAKT ZUM LESERSERVICE

GRÄFE UND UNZER VERLAG
Grillparzerstraße 12
81675 München
www.gu.de

Ein Unternehmen der
GANSKE VERLAGSGRUPPE

IMPRESSUM

© 2024 GRÄFE UND UNZER VERLAG GmbH, Postfach 860366, 81630 München

GU ist eine eingetragene Marke der GRÄFE UND UNZER VERLAG GmbH, www.gu.de

ISBN 978-3-8338-8974-5
1. Auflage 2024

Alle Rechte vorbehalten. Nachdruck, auch auszugsweise, sowie Verbreitung durch Bild, Funk, Fernsehen und Internet, durch fotomechanische Wiedergabe, Tonträger und Datenverarbeitungssysteme jeder Art nur mit schriftlicher Genehmigung des Verlages.

Projektleitung: Anita Zellner
Lektorat: Gabriele Linke-Grün
Bildredaktion: Petra Ender, Natascha Klebl (Cover)
Korrektorat: Anne-Sophie Zähringer
Umschlaggestaltung:
ki 36 Editorial Design, München, Petra Schmidt
Layout und Satz: Ludger Vorfeld, München
Herstellung: Susanne Fuhrmann
Reproduktion: Longo AG, Bozen
Druck & Bindung: aprinta GmbH, Wemding

UMWELTHINWEIS

Dieses Buch ist auf PEFC-zertifiziertem Papier gedruckt. Somit werden ökologische, soziale und ökonomische Aspekte in der Verarbeitungskette unabhängig überwacht und sind zudem lückenlos nachvollziehbar.

BILDNACHWEIS

Alle Fotos in diesem Buch stammen von Bine Bellmann, mit Ausnahme von:
Getty Images: 36-3, 38-2, 38-3, 152, 202, 223, 236; Sebastian Goßmann-Jonigkeit: 214, 215; Alicia Koch/Insta: cookie_and_bunny; Carmen Schell: 28, 29, 33, 39, 55, 114, 136-3, 163, 213, 240; Shutterstock: 73, 211; stock.adobe.com: 36-1, 38-1, 49, 88, 232; Stocksy: Cover; Tierfotoagentur: 36-3; Trio Bildarchiv: 2–3, 98, 99.

Syndication:
www.seasons.agency

WICHTIGER HINWEIS

Die Gedanken, Methoden und Tipps in diesem Buch basieren auf den Erfahrungen der Verfasserin. Sie wurden von ihr nach bestem Wissen erstellt und mit größtmöglicher Sorgfalt geprüft. Weder Autorin noch Verlag können jedoch für eventuelle Nachteile oder Schäden, die aus den im Buch gegebenen praktischen Hinweisen resultieren, eine Haftung übernehmen.